660MW超超临界火力发电机组培训教材

U0814658

TUOLIU TUOXIAO FENCE

脱硫脱硝分册

望亭发电厂　编

中国电力出版社
CHINA ELECTRIC POWER PRESS

内 容 提 要

《660MW超超临界火力发电机组培训教材》对超超临界燃煤发电机组的原理及设备只做简单介绍，着重以岗位运行知识为基础，以提高操作技能为目的，根据电厂生产一线人员在660MW超超临界燃煤发电机组调试、运行、维护过程中的经验，详细介绍发电设备及系统的运行维护及故障处理。

本书为此套教材的《脱硫脱硝分册》，共14章，重点介绍了石灰石—石膏湿法烟气脱硫和SCR脱硝技术在超超临界燃煤发电机组上的应用，从系统配置及设备选型、运行、维护、检修、调试等方面进行了论述，并进行了工程实例分析，总结了脱硫及脱硝运行实际经验和教训。

本书可作为超超临界燃煤发电机组脱硫和脱硝专业运行、维护和检修人员的上岗培训、在岗培训及继续教育等的培训教材，也可作为脱硫及脱硝专业的选型设计人员、技术人员和大专院校相关专业师生的参考教材。

图书在版编目(CIP)数据

660MW超超临界火力发电机组培训教材．脱硫脱硝分册/望亭发电厂编．—北京：中国电力出版社，2011.9（2025.1重印）
ISBN 978-7-5123-1601-0

Ⅰ.①6… Ⅱ.①望… Ⅲ.①火力发电-发电机组-技术培训-教材②火电厂-煤烟污染-烟气脱硫-技术培训-教材③火电厂-煤烟污染-烟气-脱硝-技术培训-教材 Ⅳ.①TM621

中国版本图书馆CIP数据核字(2011)第065167号

中国电力出版社出版、发行
（北京市东城区北京站西街19号 100005 http://www.cepp.sgcc.com.cn）
北京雁林吉兆印刷有限公司印刷
各地新华书店经售
*
2011年9月第一版 2025年1月北京第五次印刷
787毫米×1092毫米 16开本 12.75印张 300千字
印数 7501—8500册 定价 **30.00** 元

《660MW超超临界火力发电机组培训教材》

编　委　会

序

自1882年中国有了商品电以来，中国电力工业的历史车轮已然驶过了三个世纪。斗转星移，大浪淘沙，在今天知识爆炸的时代，新一代的电力工作者需要怎样的知识来传承光荣，成就梦想？需要怎样的书籍来实现自我提升，成为一名真正具有竞争力的电力工作者？人生哲理、科学理论、生活常识，这些都很重要。阅读它们可以使人明智、静心、修身、达理，不断走向完美。但要成为一名优秀的电力运行工作者，除了这些之外，更为重要的是一定要有过硬的专业素质，以及坚定而执着的专业精神，这就需要有一套专业对口、学践结合、操作性强、通俗易懂的职业学习丛书，这就是我们出版《660MW超超临界火力发电机组培训教材》丛书的主要宗旨。

当前，加快转变经济发展方式已成为影响我国经济社会领域各个层面的一场深刻变革。在火电行业，大容量、高参数的火电机组因为其较低的能耗和排放成为了行业发展的主流。随着单机百万容量机组的投产发电，标志着我国的电力工业已经步入百万级时代。但是，就目前情况而言，600MW级的机组仍是我国电网供电的中坚力量。因此，加强对600MW级机组基础理论的研究，深入开展600MW级机组的管理创新和技术创新，不断提高600MW级机组运行技术水平，对于促进中国电力工业更加健康快速地发展，确保国民经济稳定运行具有重要的现实意义。

2009年6月，望亭发电厂通过科学论证、大胆规划、辛苦建设，在国内率先成功投运了由上海电气集团制造的660MW超超临界燃煤机组。投运至今，各项性能指标在同类型机组中处于先进行列，并成为中国华电集团600MW级标杆机组。“追求卓越，勇于创新”的企业精神造就了今天望亭发电厂的再度辉煌，有着崇尚科学、不断精益优良传统的“望电人”紧紧依托自身日积月累、扎实深厚的技术底蕴，立足660MW级超超临界燃煤机组基建生产运行所掌握的第一手宝贵经验，加紧研究、认真总结、不断提炼，迅速建立起一套体系完善、环节精益、过程闭环、统筹兼顾的运营管控理论模式，锻炼出一支业务精、作风硬、素质强的职工队伍，为更好地发挥机组运营潜效、不断提升内生效益奠定了理论和技术基础，为实现超超临界机组在中国更好地发展和运营做出了自己应有的贡献。

本套丛书编撰历时两年有余。两年来，在望亭发电厂党委和厂部的关心支持下，集聚厂内技术骨干的编撰团队克服了生产任务繁重、技术资料缺乏、编撰经验不足等诸多困难，充分发挥“望电人”严谨求实的工作作风，勤钻研、巧思考、多实践，力求在内容上理论联系实际，在表述上做到通俗易懂。本套丛书包括《汽轮机分册》、《电气分册》、《锅炉分册》、《脱硫脱硝分册》、《化学分册》、《燃料分册》、《热控分册》。针对发电厂工作的特点，本套丛书对660MW超超临界燃煤发电机组设备的原理只做简单介绍，着重以岗位运行知识为基础，以提高技能操作能力为目的，根据电厂一线人员在660MW超超临界燃煤发电机组调试、运行、维护过程中的经验，介绍发电设备及系统的运行维护及故障处理，有效提升了本书的实用性，使该书成为国内少有的能够全面、系统地反映该类型机组的培训教材。

时代在变，创新的精神和力量是永恒的。我们希望本套丛书的出版，能够成为一个契机和交流的载体，为推动低碳节能的660MW超超临界燃煤机组在中国更好更快地发展增添一份力量。

由于编撰人员的理论水平和实践经验有限，书中难免有缺点和错误，恳请读者批评指正。

2011年4月

前　言

随着电力工业技术的不断发展，用电量的持续增加和世界范围内环保形势的日趋严峻，大容量、高参数、高效率的超超临界大型发电机组正逐渐成为我国电力系统的主力发电机组。大型超超临界发电机组普遍采用低 NO_x 燃烧以及烟气脱硫脱硝技术，大幅度降低了二氧化硫、氮氧化物等污染物的排放。低煤耗、高环保的超超临界发电机组目前正成为我国电力行业“上大压小”、“节能减排”的首选机型。

为使广大电力生产岗位工人、技术人员和管理人员熟悉、了解和掌握660MW超超临界大型燃煤火力发电机组的性能及特点，中国华电集团公司望亭发电厂在中国电力出版社的大力支持下，组织各级技术人员耗时两年时间，精心编写了《660MW超超临界火力发电机组培训教材》。

针对发电厂工作的特点，本套教材对660MW超超临界燃煤发电机组设备的原理只做简单介绍，着重以岗位运行知识为基础，以提高操作技能为目的，根据电厂生产一线人员在660MW超超临界燃煤发电机组调试、运行、维护过程中的经验，详细介绍发电设备及系统的运行维护及故障处理，力求能以平实的语言及通俗的阐述，更好地满足660MW超超临界燃煤机组岗位运行、技能操作和继续教育的需要。本套教材也可供高等院校有关专业的相关师生参考。

本书为《660MW超超临界火力发电机组培训教材》脱硫脱硝分册，共14章，由曹萍主编，包献忠主审，茅睿、夏伟平、郭浩杰、孔晓明、杨少华等参与本书编写，全书由曹萍负责统稿。

本分册在编写过程中，参阅了部分已正式出版的技术文献及制造厂、设计院、安装单位、调试单位的有关说明书、图纸等技术资料，在此一并表示感谢。

由于编者水平有限，加之编写时间仓促，错漏之处在所难免，敬请读者批评指正，并提出宝贵意见。

编者

2011年4月

目 录

第一章 概论

第一节 燃煤发电概述

在煤炭的各种利用取向中，煤炭用于发电的利用率和环境效率是较好的。电力是世界上最重要的二次能源，属于清洁高效的能源转换利用形式之一。我国电力生产以燃煤发电为主，电力行业是最大的煤炭用户，煤炭产量中用于发电的比例逐年提高。

近年来，我国经济快速发展，电力需求和供应持续增长。1987年，我国发电装机容量共为1亿kW，1995年增至2亿kW，2000年超过3亿kW，2005年已突破5亿kW，而在“十一五”期间，我国发电装机年均增长13.33%，与该期间的GDP基本持平。2010年末，我国装机总量达到9.62亿kW，比上年增长10.07%。其中，非化石能源发电装机占26.53%。

目前我国已进入工业化中期后段，为实现工业化阶段的发展目标，预计2020年以前每年至少要6000万kW机组投产才能满足经济发展的需要。

从发达国家数十年的实践来看，电力增长越快，总的能源需求增长越慢；电力占终端能源的比例越大，单位产值的能源消耗越低。高效、环保及合理利用炭资源也是未来我国电力发展的方向。

一、燃煤发电的环境问题

燃煤发电会带来氧化物（NO_x、SO_2）、汞等重金属氧化物以及大量烟尘、二氧化碳气体。这些物质排入大气，已经造成了严重的环境问题。此外，还有固体渣和废水排放带来的环境问题，是我国经济可持续发展亟待解决的重要问题。在燃煤电厂污染物排放的控制方面，由于我国近几十年来的努力，固体渣和废水已经得到了很好的解决；在烟尘排放方面，通过采用高效率的烟气除尘装置，烟尘排放也已得到了有效控制；但是随着环保要求的进一步提高，如对2.5μm以下的细微粒也提出了要求，则普通的静电除尘器将面临严重挑战。为此，国内近几年新的燃煤发电机组中有一部分采用了静电除尘器和布袋除尘器相结合的新技术，进一步提高了对细微烟尘的捕集效率，有望得到较快普及。

“十五”期间随着电力装机容量的快速增长，二氧化硫（SO_2）污染成为突出问题。2004年6月3日公布的《2003年中国环境状况公报》显示：2003年，全国废气中二氧化硫排放总量为2158.7万t，其中，工业来源的排放量为1791.4万t，其中燃煤发电二氧化硫的排放量占到50%以上。如果不加以治理，预计到2020年二氧化硫的排放将达到4000万t。

“十一五”期间，由于对二氧化硫工业污染源的控制，二氧化硫排放量呈逐年下降趋势，

2010年6月公布的《2009年中国环境状况公报》显示：2009年，全国废气中二氧化硫排放总量达2214.4万t（其中工业排放1866.1万t），比2008年下降4.06%，比2005年下降13.14%。在此之间，我国的环境保护虽然取得了积极的进展，但环境形势依然严峻，以煤为主的能源结构导致大气污染物排放总量居高不下，潜在的环境问题不断显现，区域性大气污染问题日趋明显。氮氧化物的污染问题尚未得到有效控制，2009年，出现酸雨城市已有258个，酸雨面积约120km^2，重酸雨发生面积约6万km^2。酸雨的类别从硫酸型向硫酸和硝酸复合型转化。

氮氧化物（NO_x）成为继烟尘、二氧化硫之后燃煤发电污染物治理的重点。据测算，我国2010年火电排放氮氧化物达865万t。如果不加以控制，预计到2015年火电氮氧化物排放将达到1116万t，到2020年火电氮氧化物的排放量将达到234万t。目前我国火电厂的氮氧化物等大气污染物排放尚未得到有效控制，对我国环境造成了极大的危害。就大气而言，主要的污染物就是烟尘、二氧化硫、氮氧化物。而环境污染的最大来源是燃煤排放物，火电厂成为重要的污染排放源。火电厂排放污染严重的现实已制约了火力工业的发展。

二、电力环保政策法规

对于燃煤发电的污染物排放问题，我国政府给予了高度重视。近年来，我国制定出台了一系列的法律法规、规划、技术政策，对火电厂大气污染防治技术也有了实质性的进展。截至2008年底，已建成脱硫设施的火电装机容量累计3.63亿kW，2009年新增火电脱硫机组装机容量1.02亿kW，二氧化硫减排173.4万t。

早在1992年8月1日，首次实施单独为发电厂制定的GB 13223—1991《燃煤电厂大气污染排放标准》，规定了SO_2排放浓度由烟囱的有效高度确定，对NO_x未作规定。

1992年颁布了《关于开展征收工业SO_2排污收费试点工作通知》，同时，1995年国家环保总局开始酸雨控制区和二氧化硫控制区划分，1998年开始实施对占有国土面积11.4%，占二氧化硫排放量的60%的重点地区实行控制。

1995年修订了《中华人民共和国大气污染法》，规定了在“控制区”不能采用低硫煤的新建项目必须配套建设脱硫装置；对已建企业不用低硫煤的，应采用控制二氧化硫排放措施；并规定企业采取先进的脱硫技术。1996年颁布了GB 13223—1996《火电厂大气污染物排放标准》，提出了SO_2排放量和排放浓度的双重控制，排放浓度为1200mg/m^3（标准状态，下同），只在“两控区”内执行，仅对≥1000t/h的锅炉提出了NO_x的控制要求，排放浓度为650mg/m^3。

1997年国家环保总局发布了《“九五”期间全国主要污染物排放总量控制实施方案》，确定了“九五”期间对包括二氧化硫在内的12种污染物的总量控制原则；国家环保总局在贯彻《国务院关于酸雨控制区和二氧化硫污染控制区有关问题的批复》的执行方案中，建议有关部门应将脱硫技术的研究、开发、推广应用工作列入环保工作计划，引进适合我国国情的二氧化硫控制技术，大力发展相关产业，在有关项目和资金安排上，应向“两控区”倾斜。1997年8月，国家科学技术委员会（简称国家科委）将脱硫装置列入《国家高新技术产品目录》。国家环境保护总局1997年脱硫脱硝列入《国家环境保护科技发展“九五”计划和2010年长远规划》。1997年国家计划委员会（简称国家计委）还发布了《中国洁净技术“九五”计划和2010年发展纲要》，建议对脱硫技术等进行工程试验示范；提出了能源利用和资源节约的“十五”规划重大示范工程，包括洗选脱硝、燃烧中固硫及烟气脱硫等以污染技术治理为主的二氧化硫减排示范；机械工业“十五”规划要求攻克高温脱硫技术，重点发展火电厂烟气脱硫等成套设备。

1998 年发布了《关于酸雨控制区和二氧化硫污染控制区开展征收二氧化硫排污费扩大试点的通知》，规定了二氧化硫排污费的征收范围和征收标准。

1999 年国家发展和改革委员会（简称国家发改委）和科技部联合发布了《当前国家优先发展的高新技术产业重点领域指南》，包括烟气脱硫工艺和设备；国家经济贸易委员会（简称国家经贸委）以国经贸技术［1999］749 号文件将火电厂脱硫技术、低 NO_x 燃烧技术及烟气脱硫设备列为《近期行业技术发展重点》。

2000 年 2 月，国家经济贸易委员会、国家税务局将脱硫设备列入《当前国家鼓励发展的环保技术农业设备（产品）目录》（第一批、第二批）。同时，国家经贸委印发了《火力厂烟气脱硫关键技术与设备国产化规划重点》，对脱硫工艺的设计及脱硫设备的生产规定了目标。

2002 年再次修订了《中华人民共和国大气污染法》，对于超过排放标准的，必须规定限期治理；要求企业对燃烧过程中产生的碳氧化物也采取措施。同年，国家环保总局、国家经贸委及科技部联合发布了《燃煤二氧化硫污染防止技术政策》。

2003 年发布了《排污费征收标准管理办法》，规定从 2005 年 7 月 1 日起，SO_2 排污费按 0.6 元/当量（对于 SO_2，1 当量＝0.95kg）收取。从 2004 年 7 月 1 日起，NO_x 排污费按 0.6 元/当量（对于 NO_x，1 当量＝0.95kg）收取。

从 2004 年 3 月 7 日，试行最新的 GB 13223—2003《火电厂大气污染物排放标准》，通过排放量和排放浓度双重控制，Ⅱ、Ⅲ时段燃煤 SO_2 为 400mg/m^3；Ⅱ时段燃煤 NO_x 为 650mg/m^3，Ⅲ时段燃煤 NO_x 为 450mg/m^3。

为了控制大气 NO_x 污染，2009 年，环境保护部发布了《关于印发〈2009～2010 年全国污染防治工作要点〉的通知》（环办函［2009］247 号），该通知要求全面开展 NO_x 污染防治，以火电行业为重点，开展工业 NO_x 污染防治。

为了进一步加大大气污染防治工作力度，解决我国一些地区酸雨、灰霾和光化学烟雾等区域性大气污染问题，2010 年，国务院办公厅发布了《国务院办公厅转发环境保护部等部门关于推进大气污染联防联控工作改善区域空气质量指导意见的通知》（国办发［2010］33 号），该通知要求制定并实施重点区域内重点行业的大气污染物特别排放限值，严格控制重点区域新建、扩建除“上大压小”和热电联产以外的火电厂，在地级城市市区禁止建设除热电联产以外的火电厂。

2009 年底对 GB 13223—2003《火电厂大气污染物排放标准》做了修改，形成了《火电厂大气污染物排放标准》（征求意见稿）：调整了大气污染物排放浓度限值；第 1 时段和第 2 时段到 2015 年 1 月 1 日及第 3 时段取消了按燃煤挥发分规定氮氧化物排放浓度限值的做法；取消了全厂二氧化硫最高允许排放速率的规定；新增燃气锅炉大气污染物排放浓度限值；规定了现有火电锅炉达到更加严格的排放限值的时限。

2010 年又出台了《火电厂大气污染物排放标准》（二次征求意见稿）：调整了氮氧化物和二氧化硫排放限值，新增了大气污染物特别排放限值，新增了燃煤电厂汞排放及其化合物限值。

第二节 脱 硫 技 术

目前控制 SO_2 污染技术分为煤燃烧前脱硫、燃烧中脱硫和燃烧后脱硫三类，其中燃烧后脱硫又称烟气脱硫（Flue Gas Desulfurization，FGD），是控制燃煤 SO_2 污染最有效的途径。

一、煤燃烧前脱硫技术

煤燃烧前脱硫就是在煤燃烧前脱硫即“煤脱硫”，是通过各种方法对煤进行净化，去除原煤中所含的硫分、灰分等杂质。它包括物理法选煤技术、煤的化学法脱硫技术和微生物法脱硫技术三种，目前我国广泛采用的是物理选煤方法。

1. 物理法选煤技术

物理法选煤主要是利用清洁煤、灰分、黄铁矿的比例不同，去除部分灰分和黄铁矿硫。应用最广泛的是跳汰选煤，其次是重介质选煤和浮选。我国物理选煤技术能达到45%～55%全硫脱除率，60%～80%硫铁矿脱除率，但只能脱无机硫。

2. 煤的化学法脱硫技术

煤的化学法脱硫可分为物理化学脱硫方法和纯化学脱硫方法。物理化学脱硫即浮选，化学脱硫方法又包括碱法脱硫、气体脱硫、热解与氢化法脱硫等。化学法脱硫不仅能脱无机硫，也能脱除有机硫，可达到90%～95%全硫脱除率，但生产成本昂贵，距商业化应用尚有较大距离。

3. 煤的微生物脱硫技术

微生物脱硫技术处于实验阶段，它是用某种真菌和细菌溶解煤并吸收煤中的硫，主要有浸出法、表面氧化法。煤微生物脱硫面临很多困难，其中有三个问题特别关键，即需要更多更好的微生物菌株、微生物脱硫的稳定性以及检测有机硫的方法、准确的分析方法。该技术目前还不成熟，还达不到商业化使用的要求。

二、煤燃烧中脱硫技术，又称炉内脱硫

煤燃烧中脱硫是在煤燃烧过程中加入石灰石或白云石粉作脱硫剂，$CaCO_3$、$MgCO_3$ 受热分解生成 CaO、MgO，与烟气中部分 SO_2 反应生成硫酸盐，随炉渣排出。煤燃烧中脱硫有型煤固硫技术、流化床燃烧等技术。按燃烧方式不同可分为层燃炉脱硫、煤粉炉脱硫和沸腾炉脱硫。

循环流化床燃烧脱硫是指在循环流化床锅炉中将石灰石等廉价的原料与煤粉碎成同样的细度，与煤在炉中同时燃烧，在800～900℃时，石灰石受热分解放出 CO_2，形成多孔的CaO，CaO 与 SO_2 反应生成硫酸盐，达到脱硫的目的。

循环流化床具有燃料适应性强、成本较低、操作和维护简单、易于实现炉内高效脱硫、NO_x 排放量低、燃烧效率高等优点，但生成产物大部分为亚硫酸钙。

三、燃煤后烟气脱硫技术

燃煤后烟气脱硫就是煤燃烧后所产生烟气的脱硫（FGD），是目前世界上唯一大规模商业化应用的脱硫技术。世界各国研究开发的烟气脱硫技术达200多种，但商业应用的不超过20种。在FGD技术中，按脱硫剂的种类划分，可分为以 $CaCO_3$（石灰石）为基础的钙法、以 MgO 为基础的镁法、以 Na_2SO_3 为基础的钠法、以 NH_3 为基础的氨法和以有机碱为基础

的有机碱法5种，目前普遍使用的商业化技术是钙法，所占比例在90%以上，按吸收剂及脱硫产物在脱硫过程中的干湿状态将脱硫技术分为湿法、干法和半干（半湿）法；按脱硫产物的用途，可分为抛弃法和回收法两种。

1. 干法烟气脱硫技术

干法烟气脱硫在无液相介入的完全干燥状态下进行，反应产物也为干粉状。无污水排放；烟气无明显温降，脱硫后烟气温度高，利于烟囱排放烟气的扩散，无需装设除雾器及烟气再热器；设备不易腐蚀，不易发生结垢及堵塞；干法烟气脱硫技术能较好地回避湿法烟气脱硫技术存在的腐蚀和二次污染等问题。但Ca/S比高，脱硫效率和脱硫剂的利用率低；反应速度较慢；设备庞大；用于高硫煤时经济性差，飞灰与脱硫产物相混可能影响综合利用。干法主要有炉内喷钙烟气脱硫、炉内喷钙尾部烟气增湿活化脱硫、活性炭吸附—再生烟气脱硫等技术。

（1）炉内喷钙烟气脱硫。炉内喷钙烟气脱硫是把钙基吸收剂喷到炉膛燃烧室上部900～1200℃的区域，随后石灰石瞬时煅烧生成CaO和CO_2，CaO与部分SO_2和几乎全部SO_3进行反应生成$CaSO_4$，并随飞灰在除尘器中收集。炉内喷钙烟气脱硫的特点是投资省，占地面积小，特别适用于老厂的改造；缺点是脱硫效率低，钙利用率低，灰渣量大处理较困难。

（2）炉内喷钙尾部增湿活化（LIFCA）脱硫。炉内喷钙尾部增湿活化脱硫是一种炉内喷钙和炉后活化增湿联合的脱硫工艺，是在炉内喷钙的基础上，在除尘装置之前喷水增湿，使未反应的CaO水合成CaOH进一步与SO_2反应，提高烟气中SO_2的脱除效率。

LIFCA工艺主要包括三步：第一步，向高温炉膛喷射石灰石粉；第二步，炉后的增湿活化器中用水或灰浆增湿活化；第三步，灰浆或干灰再循环。该工艺与其他工艺相比，工艺简单，投资与运行费用最低，占地少，无废水排放。缺点是钙硫比高，脱硫效率低，仅适用于低硫煤；易在锅炉尾部积灰，导致锅炉效率降低。

（3）活性炭吸附—再生烟气脱硫。活性炭吸附—再生烟气脱硫的主要特点是过程比较简单，再生过程中副产物很少；吸附容量有限，需在低气速下运行，因而吸附器体积较大；活性炭易被废气中的O_2氧化而导致损耗；长期使用后，活性炭会产生磨损，并因微孔堵塞丧失活性。活性炭吸附SO_2后，在其表面形成的硫酸存在于活性炭的微孔中，降低其吸附能力，因此需把存在于微孔中的硫酸取出，使活性炭再生。再生方法包括洗涤再生和加热再生。

2. 半干法烟气脱硫技术

半干法烟气脱硫是指脱硫剂在干燥状态下脱硫、在湿状态下再生（如水洗活性炭再生流程），或者在湿状态下脱硫、在干状态下处理脱硫产物（如喷雾干燥法）的烟气脱硫技术。半干法兼备干法与湿法的优点，工艺简单，干态产物易于处理，无废水产生，投资一般低于湿法，但脱硫效率和脱硫剂利用率低，一般适用于低、中硫煤烟气脱硫。半干法脱硫主要有喷雾干燥烟气脱硫、循环流化床烟气脱硫和增湿灰循环烟气脱硫、电子束辐照烟气脱硫等。

（1）喷雾干燥烟气脱硫。喷雾干燥烟气脱硫以石灰为脱硫吸收剂，石灰经消化并加水制成石灰乳，消石灰乳由泵打入位于吸收塔内的雾化装置。在吸收塔内，被雾化成细小液滴的吸收剂与烟气混合接触，与烟气中的SO_2发生化学反应生成$CaSO_3$，烟气中的SO_2被脱除。

与此同时，吸收剂带入的水分被迅速蒸发而干燥，烟气温度随之降低。脱硫反应产物及未被利用的吸收剂以干燥的颗粒物形式随烟气带出吸收塔，进入除尘器，被收集下来。脱硫后的烟气经除尘器除尘后排放。为了提高吸收剂的利用率，一般将部分除尘器收集物加入制浆系统进行循环利用。其优点为：工艺流程简单，便于操作，无废水，无腐蚀；负荷跟踪特性好；脱硫效率较高，一般为80%～90%；能耗较低；投资与运行费用比湿法烟气脱硫低。主要缺点为：单机容量小，钙硫比较高；采用石灰作为吸收剂，给安全生产带来困难；由于采用了浆液作为吸收剂，因而吸收剂制备系统较复杂；雾化装置容易发生磨损；输送和储存浆液的管道与容器及吸收塔内固体容易沉积。

（2）循环流化床烟气脱硫。循环流化床烟气脱硫以循环流化床原理为基础，通过吸收剂的多次再循环，延长了吸收剂与烟气的接触时间，大大提高了吸收剂的利用率和脱硫效率，能在较低的钙硫比（Ca/S＝1.1～1.2）下，接近或达到湿法工艺的脱硫效率。目前，国外最大单塔烟气处理量可达1 200 000m^3/h。

（3）增湿灰循环脱硫技术。增湿灰循环脱硫技术借鉴了喷雾干燥法的原理，又克服了该工艺使用制浆系统和喷浆而产生的种种弊端（如黏壁、结垢等）。增湿灰循环脱硫技术将消石灰粉与除尘器收集的循环灰在混合增湿器内混合，并加水增湿至5%的含水量，然后导入烟道反应器内进行脱硫反应。含5%水分的循环灰有较好的流动性，省去了复杂的制浆系统，克服了喷雾过程的黏壁问题。该技术既有干法的简单、价廉等优点，又有湿法的高效率。

（4）电子束烟气脱硫。大致有预除尘、烟气冷却、加氨、电子束照射、副产品捕集过程。原烟气经过电除尘后进入冷却塔冷却、除尘和增湿，烟气温度从140℃左右降至60℃左右。在反应器的入口喷入一定量的氨气、压缩空气和软水的混合物。当高能电子束辐射向湿的烟气时，电子束能量大部分被N_2、O_2、H_2O吸收，生成活性很强的游离基O原子、OH基、HO基和N基等。这些自由基与烟气中的SO_2和NO_x进行反应，分别氧化成硫酸H_2SO_4和硝酸HNO_3。在有氨存在的情况下，生成较稳定的硫酸铵和硝酸粉末，部分粉末沉降至反应器底部，通过输送机排出；大部分粉末随烟气一起进入后续的电除尘器，它们被除尘器捕集下来从而达到脱硫脱硝的目的，洁净的烟气经吸风机升压后进入烟囱排入大气。

电子束脱硫能同时脱除烟气中的SO_2和NO_x；其运行操作简单，维护方便；无废水废渣；能同时脱硫脱硝，并可达到90%的脱硫率和80%的脱硝率；副产品以硫酸铵为主，含少量硝酸铵的有益氮肥；投资少，运行费用较低，经济性较好，适合在高硫煤地区运行。

3. 湿法烟气脱硫技术

湿法烟气脱硫是相对干法烟气脱硫而言的，它采用含有吸收剂的溶液或浆液在湿状态下脱硫和处理脱硫产物。无论是吸收剂的投入、吸收反应全过程，还是脱硫副产物的收集和排放，均以水为介质。湿法烟气脱硫（WFGD）是目前国内外火电厂烟气脱硫技术的主要发展趋势，湿法脱硫技术成熟，具有脱硫反应速度快、脱硫效率高、设备简单、Ca/S比低、运行可靠、操作简单、适用于大机组、煤质适应性广、吸收剂资源丰富价格便宜、副产品可回收等优点。但系统复杂，设备庞大，占地面积大，一次性投资相对较大，耗水量大，普遍存在腐蚀严重、运行维护费用高及易造成二次污染等问题。湿法烟气脱硫技术的特点是整个脱硫系统位于燃煤锅炉除尘系统之后，对现有锅炉系统没有显著的影响，既可用于新装机组，也可用于机组改建。脱硫过程在溶液中进行，脱硫剂和脱硫生成物均为湿态，脱硫过程的反应温度低于露点不利于烟气扩散，所以脱硫后的烟气一般需经加热后才能从烟囱排出。世界各国的湿法烟气脱硫工艺流程、形式和机理大同小异，主要是使用吸收剂，在吸收塔中对烟气进行洗涤，从而除去烟气中的 SO_2。因吸收剂的不同，湿法烟气脱硫主要有石灰石（石灰）—石膏法、双碱法、氨吸收法、海水脱硫等。

（1）氨法脱硫。氨法是以 $(NH_4)_2SO_3$、NH_4HSO_3 溶液来吸收低浓度 SO_2，然后用不同的方法处理吸收液。氨法脱硫技术反应速率快、吸收剂利用率高，相对钙基脱硫系统简单、设备体积小、能耗低，其脱硫副产品硫酸铵可用作农用肥料；但是氨价格高，运行成本高。

（2）双碱法脱硫。它是利用钠碱吸收 SO_2，石灰处理和再生洗液，取碱法和石灰法两者的优点而避其不足。双碱法有吸收、再生和固体分离三个过程。与石灰石或石灰湿法相比，双碱法的优点为：石灰的利用率高、反应速度快，脱硫效率高，占地面积小，运行的可靠性高，操作费用低，吸收塔不易堵塞和磨损，系统不会产生沉淀物。它的缺点是投资高，Na_2SO_3 氧化副反应产物 Na_2SO_4 较难再生，它的存在也降低了石膏的质量。

（3）海水脱硫。海水通常呈碱性，自然碱度大约为 1.2～2.5mmol/L，这使得海水具有天然的酸碱缓冲能力及吸收 SO_2 的能力。海水吸收烟气中的 SO_2 并与氧发生反应生成 SO_4^{2-} 和 H^+，海水中的 CO_3^{2-} 与 H^+ 反应生成 CO_2 和水。脱硫后的废水经强烈曝气后，与新鲜海水混合沉淀，pH 值和 COD 等指标合格后排入大海。虽然海水脱硫工艺简单，投资和运行成本低，但此法受地域限制，而且对水文地质和海洋生物存在着潜在的影响。

石灰石—石膏法是目前世界上运用最为广泛的烟气脱硫技术，市场占有率约 80%，石灰石—石膏法工艺成熟，适合各类煤种，脱硫效率高，系统运行的可靠性高。

第三节 脱 硝 技 术

对于燃煤 NO_x 的控制主要有燃料脱氮（即燃烧前脱氮）、改进燃烧方式和生产工艺（即燃烧中脱氮）和烟气脱硝（即燃烧后脱氮）三种方法。前两种方法是减少燃烧过程中 NO_x 的生成量，第三种方法则是对燃烧后烟气中的 NO_x 进行治理。

燃烧前脱氮主要将燃料转化为低氮燃料，成本太贵，工程应用较少。燃烧中脱氮是根据 NO_x 的形成机理而产生的，主要有低氧燃烧法、二段燃烧法、烟气再循环法等，这种技术费用较低，脱硝率不高，而且一些低 NO_x 燃烧技术和设备有时会降低燃烧效率，造成不完全燃烧损失增加，设备规模随之增大。燃烧后脱氮主要指烟气脱硝技术，脱硝率较高，是近 10 年内 NO_x 控制措施中最重要的方法。按脱硝剂及脱硝产物在反应过程中的干湿状态可分为干法、湿法、和干—湿结合法三大类；干法可分为选择性催化还原法、选择性非催化还原法、吸附法、高能电子活化法；湿法可分为水吸收法、络合吸收法、稀硝酸吸收法、氨吸收法、亚硫酸铵法、弱酸性尿素吸收法等；干—湿结合法是催化氧化和相应的湿法结合而成的一种脱硝方法。对低 NO_x 燃烧技术、选择性催化还原烟气脱硝技术将在第八、九章重点讨论，在此仅对各方法的特点作简单介绍。

按烟气脱硝工艺的不同可分为气相反应法、液相吸收法、吸附法、液膜法和微生物法等几类。气相反应法又包括三类：一是电子束法和脉冲电晕等离子体法；二是选择性催化还原法、选择性非催化还原法和炽热碳还原法；三是低温常压等离子体分解法等。第一类是利用高能电子产生的自由基将NO氧化为NO_2，再与H_2O和NH_3作用生成NH_4NO_3并加以回收利用，可同时脱硫脱硝；第二类是在催化或非催化条件下，用NH_3、C等还原剂将NO_x还原为无害N_2的方法；第三类则是利用超高压窄脉冲电晕放电产生的高能活性粒子撞击NO_x分子，使其化学键断裂分解为O_2和N_2的方法。以上方法中，脉冲电晕等离子体法和分解法处于试验阶段。表1-1为各种烟气脱硝工艺的比较。

表1-1 各种烟气脱硝工艺的比较

脱硝工艺	适用性及特点	优缺点	脱硝率	投资
SCR	适合排气量大，连续排放源	二次污染小，净化效率高，技术成熟；设备投资高，关键技术含量高	80%～90%	较高
SNCR	适合排气量大，连续排放源	不用催化剂，设备和运行费用少；NH_3用量大，有二次污染，难以保证反应温度和停留时间	30%～60%	较低
液体吸收法	处理烟气量很小的情况下可取	工艺设备简单、投资少，收效显著，有回收NO_x的方法；效率低，副产物不易处理，目前常用的方法不适于处理燃煤电厂烟气	效率低	较低
微生物法	适用范围较大	工艺设备简单，能耗及处理费用低，效率高，无二次污染；微生物环境条件难以控制，仍处于研究阶段	80%	低
活性炭吸附法	处理烟气量不大	同时脱硫脱硝，回收NO_x和SO_2，运行费用低；吸收剂用量多，设备庞大，一次脱硫脱硝率低，再生频繁	80%～90%	高
等离子体法	适用范围较大	同时脱硫脱硝，无二次污染；运行费用高，关键设备技术含量高，不易掌握	85%	高

一、湿法烟气脱硝技术

液体吸收法烟气脱硝又可称为湿法烟气脱硝，主要包括水吸收法、酸性吸收法、碱中和吸收法、氧化吸收法、液相还原吸收法等。液体吸收法烟气脱硝工艺技术要点如表1-2所示，这些脱硝方法消耗大量吸收剂，吸收产物会造成二次污染，我国化工行业废气处理常采用这些方法，对NO_x中以NO为主的燃煤烟气不太适合。

从表1-2中也可以看出，湿法脱除NO_x的困难在于NO的惰性，NO_x脱除的立足点是强化NO的吸收。络合吸收法就是一种强化吸收NO的方法。

表1-2 液体吸收法烟气脱硝工艺技术要点

脱硝工艺	优缺点
水吸收法	用水做吸收剂对NO_x进行吸收，吸收率低，仅可用于气量较小、净化要求不高的场合，不能净化含NO为主的NO_x
酸性吸收法	用稀硝酸等作为吸收剂对NO_x进行物理吸收和化学吸收。可以回收NO_x，消耗动力较大
碱中和吸收法	用NaOH、Na_2SO_3、$Ca(OH)_2$、NH_4OH等碱性溶液作吸收剂对NO_x进行化学吸收。对含NO较多的NO_x废气净化效率低

续表

脱硝工艺	优 缺 点
氧化吸收法	对NO较多的NO_x废气，用浓HNO_3、O_3、NaClO、$KMNO_4$等作催化剂，先将NO_x中的NO氧化成NO_2，然后再用碱溶液吸收，使净化效率提高
液相还原吸收法	将NO_x吸收到溶液中，与$(NH_4)_2SO_3$、$(NH_4)HSO_3$、Na_2SO_3等还原剂反应，NO_x被还原为N_2，其净化效果比碱溶液吸收好

二、干法烟气脱硝技术

1. 选择性非催化还原法SNCR（Selective Non-Catalytic Redction）

选择性非催化还原是向烟气中喷氨或尿素等含有NH_3基的还原剂，在850～1100℃范围内没有催化剂还原NO_x的方法。还原剂迅速热分解和烟气中的NO_x反应，迅速生成N_2和H_2O。最重要的化学反应方程式是

氨为还原剂：
$$4NH_3+6NO \longrightarrow 5N_2+6H_2O \tag{1-1}$$

该反应主要发生在950℃的温度范围内，这是一个可逆的反应，当温度更高，超过反应温度时，氨就会被氧化成NO_x。

尿素为还原剂：

$$4NH_3+5O_2 \longrightarrow 4NO+6H_2O \tag{1-2}$$

$$(NH_4)_2CO \longrightarrow 2NH_2+CO \tag{1-3}$$

$$NH_2+NO \longrightarrow N_2+H_2O \tag{1-4}$$

$$NO+CO \longrightarrow N_2+CO_2 \tag{1-5}$$

在SNCR还原NO_x的过程中，由于烟气中的O_2浓度一般比NO_x浓度高许多，要耗去大量的还原性气体；由于采用不同燃料气作为还原剂，其起燃温度不同，要求的预热温度也不同；实际运行时脱氮效率也较低，通常当NH_3/NO_x摩尔比为1.2～1.5时，脱硝效率只有35%～45%。

SNCR在国外有较为广泛的应用，该方法以炉膛为反应器，可通过对锅炉的改造加以实现。SNCR技术的应用中可能出现的问题：①SNCR工艺中氨的利用率不高，为了还原NO_x必然使用过量的氨，容易形成过量的氨逃逸，氨逃逸会造成环境的污染并形成铵盐，可能堵塞和腐蚀下游设备；②形成温室气体N_2O，研究表明用尿素作还原剂要比用氨作还原剂产生更多的N_2O；③如果运行控制不适当，用尿素作还原剂时可能造成较多的CO排放，这是因为低温尿素溶液喷入炉膛内的高温气流引起淬冷效应，造成燃烧中断，导致CO排放的增加；④在锅炉过热器前大于800℃的炉膛位置喷入低温尿素溶液，必然影响炽热煤炭的继续燃烧，引发飞灰含碳量提高的问题。

2. 碳质固体还原法

碳质固体还原法利用碳为还原剂还原烟气中的NO_x，属于无催化剂非选择性还原法。当气源中O_2含量较高时，虽然碳消耗量很大，但O_2和NO_x与碳的反应都是放热反应，消耗定量的碳所放出的热量与普通燃烧过程基本相同，这部分反应热量可以回收利用。当烟气中存在O_2时，O_2与碳反应生成CO，CO也能还原NO_x。

3. 催化（直接）分解法

催化（直接）分解法是一种通过催化将 NO_x 直接分解成 N_2 和 O_2 的方法，此方法具有工艺简单、产物可以直接排入大气、不产生二次污染等优点。

NO 的直接分解在低温时受热力学限制，其反应速度十分缓慢，而且至今没有发现有效的催化剂。几乎所有对 NO 分解有催化能力的催化剂，催化活性都或多或少会被氧气抑制。同时，由于烟气中 NO_x 含量与水蒸气相比非常低，气体流速又很快，大多数催化剂的活性都会降低。SO_2 共存时催化剂的中毒问题也不能忽视。因此，直接分解法由于其较为苛刻的工作条件，至今仍处于研究阶段而未能实现工业应用。

4. 吸附法脱硝技术

吸附法利用分子筛、活性炭、活性焦、天然沸石、硅胶及泥煤等吸附剂对 NO_x 进行吸收，吸附量随温度或压力的变化而变化，通过周期性地改变操作温度或压力以控制 NO_x 的吸附和解析，使 NO_x 从气源中分离出来，有些吸附剂如硅胶、分子筛、活性炭及活性焦等还具有催化的性能，能将烟气中的 NO 催化氧化为 NO_x。脱附出来的 NO_2 可用水或碱吸收而得以回收。吸附法脱硝效率高，且能回收 NO_x，但因吸附容量小、吸附剂用量多、设备庞大、再生频繁等原因，应用不广泛。

液膜法和微生物法是国外新近提出的脱硝方法，液膜法也可同时脱硫脱硝。微生物吸收法具有工艺设备简单、能耗和处理费用低、效率高、无二次污染等优点。微生物法利用反硝化细菌的合成代谢将 NO_x 还原成有机氮化物并成为菌体的一部分，再通过分解代谢作用将 NO_x 最终转化为 N_2。液膜法和微生物法目前还处于研究阶段，未见有工业应用的报道。

第二章 石灰石—石膏湿法烟气脱硫工艺

第一节 石灰石—石膏湿法烟气脱硫工艺的类型

石灰石—石膏湿法烟气脱硫工艺因吸收塔类型的不同，有许多不同的类型，主要有典型石灰石—石膏湿法FGD装置、脉冲悬浮搅拌式FGD装置、石灰石干粉喷注湿式FGD装置、喷射式鼓泡反应器FGD装置、双循环FGD装置、液柱塔FGD装置、高速平流简易FGD装置。

一、典型石灰石—石膏湿法烟气装置（FGD）

典型石灰石—石膏湿法烟气脱硫工艺如图2-1所示，烟气经FGD的增压风机升压后至烟气换热器（GGH）烟气降温后，进入吸收塔进行脱硫。吸收塔为空塔结构，防腐橡胶内衬，数层喷淋层。烟气自烟气换热器（GGH）进入吸收塔朝上流动，与自喷淋层喷淋而下的浆液发生反应。喷淋层上部布置二级除雾器，将吸收塔出口烟气含水量控制在75mg/m³（标准状况）以下。脱硫除雾后的干净烟气再返至烟气换热器（GGH）进行加热，温度从

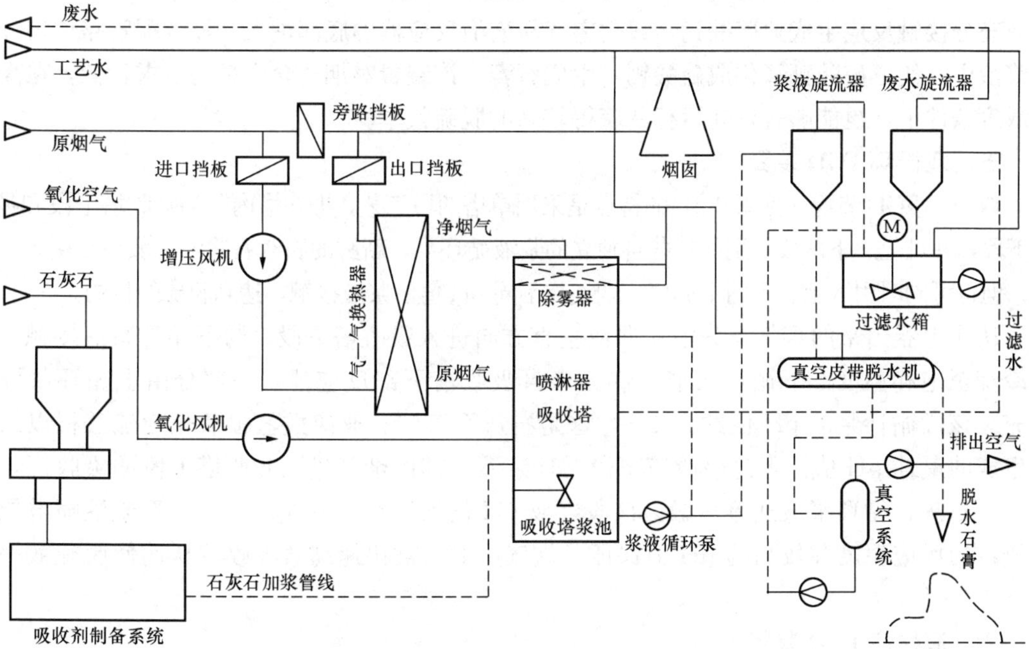

图2-1 典型石灰石—石膏湿法烟气脱硫工艺图

45℃左右加至80℃，通过现有烟囱排出。

进入吸收塔的热烟气经逆向喷淋的循环浆液冷却、洗涤，生成亚硫酸氢根。在反应池中与通入吸收塔的氧化空气进行氧化反应并结晶生成石膏，通过排出泵排出吸收塔。

典型石灰石—石膏湿法脱硫系统主要由石灰石浆液制备系统、烟气系统、SO_2吸收系统、石膏脱水系统、公用系统、事故浆液排放系统、废水处理系统等组成。

二、悬浮脉冲/池分离器FGD装置

悬浮脉冲/池分离器FGD与典型石灰石—石膏湿法FGD工艺相似，只是用脉冲洗悬浮泵代替了典型石灰石—石膏湿法FGD装置吸收塔搅拌器，并在吸收塔内安装了池分离器，采用了管网式氧化空气管。

三、石灰石干粉喷注湿式FGD装置

石灰石干粉喷注湿式FGD装置与传统FGD装置不同，该FGD装置设置单独的浆液箱，直接将干粉注入吸收塔，要用超细的石灰石粉。

直径小于40mm的石灰石被送入制粉系统，通过磨石机磨成细粉。未经处理的烟气被用来干燥石灰石，从制粉系统排出的烟气返回到吸收塔内。磨制合格的石灰石粉被收集并输送至石灰石粉仓储存。根据需要，石灰石粉被注入吸收塔的反应池。由于亚硫酸钙氧化和石膏结晶析出的反应速率比石灰石消溶速率快得多，为了保证石灰石消溶速率，使用的石灰石粉细度要求99.5%通过325目筛（44μm）。

四、喷射式鼓泡反应器FGD装置

喷射式鼓泡反应器FGD装置与其他FGD装置不同的是吸收塔中的吸收剂为连续相，烟气为分散相。

喷射式鼓泡反应器是FGD的核心装置。烟气经过气体分配设备，垂直向下鼓入石灰石浆液表面以下，形成两相射流后产生沸腾状气泡并浮出浆液，在此过程中，烟气中的SO_2与浆液充分接触反应生成亚硫酸钙，氧化空气从鼓泡反应器的底部进入，经分配管路均匀分配到浆液中，使亚硫酸钙氧化成硫酸钙，生成石膏。该装置对烟气含尘量的要求较低，在高粉尘浓度条件下，也能够较好地运行并获得较高的脱硫效率。

五、双循环FGD装置

双循环FGD装置（见图2-2）的特点是采用单塔两段工艺，即在塔内分为吸收塔上段和吸收塔下段，并且上、下两段分别配置各自独立的浆液循环泵。新鲜的石灰石浆液一般单独引入上循环，但也可同时引入上、下两个循环。烟气与不同pH值的浆液接触，达到脱硫的目的。

从除尘器出来的烟气首先沿切向或垂直方向进入吸收塔下段，与下循环浆液接触，并被冷却至饱和温度。下循环浆液一部分来自吸收塔下部反应池，一部分由上循环浆液来补充。该段循环浆液pH值约为4.5，这是石灰石溶解、亚硫酸氢根氧化为硫酸根以及石膏生成的最佳pH值。经过吸收塔下段循环浆液冷却的烟气进入吸收塔上段的吸收区，烟气流与石灰石循环浆液逆流接触，该段浆液pH值保持在6.0左右。石灰石浆液喷淋层以及较低的反应温度和较高的pH值保证了烟气中SO_2被快速高效吸收，从而使脱硫效率达到95%以上。

六、液柱塔FGD装置

液柱塔FGD装置采用双接触、顺逆流、组合型液柱式吸收塔。液柱式吸收塔在氧化槽

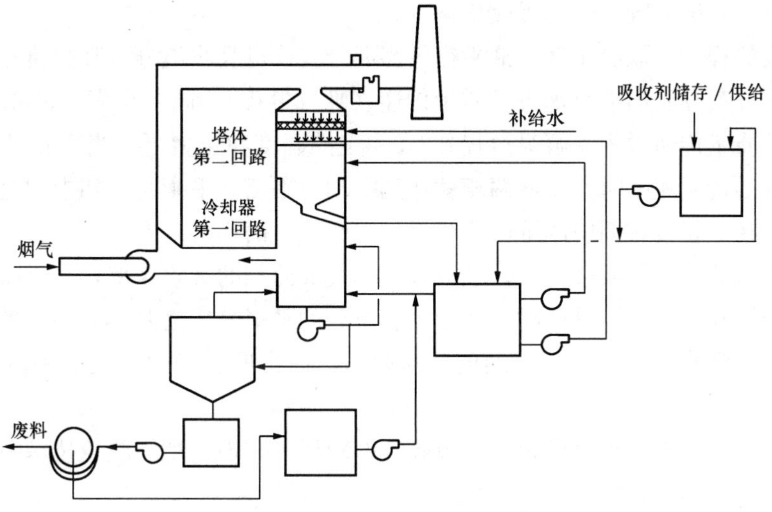

图 2-2 双循环 FGD 装置示意

上部安装向上的喷嘴，循环浆液泵将石灰石浆液打至喷管，由喷嘴喷出，形成液柱。烟气和浆液可采用并流和错流等多种组合形式。液柱式吸收塔从向上的喷嘴喷射高密度浆液，高效地进行气液接触传质。大量的液滴向上喷出时液滴与烟气的接触面积很大。液滴上升至最大高度后回落，与向上运行的液滴相碰撞，形成密度很大、直径更小的液滴。因为浆液在向上喷出时形成湍流，所以 SO_2 的吸收速度很快。由于喷射出的浆液以及滞留在空中的浆液与烟尘产生惯性冲击，具有很高的除尘效率。

七、高速平流简易 FGD 装置

高速平流简易 FGD 装置采用卧式吸收塔。从锅炉烟道分流出的 2/3 部分烟气，经增压风机升压后进入卧式吸收塔，以 7～12m/s 的流速水平通过喷淋段。喷淋段由多根喷雾管排成数列，每列由数根管组成，每根管上有数个水平方向的雾化喷嘴，沿顺流与逆流喷射出的雾状石灰石浆液充满整个喷雾区，烟气与石灰石浆液充分接触后，进入浆液反应池上部，由于设备截面突然扩大，烟气流速降低，被充分洗涤净化，脱除 SO_2 的烟气经吸收塔尾部的二级除雾器除去烟气中的液滴，然后与未经脱硫的 1/3 部分原烟气混合，从烟囱排出。氧化风机为下部反应池提供氧化空气，并采用机械搅拌，使亚硫酸钙氧化成硫酸钙，生成石膏。该装置采用了高速水平流卧式喷淋吸收塔，喷嘴沿竖直方向布置，沿顺流与逆流双向喷射。

第二节 石灰石—石膏湿法烟气脱硫原理

无论石灰石—石膏湿法烟气脱硫装置的形式如何变化，其脱硫基本原理不变，都是利用了二氧化硫气体在水中有中等的溶解度，与碱性物质反应生存不溶于水的物质。

石灰石—石膏湿法烟气脱硫是一个物理、化学的过程。气体吸收分为物理吸收和化学吸收两种，石灰石—石膏湿法烟气脱硫是这两种过程共同作用的结果。

一、物理吸收

如果吸收过程不发生化学反应，单纯是被吸收气体溶解于液体的过程，称为物理吸收。

随着温度的升高，被吸收气体的吸收量减少。

物理吸收的程度，取决于气—液平衡，当混合气体可吸收组分（吸收质）与液相吸收剂接触时，则部分吸收质向吸收剂进行质量传递（吸收过程），同时也发生液相中吸收质组分向气相逸出的质量传递过程（解吸过程）。在一定的温度和压力下，当吸收过程的传质速率等于解吸过程的传质速率时，气液两相就达到了动态平衡。平衡时气相中的组分分压称为平衡分压，溶质在液相吸收剂中的浓度称为平衡溶解度，简称溶解度。

在物理吸收的气液传质过程中，被吸收气体气液两相的吸收速率，主要取决于气相中被吸收组分的分压和吸收达到平衡时液相中吸收组分的平衡分压之差。此外，吸收速率也和传质系数有关，被吸收气体气液两相间的传质阻力，通常取决于通过气膜和液膜分子扩散的阻力。

由于物理吸收过程的推动力很小，吸收速率较低，在现代烟气脱硫技术中很少单独采用物理吸收法。

二、化学吸收

1. 化学吸收的基本原理

若被吸收的气体组分与吸收剂的组分发生化学反应，则称为化学吸收。在化学吸收过程中，被吸收气体与液体相组分发生化学反应，有效地降低了溶液表面上被吸收气体的分压，增加了吸收过程的推动力，既提高了吸收效率又降低了被吸收气体的气体分压。因此，化学吸收速率比物理吸收速率大得多。

物理吸收和化学吸收，都受气相扩散速度（或气膜阻力）和液相扩散速度（或液膜阻力）的影响，工程上常通过加强气液两相的扰动来减小气膜与液膜的阻力。在烟气脱硫中，瞬间内要连续不断地净化大量含低浓度 SO_2 的烟气，如单独应用物理吸收，因其净化效率很低，难以达到 SO_2 的排放标准。因此，烟气脱硫技术中大量采用化学吸收法。

2. 化学吸收过程

化学吸收是由物理吸收过程和化学反应两个过程组成的。在物理吸收过程中，被吸收的气体在液相中进行溶解，当气液达到相平衡时，被吸收气体的平衡浓度是物理吸收过程的极限。被吸收气体的组分与吸收剂中的活性组分进行化学反应，当化学反应达到平衡时，被吸收气体的消耗量是化学吸收过程的极限。

3. 化学吸收过程的速率

气体吸收剂在单位时间内通过单位面积界面而被吸收的量称为吸收速率。化学吸收过程的速率是由物理吸收的气液传质速率和化学反应速率决定的。当物理吸收的气液传质速率大于化学反应速率时，化学吸收过程的速率取决于后者；反之，如化学反应速率很快，而物理吸收的气液传质速率很慢，化学吸收过程的速率取决于物理吸收的气液传质速率；如果两者具有同等数量级，吸收速率由两者共同控制。采用化学吸收气体时，化学反应速率一般大于物理吸收的气液传质速率。

化学吸收根据被吸收组分与吸收剂反应速率的快慢可分为三种类型，即：如果反应速率特别慢，反应是在液相主体中逐步完成的，称为慢反应；如果反应是在液膜内完成的，则称为快反应；如果反应是在液膜内某一平面上即已完成，甚至这个反应面正好与相界面重合，则称为极快反应。烟气脱硫通常是在连续及瞬间内进行，发生的化学反应是极快反应、快反应和中等速度的反应。

4. 碱液浓度对传质速度的影响

研究得出，应用碱液吸收酸性气体时，碱液浓度的高低对化学吸收的传质速度有很大的影响。当碱液的浓度较低时，传质速度较低；当提高碱液浓度时，传质速度也随之增大；当碱液浓度提高到某一值时，传质速度达到最大值，此时碱液的浓度称为临界浓度；当碱液浓度高于临界浓度时，传质速度并不增大。

为此，在烟气脱硫的化学吸收过程中，当应用石灰石浆液吸收烟气中的SO_2时，适当提高石灰石浆液的浓度，可以提高对SO_2的吸收效率。但是，石灰石浆液的浓度不得高于临界浓度。超过临界浓度之后，进一步提高石灰石浆液的浓度，脱硫效率并不提高。可以得出，在烟气脱硫中，石灰石浆液的浓度，并非越高越好。石灰石浆液的最佳浓度为临界浓度，此时脱硫效率最高。

第三节 石灰石—石膏湿法烟气脱硫的主要化学反应

一、SO_2的吸收

SO_2的吸收是SO_2从气相传递到液相的相际间传质过程。烟气在吸收塔内与喷淋而下的循环浆液有效接触，循环浆液吸收大部分SO_2，形成H^+和HSO_3^-，然后离解成H^+和SO_3^{2-}，反应如下

$$SO_2(气) \longleftrightarrow SO_2(液) \quad (2\text{-}1)$$

$$SO_2(液) + H_2O \longleftrightarrow H^+ + HSO_3^- \quad (2\text{-}2)$$

$$H^+ + HSO_3^- \longleftrightarrow H_2SO_3 \quad (2\text{-}3)$$

$$H_2SO_3 \longleftrightarrow 2H^+ + SO_3^{2-} \quad (2\text{-}4)$$

SO_2溶于水是一个慢反应，从式（2-1）～式（2-4）可以看出，H^+在吸收过程中起着很重要的作用。pH值越高，SO_2吸收的速度就越快；pH值降低，SO_2的吸收速度会下降，当pH值低至4时，几乎不能吸收SO_2。

为了反应能不断地进行，保证平衡继续向右移动，使SO_2进一步被吸收，加入吸收剂$CaCO_3$以消耗H^+。

影响SO_2吸收的因素除了pH值，还有烟气流速、气液比等许多方面的因素。

二、石灰石的消溶

石灰石的主要成分是碳酸钙（$CaCO_3$），碳酸钙极难溶于水，溶解度非常低，约为$0.015kg/m^3$，溶于酸放出CO_2，它可以在CO_2饱和水浆液中溶解生成碳酸氢钙。脱硫过程中加入石灰石，一方面可以消耗浆液中的H^+，另一方面得到了生成石膏所需要的Ca^{2+}。石灰石消溶反应如下

$$CaCO_3(固) \longleftrightarrow Ca^{2+} + CO_3^{2-} \quad (2\text{-}5)$$

$$CO_3^{2-} + H^+ \longleftrightarrow HCO_3^- \quad (2\text{-}6)$$

$$HCO_3^- + H^+ \longleftrightarrow H_2O + CO_2(液) \quad (2\text{-}7)$$

$$CO_2(液) \longleftrightarrow CO_2\uparrow(气) \tag{2-8}$$

从式（2-6）和式（2-7）可以看出石灰石的消溶过程中会消耗 H^+，使浆液呈碱性。随着 pH 值的升高，不利于 $CaCO_3$ 的消溶，但有利于 SO_2 的吸收，所以 pH 值过高或过低都会影响反应的正常进行。一般认为，吸收塔内浆液 pH 值控制为 5.2～6.0，实际运行中 pH 控制为 5.2～5.5 最为适宜。通过加入吸收塔的新鲜 $CaCO_3$ 浆液来保持吸收塔浆液 pH 值的稳定，运行中吸收塔浆液 pH 值不宜大幅波动。因为 pH 值影响着石灰石、$CaSO_4 \cdot 2H_2O$ 和 $CaSO_3 \cdot 1/2H_2O$ 的溶解度。随着 pH 值的升高，$CaSO_3$ 的溶解度明显下降，而 $CaSO_4$ 的溶解度变化不大。随着浆液 pH 值的下降，浆液中 $CaSO_3$ 的量增加，并在石灰石颗粒表面形成一层液膜，而液膜内部 $CaCO_3$ 的溶解又使 pH 值上升，溶解度的变化使液膜中的 $CaSO_3$ 析出，并沉积在石灰石颗粒表面，形成一层外壳，使颗粒表面钝化，阻止了 $CaCO_3$ 的继续溶解。pH 值的大幅波动容易使石灰石出现“包裹”而影响石灰石的消溶。

石灰石的消溶特性直接影响着石灰石的利用率，石灰石的消溶特性受以下几方面影响：

（1）石灰石活性对石灰石消溶性的影响。石灰石的活性可以用消溶速率来表示，消溶速率是单位时间内消溶的石灰石的量，石灰石的活性越高越有利于石灰石的消溶。

（2）石灰石细度对石灰石消溶的影响。石灰石细度越高石灰石的活性越高，影响石灰石活性的主要因素是石灰石的比表面积。比表面积分为内比表面积和外比表面积，石灰石的外比表面积取决于石灰石的粒径，石灰石粒径越小，比表面积越大反应活性也越高。石灰石的内比表面积取决于石灰石的结构，石灰石是由碳酸钙所组成的沉积岩，由于地质年代的不同它的晶体结构差别很大，有的坚硬致密，有的结构松软，石灰石结构的不同使它的内比表面积出现了差异，这就影响了石灰石的活性，结构越致密，内比表面积越小，反应活性越差。对于烟气脱硫来说，石灰石的细度并非越细越好，石灰石越细，活性越高，越有利于消溶，提高石灰石利用率，但是会增加磨制成本。正常运行中将石灰石粉的细度控制在 325 目筛（44m）或 250 目筛（63m）90%的过筛率。

（3）消溶时间对石灰石消溶性的影响。消溶时间延长，石灰石的消溶率会增加，随着反应的进行，石灰石消溶率增加的幅度会减小。所以消溶时间不是越长越好，消溶时间长有利于消溶，提高石灰石利用率；但是会增加占地面积、投资和运行成本。

影响石灰石消溶性的因素还有消溶温度、O_2、CO_2、Cl^- 浓度、F^- 浓度等。

三、亚硫酸盐的氧化

在石灰石—石膏法中，通常在吸收塔浆池鼓入氧化空气，反应中一部分 HSO_3^- 在吸收塔喷淋区被烟气中的氧所氧化，其他的 HSO_3^- 在浆池中被氧化空气完全氧化，反应如下

$$HSO_3^- + 1/2O_2 \longleftrightarrow H^+ + SO_4^{2-} \tag{2-9}$$

$$H^+ + SO_4^{2-} \longleftrightarrow HSO_4^- \tag{2-10}$$

从式（2-9）和式（2-10）可以看出，亚硫酸盐的氧化速率除受 pH 值影响外，还受 O_2 浓度、温度、NO_x、催化物质（Mg^{2+}、Mn^{2+}、Fe^{3+} 等）、氧化抑制剂、烟气中含氧量、液体的循环率、浆液的黏度和密度、吸收塔的结构等的综合影响。

四、石膏的结晶

吸收塔浆池中的浆液经氧化形成硫酸钙后就进入结晶阶段，形成石膏（$CaSO_4 \cdot 2H_2O$）并从

浆液中析出，即

$$Ca^{2+}+SO_4^{2-}+2H_2O \longleftrightarrow CaSO_4 \cdot 2H_2O\downarrow \text{（固）} \tag{2-11}$$

此外，还发生以下副反应

$$Ca^{2+}+SO_3^{2-}+1/2H_2O \longleftrightarrow CaSO_3 \cdot 1/2H_2O \tag{2-12}$$

总反应式如下

$$2CaCO_3+2SO_2+O_2+4H_2O \longleftrightarrow 2CaSO_4 \cdot 2H_2O\downarrow \text{（固）}+2CO_2\uparrow \tag{2-13}$$

人们都希望得到粒径粗大的石膏，粒径越粗大越有利于 $CaSO_4 \cdot 2H_2O$ 和未反应的 $CaCO_3$ 的分离，并有利于石膏脱水，可以提高石膏品质和 $CaCO_3$ 的利用率。

石膏的结晶受浆液中 $CaSO_4 \cdot 2H_2O$ 的过饱和度、浆液温度、pH 值、搅拌方式的影响。石膏的结晶和浆液的过饱和度有着密切的关系，且受浆液温度变化的影响，在恒定过饱和且过饱和度又不大的情况下，等温结晶才能得到较为理想的结晶。在石膏浆液饱和的情况下，晶种生成和晶体长大的速度均为零，而过饱和度过大时，会生成许多新的颗粒，使石膏结晶成针状和层状。一般将石膏浆液的过饱和度控制在 120%～130%。石膏浆液的初始过饱和度更大程度地影响着结晶的大小，初始过饱和度越大，结晶就越小。所以在吸收塔运行前，应向吸收塔浆池内加入一定浓度、粒度的石膏浆液，这就是我们通常所说的“晶种”。

影响石膏品质的因素有石灰石粒度、浆液停留时间、杂质、粉尘浓度、燃煤硫分、烟气流量、pH 值、亚硫酸钙的氧化、液气比、石灰石抑制和闭塞等。

石灰石粒度过细，会生成大量细小的结晶；粒度过大，容易造成包裹，使石膏中 $CaCO_3$ 的含量过高，不但影响石膏品质，而且影响 $CaCO_3$ 利用率。

五、其他污染物

烟气中的其他污染物如 SO_3、Cl^-、F^- 和灰尘都被循环浆液吸收和捕集。SO_3、HCl 和 HF 与悬浮液中的石灰石按以下反应式发生反应

$$SO_3+H_2O \longleftrightarrow 2H^++SO_4^{2-} \tag{2-14}$$

$$CaCO_3+2HCl \longleftrightarrow Ca^{2+}+2Cl^-+CO_2\uparrow+H_2O \tag{2-15}$$

$$CaCO_3+2HF \longleftrightarrow CaF_2\downarrow\text{（固）}+CO_2\uparrow+H_2O \tag{2-16}$$

（1）Cl^- 浓度的影响。Cl^- 浓度对石灰石的消溶性有明显的抑制作用，由于共离子效应，随着浆液中 Cl^- 浓度的增加，Ca^{2+} 浓度也增加，影响了石灰石的消溶率。Cl^- 主要来自燃煤中的氯。

（2）F^- 浓度的影响。F^- 浓度对石灰石的消溶也有抑制作用，如果浆液中同时有 Al^{3+} 的存在并达到一定氟/铝比时，就会形成络合物而诱发石灰石的屏蔽，这将严重阻碍石灰石的消溶，使石灰石利用率降低，而且还会影响脱硫效率和石膏品质。F^- 主要来自燃煤烟气中的氟化物，而 Al^{3+} 主要来自烟气中的飞灰。

第三章 石灰石—石膏湿法烟气脱硫系统主要设备

FGD系统主要有烟气系统，SO_2吸收系统，浆液循环系统，氧化空气系统，石灰石卸料系统，制浆供给系统，石膏排出系统，脱水系统，压缩空气系统，工艺、冷却水系统，事故浆液排空系统，废水处理系统。

第一节 FGD 烟 气 系 统

烟气系统的主要作用是进行FGD系统的投入和切除，为FGD系统运行提供烟气通道。一般包括烟道、烟气进口挡板、烟气出口挡板、烟气旁路挡板、挡板密封风系统、增压风机及其辅助系统、GGH及其辅助系统等。

为了与锅炉分离开来，FGD系统中设置了烟气进口挡板、烟气出口挡板、烟气旁路挡板。FGD系统正常运行时，进、出口挡板开启，烟气旁路挡板关闭，烟气经过FGD脱硫后经烟囱向大气排放。烟气旁路挡板布置在FGD系统进、出口挡板之间，当FGD系统停用或事故状态下，全流量的烟气旁路挡板应打开，烟气脱硫装置的烟气进、出口挡板关闭；FGD整套装置停止运行，烟气通过烟气旁路挡板经烟囱向大气排放。FGD烟气挡板配备了挡板密封风机，在FGD烟气挡板关闭时起密封作用，密封风压力至少维持比烟气最高压力高500Pa，密封风系统配有电加热器，加热密封风防止结露腐蚀。

FGD系统设置了增压风机，用于增加锅炉烟气的排出压力以克服FGD系统的压损。增压风机一般设在高温侧，避免受到低温烟气腐蚀。

烟气系统还装设了烟气换热装置（GGH），为回转式烟气换热器。并设有空气吹扫系统和高、低压冲洗水系统。GGH主要用于冷却进入吸收塔的原烟气，同时加热脱硫后的净烟气。

从锅炉来的原烟气由烟道引至FGD系统，经FGD烟气进口挡板进入增压风机增压后，进入烟气换热器（GGH）；原烟气的温度在烟气换热器（GGH）中被交换降温至90～100℃，冷却了的原烟气进入吸收塔进行脱硫反应。在吸收塔内原烟气与石灰石浆液充分接触反应脱除其中的SO_2，原烟气温度进一步降低至饱和温度（48℃左右）。脱硫后的净烟气经除雾器除去雾滴后返回烟气换热器（GGH），加热后温度升至80℃以上，经过净烟气烟道、FGD烟气出口挡板和烟囱，排放到大气中。

烟气系统流程为：

旁路挡板

吸风机来原烟气——进口挡板→增压风机→GGH原烟侧→吸收塔→GGH净烟侧→出口挡板→烟囱

烟气系统主要设备包括烟道、膨胀节、烟气挡板、挡板密封风系统、增压风机及其辅助系统、GGH及其辅助系统、烟囱等。

一、烟道

（1）FGD系统入口烟道。从FGD系统入口至GGH入口，输送从引风机、除尘器或其他设备到FGD系统的未处理的热烟气。

（2）吸收塔入口烟道。从GGH原烟气侧出口至吸收塔入口，输送经GGH降温后的中温未脱硫烟气。

（3）吸收塔出口烟道。从吸收塔出口至GGH净烟气侧入口，输送来自吸收塔的低温饱和净烟气。

（4）FGD系统出口烟道。从GGH净烟气侧出口至与旁路烟道交接处，输送经GGH升温后的净烟气。

（5）旁路烟道。从FGD系统入口至烟囱入口的直通烟道。FGD系统未启动时输送来自引风机的原烟气，FGD系统正常运行时旁路挡板上游侧烟道接触原烟气，旁路挡板下游侧烟道接触经GGH升温后的净烟气。由于旁路挡板下游侧烟道有时要输送原烟气，有时要输送已处理的中温净烟气。

二、膨胀节

1. 膨胀节的作用

FGD烟道膨胀节的作用是吸收烟道之间以及烟道与固定组件（如吸收塔等）之间的相对位移。腐蚀和扭曲是金属膨胀节遇到的主要问题。FGD烟道中大多数膨胀节采用非金属膨胀节，非金属膨胀节由纤维或金属丝加强的氟橡胶片或纤维和金属网复合加强的氟橡胶片、保温材料、内部挡板和连接法兰构成。

2. 缩短膨胀节使用寿命的因素

（1）较大的相对位移，特别是较大的扭曲和摆动。

（2）紧靠百叶窗挡板下游侧的膨胀节，遭受气流引起的卷吸振动。

（3）膨胀节底部聚集冷凝液、飞灰或浆体的沉积物。

（4）膨胀节法兰的不正确连接，造成垫圈周围漏气。

（5）不合理的设计使挡板的叶片擦刮膨胀节。

（6）清除烟道积灰时的人为损坏。

（7）烟气含尘量过高造成的磨损。

三、烟气挡板

1. 烟气挡板的作用

控制FGD主烟道和旁路烟道密封或开启的风门称为烟气挡板。FGD装置设有进口挡板和出口挡板将系统与锅炉隔离，为保证锅炉安全而设置的旁路烟道装设了旁路挡板。烟气挡板是连接FGD系统和锅炉的重要部件，对锅炉的安全性有很大影响。正常运行时，进、出口挡板打开，旁路挡板关闭，烟气进入FGD系统。FGD停用或发生紧急情况时，旁路挡板自动打开，烟气通过旁路直接进入烟囱。一旦两路烟气通道都不畅通时，就会影响机组的正常运行，甚至引起锅炉正压保护动作而停炉。为了确保锅炉的安全，烟气旁路挡板具有快开、慢关功能，快开时间通常要求不超过 15s，以便出现脱硫通道不畅时能快速打开旁路。为提高安全可靠性，有时还在增压风机入口烟道处安装压力开关，一旦压力超过设定值，同样会快速打开旁路挡板，作为保护锅炉安全的第二道保护防线。还可以对旁路挡板设置电动、气动的双驱动控制，以保证在旁路烟气挡板失电的情况下，仍可以快开旁路烟气挡板，作为锅炉安全的第三道保护防线。

2. 烟气挡板的类型

FGD 系统的烟气挡板分为闸板式、百叶窗式、翻板门、换向门等几种。

（1）闸板式烟气挡板。闸板式烟气挡板一块闸板横穿烟道，在闸板的两端设有密封室，密封室可鼓入空气进行密封。闸板关闭时，切断烟气，闸板打开时，全部退出烟道。为减少气体泄漏，闸板与密封室之间有弹性密封片，闸板活动时，密封片紧紧贴住闸板。在框架的内部设有滑槽，闸板即在此滑槽上下滑动，鼓入的密封空气压力要比烟气压力高，闸板的升降由驱动链条来完成，可手动也可电动，根据闸板的大小可安装多根驱动链条。闸板式烟气挡板启闭时间较长，无调节能力，在烟道外需设置开启的存放空间、占用空间大。

（2）百叶窗式挡板（见图 3-1）。与闸板式挡板不同，百叶窗式挡板无论开启还是关闭，均停留在烟道内，由一块或多块阀板组成。百叶窗挡板可分为单阀板百叶窗式挡板和多阀板百叶窗式挡板。吸收塔进、出口烟气挡板及旁路烟气挡板多采用多阀板百叶窗式挡板，这些阀板由挡板外的连接件连接，由电动或气动执行器驱动。

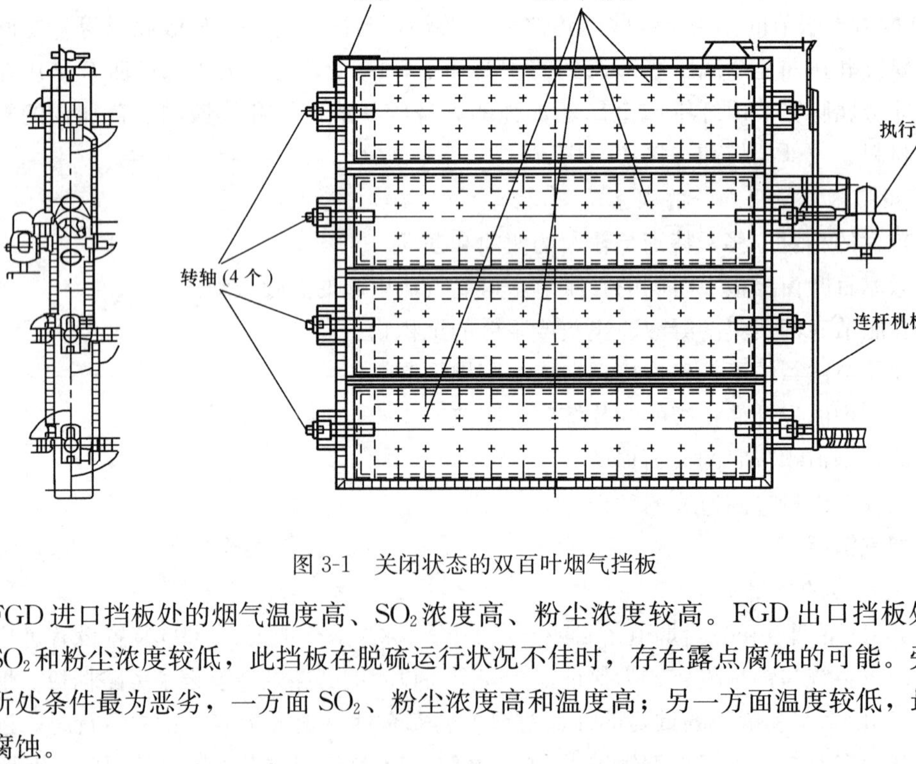

图 3-1 关闭状态的双百叶烟气挡板

FGD 进口挡板处的烟气温度高、SO_2浓度高、粉尘浓度较高。FGD 出口挡板处温度较低、SO_2和粉尘浓度较低，此挡板在脱硫运行状况不佳时，存在露点腐蚀的可能。旁路烟气挡板所处条件最为恶劣，一方面 SO_2、粉尘浓度高和温度高；另一方面温度较低，最易出现应力腐蚀。

百叶窗式挡板又可分为单百叶窗式和双百叶窗式。为了保证更好的密封性能，在 FGD

装置中大多采用双百叶窗式的挡板，除了每层挡板上配备密封元件外，在两层挡板中间还通入密封空气。

百叶窗式挡板调节性能好，启闭速度快，占用空间小，造价高。

3. 挡板密封风系统

为了达到烟气挡板的零泄漏，需设置密封空气系统，保持密封室的压力高于烟气侧压力500～1250Pa，由一运一备的两台密封风机提供密封空气。密封风有加热和不加热两种，采用加热风一方面可以减少挡板叶片因温度不均产生变形；另一方面还可以防止挡板结露、腐蚀和黏灰。对于闸板式挡板，即使烟气挡板处于开启状态，密封风机也不停止，以防止烟气倒入密封室而造成腐蚀。对于双百叶窗式挡板，采用挡板门与密封风门机械联动，当挡板关闭时，密封风门自动打开，通入密封风；当挡板开启时，密封风门自动关闭。

在实际运用中应注意挡板密封风机的选型，如挡板密封风机选型过小密封风量不够，会使泄漏增加，运行中影响脱硫效率，停运时使烟气漏入停运的脱硫装置不利于设备检修。

运行中应经常检查密封与密封风门的连杆是否连接牢固，同时也可通过挡板密封风机的运行参数（如挡板密封风机的出口压力、电流的变化）来进行分析。

四、增压风机

1. 增压风机的作用

在FGD装置中增压风机主要用于克服烟气通过FGD时的阻力，包括烟道压损、GGH压损和吸收塔压损。增压风机是FGD系统正常运行的关键设备，一旦增压风机出现故障，整个系统就无法运行，所以增压风机的选型和布置关系着整个系统安全，同时增压风机也是整个FGD系统耗电用多的设备，是整个系统用电的50%左右。

2. 风机的类型

风机主要有离心风机和轴流风机两种，其中轴流风机又可分为动叶可调轴流风机和静叶可调轴流风机。

（1）离心式增压风机。离心式增压风机具有压头高、流量大、效率高、结构简单、易于维护且叶片形式多样、对烟气中粉尘不敏感、抗磨损性能好等优点。但离心风机高效区相对较窄，它的等效率曲线与系统阻力曲线是接近垂直的。受其性能曲线特点的影响，其设计工况在最佳效率点，因此，运行工况的效率通常仅为65%～75%，当机组处于低负荷运行时，风机效率更低，不能满足节能的要求。离心风机的风量是受限制的，如果风量特别大，则必须采用双吸式风机或多台并联运行。另外，300MW以上机组中使用的离心风机叶轮直径相当大，占地面积较大，检修不方便，对于电厂的安全运行是一个隐患。

（2）动叶可调轴流风机。动叶可调轴流风机配有一套液压调节系统，可以在运行中调节动叶片的安装角，可以在锅炉负荷变动的情况下改变轴流风机的出力使之与负荷变动相适应。动叶可调轴流风机工况范围不是一条曲线，而是一个面，风机的等效率区宽广，等效曲线与系统阻力线接近平行，风机保持高效的范围相当宽，在最高效率区的上下，都有相当大的调节范围。可通过调节动叶片角度来控制流量，在广阔的运行范围内达到流量和压力的最佳效果。当机组低负荷时，动叶可调轴流风机效率下降的幅度是所有类型风机中最小的，可以降低锅炉低负荷时的耗电量。这种风机始终在高效区运行，性能优良，节能显著，但结构复杂，制造费用较高，调节部分易生锈，转动部件多、动叶调节机构复杂而精密，且需要另设油站，维护技术要求高。风机本体价格很高，基本上是双吸离心式风机的1.2倍和静叶可调轴流风机的1.5～2倍。风压入时需要转子外沿线速度高，相应的磨损情况比其他形式的风机严重。如不对动叶片等部件进行耐磨处理，则不能承受含尘量超过150mg/m^3（标态）的工况。即使进行了叶片耐磨处理，一般要求的烟气含尘量不超过300mg/m^3，在相同条件下耐磨性远不如静叶可调式轴流风机。

相对静叶可调轴流风机而言，动叶可调轴流风机的最高效率及高效区均优于静叶可调轴流风机（最高效率约0.5%～0.8%）。因此，动叶可调轴流风机的运行效率是高于静叶可调轴流风机的，相应的，在同等工况条件下，动叶可调轴流风机的轴功率和耗电量均小于静叶可调轴流风机。

（3）静叶可调轴流风机。静叶可调轴流风机在气动性能上介于离心风机和动叶可调式轴流风机之间。可输送含有灰分或腐蚀性的大流量气体，具有优良的气动性能，其高效节能、磨损小、寿命长。流量调节时大多在不变速下通过转动安装在叶轮上游的前导叶来实现，其结构简单、运行可靠、安装维修方便，具有良好的调节性能。静叶可调轴流风机高效区介于动叶可调轴流风机和离心式风机之间。对于大容量变工况的调峰机组，其调节效率高于离心风机，略低于动叶可调轴流风机。在相同的造型条件下可获得比单吸式离心风机和动叶可调轴流风机低一挡的工作转速。理论与实验均表明风机叶轮的耐磨寿命与风机转子速度的平方成反比，因此，在相同出力的条件下，转速较低的风机具有更好的耐磨性。静叶可调轴流式风机转子外沿的线速度较低，对入口含量尘量的适应性比动叶可调轴流风机好，当含尘量在400mg/m^{3}时，叶片寿命不低于2万h。与静叶可调轴流风机相比，动叶可调轴流风机叶片更容易磨损。

影响静叶可调轴流风机使用的一个问题是受性能曲线的喘振线形状（在小流量区成马鞍形）决定，在小流量区运行或在风机启动后调节静叶至运行工况的小流量阶段，风机会发生喘振现象。

3. 轴流风机的主要特点

轴流风机调节效率高并可使风机在高效率区域内工作，因此运行费用降低。轴流风机效率最高90%，离心风机效率92.8%，设计负荷时的效率相差不大。低负荷时，动叶可调轴流式风机的效率要比具有入口导向装置调节的离心风机高许多。

轴流风机对风道系统风量变化的适应性优于离心风机。如风道系统的阻力计算不很准确，实际阻力大于计算阻力，或遇到煤种变化所需风量、风压不同，使机组达不到额定出力。轴流风机可以采用动（静）叶片调节关小或开大动叶的角度来适应风量、风压的变化，而对风机的效率影响却很小。

轴流风机在质量、飞轮效应值等方面比离心风机好。轴流风机允许采用较高的转速和流量系数，所以，在相同的风量、风压参数下轴流风机的转子较轻，即飞轮效应值较小，使得轴流风机的启动力矩大大地小于离心风机的启动力矩。一般轴流式风机的启动力矩只有离心式的14.2%～27.8%。

轴流风机的转子结构要比离心风机的复杂，旋转部件多，制造精度要求高，叶片材料的质量要求也高。轴流风机运行可靠性比离心风机稍差。但是动（静）叶可调轴流式风机由于均从国外引进技术，从设计、结构、材料和制造工艺上加以改进提高，使目前轴流风机的运行可靠性可与离心风机相媲美。

若轴流风机与离心风机的性能相同，则轴流风机噪声强度比离心式风机高。因为轴流风机的叶片数往往比离心风机多两倍以上，转速也比离心风机高。然而，对于性能相同的两种风机，把噪声消减到允许的噪声标准－85dB，在消声器上所花费的投资相差不大。

4. 增压风机的布置方式

增压风机有四种布置方式，即增压风机布置在烟气换热器与吸收塔之前、增压风机布置在烟气换热器之后吸收塔之前、增压风机布置在吸收塔后、增压风机布置在烟气换热器后。

（1）增压风机布置在烟气换热器与吸收塔之前的原烟气管道上。增压风机在热烟气中工作，其沾污和腐蚀的倾向最小。但由于此时的有效体积流量最大，风机的功耗也最大。使用回转式换热器时，原烟气将向净烟气侧泄漏，但使用密封风机对其进行空气密封，烟气的泄漏量可以控制在1%内。

（2）增压风机布置在烟气换热器之后吸收塔之前。其沾污和腐蚀的倾向较小，功耗较低。但由于其压缩功的存在，造成吸收塔入口烟温升高，会降低脱硫效率。

（3）增压风机布置在吸收塔后。风机工作在蒸汽饱和的烟气中，此时的增压风机被称为湿风机。湿风机综合了最大的优点，但也有显著的缺点，如湿风机功率约低10%，其压缩热可将烟气再加热，在使用换热器时净烟气会向原烟气泄漏等。同时，湿风机要求使用耐腐蚀材料，沾污危险较大，结垢时会影响出力。当吸收塔内负压时，在一定条件下存在衬胶脱落的危险，影响风机的安全运行。

（4）增压风机布置在烟气换热器后。风机工作在含有少量水蒸气的较为干燥的烟气中。此种风机功耗适中，同样可以利用其压缩功，沾污倾向较湿风机小。缺点是要求使用耐腐蚀材料，费用较贵，吸收塔处于负压运行状态等。在使用回转式烟气换热器时，原烟气会向净烟气侧泄漏，需采用良好的空气密封，才可以减少对脱硫效率的影响。

目前在烟气脱硫工程中，普遍采用的是第一种布置方式，即增压风机布置在换热器前的干烟气管道上。

五、烟气换热器

1. 烟气换热器的作用

从吸收塔出来的净烟气温度通常只有45～55℃，为湿饱和状态，如果直接排放会带来两种不利后果：一是烟气抬升的扩散能力低，可能在烟囱附近形成水雾，污染环境；二是由于烟气温度低于露点温度，会有酸性液滴从烟气中凝结出来，既污染环境，又对设备造成低温腐蚀。因此，在烟气脱硫系统中，通常在吸收塔后设置烟气换热器，将净烟气加热到80℃以上，然后向大气排放。防止净烟气在排放过程中结露；提高烟囱排出烟气的抬升高度以利于污染物扩散；降低烟羽可见度；避免排烟降落液滴。同时降低原烟气温度防止高温烟气进入吸收塔，对设备及防腐层造成破坏；另外，可使吸收塔内烟气达到利于吸收SO_2的温度。

2. 烟气换热器的类型

烟气换热器的热媒主要有原烟气、高温水、水蒸气或电能。因为烟气流量很大，所以即使将烟气温度提高几度，所消耗的能量也是相当大的。因此，在通常情况下，烟气换热器均只用原烟气作热媒，而不使用二次能源，尤其对于大型机组。

烟气换热器有蓄热式和非蓄热式两种形式，其中蓄热式是利用未脱硫的热烟气加热冷烟气，统称为GGH，根据换热方式的不同烟气换热器可分为管式、热管式、回转式三种；非蓄热式换热器是通过蒸汽、天然气等将热媒重新加热，分为直接加热和间接加热两种。

（1）管式换热器。通常用于200MW以下容量的机组锅炉烟气脱硫中，原烟气通过管壁的热传导作用加热净烟气，无烟气泄漏，但传热系数较小，烟气处理量小，易发生低温腐蚀、堵灰和磨损等问题。

（2）热管式换热器。是一种新型高效传热元件，工质在密闭的热管内部，在热流体端吸热汽化，至冷流体端气体工质放热变成液体，同时热量通过管壁传导给管外的冷流体。由热管组成的换热器传热效率高，传热面积小，结构紧凑，烟气流动阻力小，热媒循环过程不需外加动力，无烟气泄漏；但与其他类型换热器一样，面临低温腐蚀和积灰堵塞问题。

（3）回转式换热器。是目前大型FGD装置中广泛应用的换热器类型，因其独特的特点，而备受青睐。

3. 回转式换热器

（1）回转式换热器的基本原理。回转式换热器通过涂有搪瓷的换热元件在原烟气（高温侧）吸收热量，在净烟气（低温侧）放出热量，通过换热元件的交替运转实现了热交换（见图3-2）。回转式换热器在结构上主要由转子与外壳两部分组成。转子为具有一定高度的圆筒，内部空间从上到下被基干隔板沿径向分成许多扇形区域，每个扇形区域又被多块横向和径向隔板规则地分为许多小格仓，每个小格仓内堆积预先叠扎好的换热元件，换热元件安装在换热器转子中，通过换热器转子的连续、低速（0.75～2r/min）旋转，其传热元件交替通

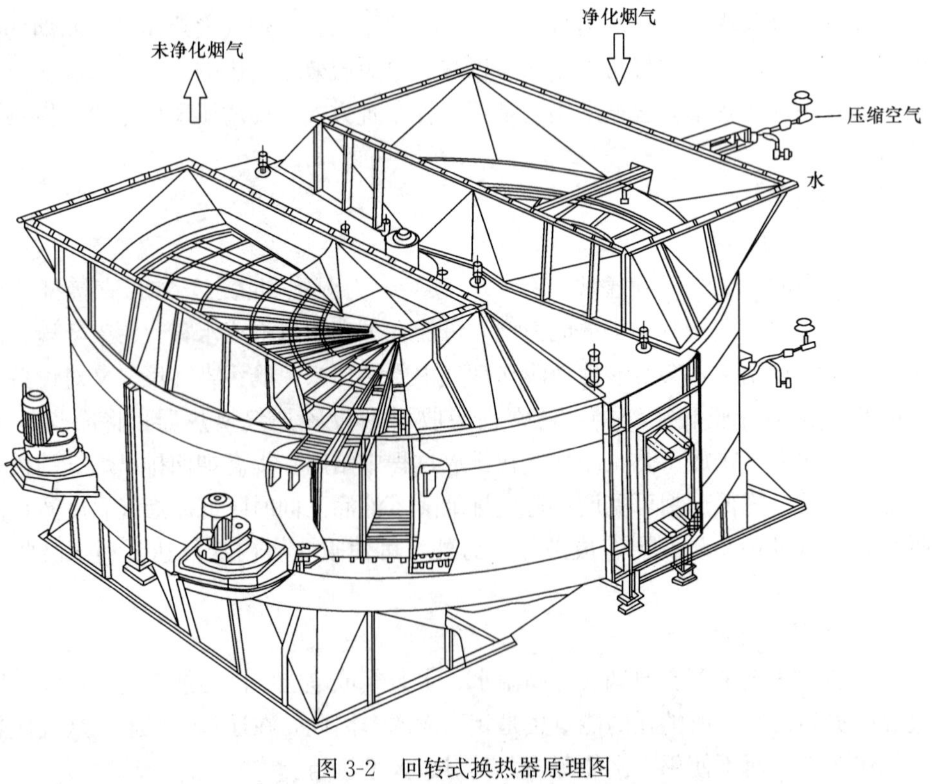

图3-2 回转式换热器原理图

过原烟气和净烟气通道。如图 3-3 所示，在通过原烟气通道时，传热元件吸收了原烟气的热量，温度上升，转到净烟气通道时，传热元件释放热量，对净烟气加热。如此循环，依靠转子传热元件的热容作用，实现原烟气与净烟气之间连续的热交换。原烟气和净烟气采用逆流布置，最大限度地、强化性地实现了热交换。为增加传热，换热元件一般布置较密，容易结垢和堵灰。换热器的主要缺点是烟气的泄漏、粉尘的黏附与堵塞，及热烟气会冷凝部分硫酸在传热元件上并带到烟气中。因此，需设置密封装置和清洗装置（蒸汽吹灰装置及高低压水冲洗装置），冲洗装置具有伸缩性能，不工作时完全不与烟气接触。另外，低温腐蚀在换热器中不可避免，为了保护传热元件，与烟气接触的表面均镀一层防腐搪瓷。

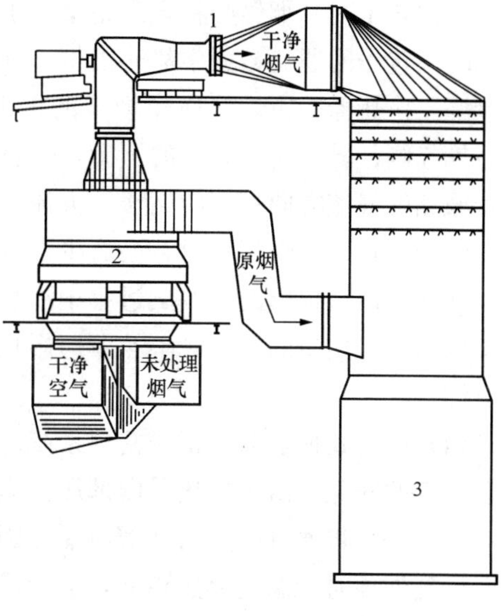

图 3-3 回转式换热器布置示意

1—风机；2—烟气加热器；3—吸收塔

回转式换热器的特点如下：

1）高效、节能。回转式换热器是利用原烟气的热能来加热净烟气，因此无需额外的能源。在通常情况下，换热器将净烟气的温度提高 30～40℃，这等同于提高了 1.5%～2%的锅炉热效率。

2）运行成本低。由于换热器的设计使用寿命达 30 年以上，配套的辅机数目较少，无需太多的运行、维护等费用。

3）结构紧凑、质量轻。与管式换热器相比，回转式换热器的结构非常紧凑，占地面积小，其体积为同容量管式换热器的 1/10，且质量也只有 1/3 左右。

4）低泄漏。由于回转式换热器采用了多种防泄漏的措施，可以将原烟气向净烟气的泄漏控制 1%以下或更低，有效地保障了 FGD 系统的脱硫效率。

5）耐腐蚀。设计时，根据回转式换热器的运行工况，选择了不同等级耐腐蚀的材料、采取了多种耐腐蚀措施，起到了良好的防腐效果，有效地保证了换热器设计使用寿命。

（2）回转式换热器的密封系统。换热器的密封系统由径向密封系统、轴向密封系统、环向密封系统组成，这三项密封系统通常是为降低换热器的直接泄漏而设计的。

（3）回转式换热器低泄漏系统。漏风率是换热器非常重要的性能参数，为了减小换热器的漏风率，除了必要的密封元件外还设置了密封风机和低泄漏风机，分别用空气和净烟气作为密封。低泄漏系统是为了减少原烟气向净烟气的泄漏而设的，主要由低泄漏风机、管道等组成。低泄漏系统又分为高压密封系统和置换密封系统。高压密封系统，由于换热器两侧的原烟气和净烟气存在着一定的压差，且安装在转子上的密封片和密封板组件存在密封间隙，因此，高压的原烟气必定会向低压的净烟气泄漏。为减少此类直接泄漏，在密封板的中间位置处开了一道槽口，并将从低泄漏风机来的具有一定流量和压力的净烟气流从槽口中向转子喷出，形成一道高压的净烟气“幕帘”，该净烟气“幕帘”的压力高于两侧的原烟气和净烟气，起到隔绝原烟气和净烟气的作用，阻止了原烟气向净烟气的直接泄漏。置换密封系统，烟气通过转子时，烟气必将充满整个转子通流截面的空间中。当转子从原烟气侧转动到净烟气侧时，转子的通流截面中势必携带一部分原烟气到净烟气中，这就是原烟气向净烟气的携带泄漏。换热器的原烟气向净烟气的携带泄漏，将降低整个 FGD 系统的脱硫效果。为此，在原烟气侧、转子转动方向的下游，布置一道槽口。当转子转动到该槽口位置时，从槽口中沿着原烟气气流方向喷出的高压、大流量净烟气流，将清扫掉转子通流截面中的大部分原烟气。当转子转到净烟气侧时，会有少部分的原烟气释放出来。

在这里值得提醒的是调试过程中注意低泄漏风机的出口压力，低泄漏风机的出口压力应高于增压风机出口的压力，不然不但影响防低泄漏效果，还可能造成低泄漏风机及风道的结露腐蚀。

（4）回转式换热器的正压密封系统。上下轴承、吹灰器墙箱等动静交接的部位，一定存在着一定的间隙。由于换热器内部压力大于外部的大气压力，因此换热器的内部气体（原烟气和净烟气）将通过间隙向外部泄漏。因换热器的内部气体具有一定的腐蚀性，且当内部气体泄漏到外部时，温度突然降低，会造成酸结露，导致腐蚀。因此采用正压密封系统，阻止换热器内部气体向外泄漏。正压密封系统是通过密封风机抽取空气，通过管道输送到需要密封的部件位置处。由于正压密封的气体压力高于换热器的内部烟气、高于外部的大气压，因此正压密封气体将向换热器内部及外部同时泄漏，并达到了阻止换热器内部烟气向外部泄漏的目的。

（5）回转式换热器的吹灰系统。因为原烟气中含有一定浓度的飞灰、高浓度的二氧化硫和三氧化硫等，而净烟气中含有酸附物、石膏、水分、亚硫酸钙等具有极高黏附性，当烟气通过转子时，这些物质将积聚在换热器换热元件表面，随着时间的推移，热传递的效率会降低，并堵塞换热元件的烟气通道，使整个 FGD 系统的烟气阻力增大，直接影响至整个 FGD 系统的安全经济运行。为防止换热器传热的沉积结垢而影响传热效率，增大阻力和漏风率，缩短使用寿命，需要通过吹灰器使用蒸气（空气）吹扫或用高压水、低压水进行吹扫和清洗。单台换热器可设置一台或两台吹灰器。当传热元件高度大于或等于 500mm 时，必须设置两台吹灰器；当传热元件高度低于 500mm 时，可设置一台吹灰器，且单台吹灰器应布置在换热器上方。由于原烟气侧的温度较高、烟气的水分较低、灰分的黏附力较差，吹灰器通常布置在原烟气侧。如使用蒸气进行吹灰，应考虑吹灰气源的选择，如吹灰蒸气温度太低，非但影响吹灰效果，甚至会加剧腐蚀与堵塞，吹灰蒸气温度一般选择在 300℃以上。根据烟气中灰的含量及除雾器效果，决定每班或每隔数小时进行一次换热器蒸气或空气吹扫。一般每台吹灰器配备了单独的正压密封风机，该密封风机用于阻止吹灰枪管根部墙箱位置处向外泄漏原烟气。如采用半伸缩吹灰器，在吹灰器停运时，将提供一定流量的气体从喷嘴中喷出，防止烟气中的黏附物堵塞喷嘴，此种情况应注意的是密封空气应保持一定的温度，以免因长期的低温空气喷在传热元件上加剧传热元件的腐蚀与灰垢黏结。

（6）高压冲洗系统。高压水冲洗系统主要由高压水泵、电动机、过滤器、蓄能器、进出口及疏水管道等组成。一般厂家规定每月进行一次高压水冲洗，或当压降超过给定最大值时，需启动高压水泵冲洗。高压水泵冲洗可运行时进行（在线冲洗）或停用时进行（离线冲洗）。在线高压水冲洗的频率取决于除雾器的效率、原烟气中的残留飞灰和三氧化硫的含量，可以根据实际的运行情况及时调整高压冲洗的频率。高压水冲洗的时间，可根据烟气阻力的恢复情况，必要时可进行连续多次的冲洗。高压水冲洗压力一般控制在10～15MPa。

（7）低压冲洗系统。当FGD系统长期停运或高压水冲洗已无法将换热器的阻力恢复到系统安全运行的要求范围内时，可用低压水冲洗换热器，低压冲洗必须为离线冲洗。

实际运行中换热器的堵塞物依靠低压冲洗未必有效果，不如利用每次的停运用化学冲洗更为实用，更为有效。换热器的结垢堵塞是安装换热器的厂家共同的难题，如何延长换热器的使用周期，防止换热器的堵塞将在后面的章节中进行讲述。

4. 取消烟气换热器的利弊

采用回转式换热器进行烟气再热后，烟气温度仍处在酸露点以下，尾部烟道和烟囱的腐蚀仍不可避免。在烟气脱硫的过程中，经过脱硫后的净烟气中SO_2含量大大降低，但SO_3的脱除率相当低。因此，脱硫前后烟气露点温度变化不大（与燃料的含硫量有关），脱硫后的净烟气处于湿饱和状态，水分较高，SO_3将全部溶于水中，烟气会在尾部烟道和烟囱内壁结露，因此烟气再热器并不会减少烟气中的SO_3造成的腐蚀。烟气中的飞灰会积聚在换热器换热元件上，飞灰中的重金属起催化作用，将烟气中部分SO_2转化为SO_3，使烟气中的SO_3增加，烟气酸露点提高。

经换热器加热后的烟气温度高于烟气水露点，烟气再热可以减少出口烟道内冷凝物的形成，但对于从除雾器上逃逸出来的大直径液滴的蒸发效果一般，只能使这些液滴慢慢地浓缩、干燥，而使原来酸性不强的液滴变成腐蚀性很强的酸液，在烟道和烟囱上形成腐蚀。因此，烟气换热器只能减轻烟道和烟囱内衬的腐蚀，并不能完全防止。烟气换热器的作用主要是降低吸收塔入口烟温，提高排烟温度以利于烟气抬升和污染物的扩散。另外，换热器本身也存在泄漏、能源消耗、腐蚀、堵灰等问题，运行维护费用高，造价昂贵。一台换热器的价格占整个FGD设备投资的10%左右，换热器还需要较大占地面积和布置空间，换热器的泄漏还会降低脱硫效率，同时，换热器还是造成FGD装置事故停机的主要设备，影响FGD装置投运率。

取消换热器，不但能够降低FGD装置的投资，还可以降低FGD装置总阻力，降低增压风机的容量和电耗，可极大地降低运行、维护和检修费用，节省FGD装置的占地空间。但是会影响烟气的抬升高度不利于烟气排放和扩散，会污染周围环境；还容易出现“烟囱降雨”现象。由于进入吸收塔的烟温提高，应考虑吸收塔内防腐材料及除雾器的耐高温等级，或设置原烟气的预冷却装置；由于原烟气的降温幅度有所增加，工艺水耗量要比安装换热器时增加30%～40%，还应加强吸收塔后部设备的防腐。

在实际运行中，换热器的堵塞是一个普遍存在而又难以彻底解决的问题，换热器运行情况不佳是造成FGD系统停运的主要原因。因此，换热器已渐渐地被取消。

六、烟囱

1. 烟塔合一的优势

烟塔合一技术是将火电厂烟囱和冷却塔合二为一，取消烟囱，利用冷却塔排放烟气，冷却塔既有原有的散热功能，又替代烟囱排放脱硫后的洁净烟气。

（1）烟塔合一技术的优点。在新建机组时，可以利用冷却塔排放烟气，取消烟囱，降低相对高的土建费用。取消湿法脱硫后的烟气再加热装置、降低造价和运行费用省去了烟囱和烟气再热器，不存在回转式再热器的漏风问题，可进一步提高了脱硫效率。与采用换热器的

FGD 系统相比，冷却塔烟气排放可能减少 5%～7%的运行成本。

（2）更好的环境效益。由于冷却塔中的空气流量大约是烟气流量的 20 倍，其质量效应使烟气排到大气的速度大于烟囱排出的速度，冷却塔排出的气体体积和不同温度形成的推力远大于烟气自然浮力，高含热量的冷却塔的羽状流与经过烟囱排放的烟气比较可达到更高的高度，可以上升到大气非湍流层以上再转到混合层。此外，它对风力的影响较不敏感。

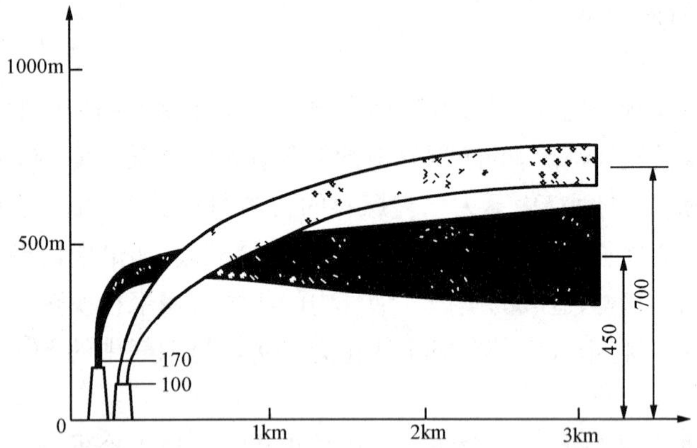

图 3-4 相同气象条件下冷却塔和烟囱排放的比较

烟气由于热力引起的动力抬升作用大约是烟囱排放的 10 倍，如图 3-4 所示相同气象条件下冷却塔排放的抬升高度远大于烟囱排放的抬升高度，由此形成在弱风情况下冷却塔排放的烟气有明显的抬升。污染物地面浓度与烟气抬升后有效源高的平方成反比，因此在弱风条件下冷却塔排放相比烟囱排放而言对低空侵害小得多。

（3）提高电厂的热效率。烟气通过冷却塔排放对冷却塔的冷却效率有利，因而可以提高凝汽器的真空度或降低循环水泵的功耗，提高电厂的热效率。

因电厂热效率的提高，减少了燃煤消耗置，即可相应减少总污染物排放量。

（4）不受当地建筑物限制高度（如机场附近）等的限制，并消除视觉污染。

2. 烟塔合一技术应用产生的影响

（1）对热力性能的影响。烟气通过冷却塔排放给冷却塔带来了两个方面的影响：①配水装置上方的气体流量增加使流速有所增加，带来额外的流动阻力，而塔内布置的管道对冷却塔的通风也形成了局部阻力；②排入冷却塔的烟气与配水装置上方的湿空气发生混合换热，改变了塔内气体的密度。这两个因素都影响冷却塔的通风量，进而影响到冷却塔的热力性能。

两项阻力之和与冷却塔原有阻力相比，还是比较小的，所以冷却塔总阻力的增加非常有限，对通风量的负面影响也不大。

当烟气密度比淋水层上方气体的密度低时，烟气的排入会降低冷却塔淋水层上方气体的密度，从而增大了塔内外气体的密度差，使冷却塔的通风量增加，冷却效率提高；反之，则会使冷却效率降低。湿法脱硫后的烟气密度相对固定，而淋水层上方气体密度则受环境温度、循环水进水温度、循环水量等的影响，其中环境温度的影响最大。

（2）对循环水系统的影响。

1）循环水系统浓缩倍率增大。烟气密度与填料上方空气密度的差距越大，冷却效率提高的幅度越大，因此会增加循环水的蒸发损失量。如果循环水的排污水量仍然保持不变，循环水中的杂质和盐类的浓缩倍率将增加。要维持循环水的浓缩倍率不变，就必须增加排污水量，这将导致循环水的补水量增加。

2）烟塔排放时的冷凝。烟气中的部分可溶性气体（如 CO_2、SO_2、SO_3、HCl、HF、NO_2等）和固体颗粒，在上升排放过程中接触到温度较低的湿空气，其中一部分水蒸气会冷凝成雾滴，它们会在冷却塔壁面形成大液滴落入冷却塔水池，进入循环水系统，这样其烟气中的可溶性气体和固体颗粒随之进入循环水系统，造成循环水杂质和盐类浓度增加、pH 值下降。当脱硫系统正常运行时烟气通过冷却塔排放对循环水水质的影响不大，不需另设水处理系统。但考虑到脱硫装置短期停运时，烟气可能会直接进入冷却塔使循环水严重污染，影响机组的安全运行。因此，只有在保证 FGD 可靠运行的基础上烟塔合一才是安全可靠的。

在因地域因素烟囱高度受到限制，而且不是长期处于大风的地方可考虑采用烟塔合一的方法，来解决烟囱超高的问题，不过必须能保证 FGD 运行的可靠性，保证其与机组的同步运行。

第二节 SO_2 吸收系统

SO_2吸收系统主要用于脱除烟气中 SO_2、SO_3、HCl、HF 等污染物及烟气中的飞灰等物质。SO_2吸收系统包括吸收塔系统、浆液再循环系统、氧化空气系统等子系统。石灰石或石灰作脱硫吸收剂，制成吸收浆液，经 GGH 降温后的原烟气在吸收塔内烟气中的 SO_2与浆液中的 $CaCO_3$进行吸收反应，生成亚硫酸氢根。亚硫酸氢通过氧化、结晶生成石膏。同时烟气中的 Cl、F 和灰尘等大多数杂质也在吸收塔中被去除。含有石膏、灰尘和杂质的吸收剂浆液的一部分被排入石膏脱水系统。脱除 SO_2后的烟气经除雾器去除烟气中的液滴，经 GGH 加热升温后进入烟囱排向大气。

主要设备有吸收塔、循环泵、循环喷嘴、除雾器及其冲洗系统、氧化风机、搅拌器（脉冲悬浮泵）、排出泵等。

1. 吸收塔

吸收塔是石灰石—石膏烟气脱硫系统的核心装置，要求气液接触面积大，气体的吸收反应良好，压力损失小，并且适用于大容量烟气处理。吸收塔内部根据各部分的具体功能自下而上可分为氧化结晶区、吸收区和除雾区。浆液在吸收区从烟气中吸收硫的氧化物（SO_x）和其他酸性物质。脱硫后的烟气经过除雾区后与液滴分离。氧化结晶区是石灰石溶解、吸收 SO_2后生成的亚硫酸钙通过鼓入的空气氧化为硫酸钙，然后形成石膏晶体析出的场所。吸收塔内的浆液具体腐蚀性，所以必须进行防腐处理。

由于吸收区设计的不同吸收塔，可根据不同的工作原理进行分类，主要有填料塔、双回路塔和喷射鼓泡塔、液柱吸收塔、喷淋塔等。

2. 填料塔

填料塔（见图 3-5）主要有格栅填料塔和湍球塔两种。格栅填料塔在塔内采用塑料格栅填料，相对延长了气液两相的接触时间，从而可保证较高的脱硫效率。浆液循环泵将石灰石浆液送至溢流型喷嘴，浆液流到格栅

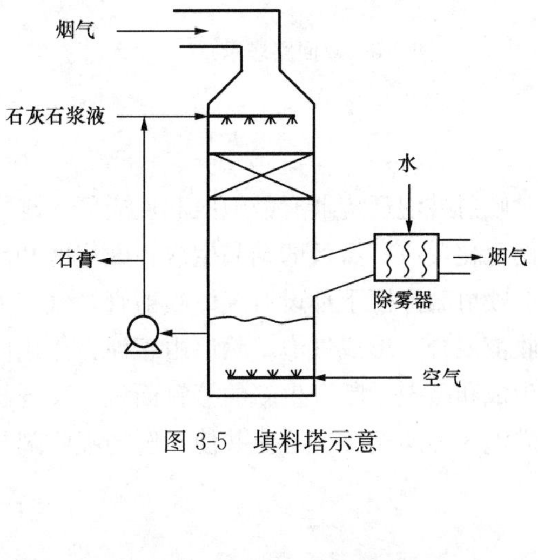

图 3-5 填料塔示意

上，烟气一般顺流即与液流方向一致进入吸收塔，在格栅上气流和浆液充分接触，完成SO_2的吸收过程，从而达到脱硫的目的。

格栅填料塔的优点是采用溢流型喷嘴，循环泵能耗较低，喷嘴的磨损情况小；其缺点是格栅容易被堵塞，需定时清洗，维护费用较高。格栅填料塔已逐渐呈现被淘汰的趋势。

湍球塔是以气相为连续相的逆向三相流化床，在湍球塔的两层栅栏之间装有许多填料球。下栅栏自由流通面积一般大于70%，以便重力排放。烟气由烟道进入吸收塔的下部，填料球处于均匀流化状态，吸收剂自上而下均匀喷淋，润湿小球表面，进行吸收。

湍球塔具有处理烟气量大、稳定性好、吸收率高、占地面积小、造价低廉、操作容易、维护简单方便，可用于各种条件下的烟气脱硫。但其阻力较大，需要定期更换填料球。

3. 双回路塔

如图3-6所示，吸收塔被一分为二，分为上下两层。烟气首先经下层循环浆液洗涤，吸收完SO_2的浆液返回下层储浆槽，然后烟气经碗形分隔装置进入上层喷淋区，吸收完SO_2的浆液返回塔外反应罐，塔外反应罐浆液流回下层储浆槽。

双回路塔结构比较复杂，但是它可以同时获得低液气比和钙硫比，而且处理高浓度的二氧化硫时有它的优势，利于防腐，造价比较低。

4. 喷射鼓泡塔

喷射鼓泡吸收塔属于喷射鼓泡反应器，如图3-7所示，烟气通过喷射分配器以一定的压力进入吸收液中，形成一定高度的喷射鼓泡层，净化后的烟气经上升管进入混合室，除雾后排放。

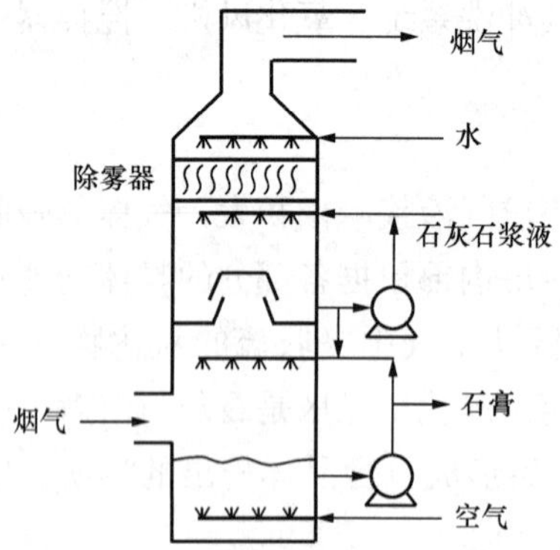

图3-6 双回路塔示意

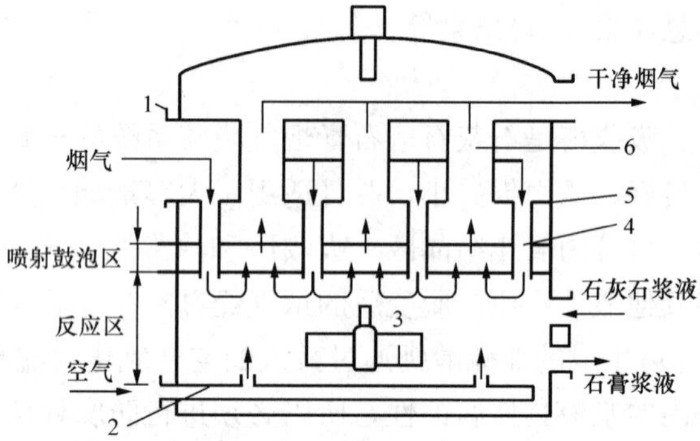

图3-7 喷射鼓泡反应器（JBR）原理示意

1—上盖板；2—空气分布器；3—搅拌器；
4—分布管；5—下盖板；6—上升管

喷射鼓泡反应器有鼓泡区和反应区。SO_2的吸收在鼓泡区域进行，而中和反应、亚硫酸钙的氧化反应、石膏的结晶生成在鼓泡区和反应区均发生。

喷射鼓泡区下部设有气体喷射管，气体喷射装置将原烟气水平喷射至吸收液液面下，与吸收液混合，形成气泡，然后由于浮力作用曲折向上并急剧分散，形成气泡层，鼓泡区气泡的生成和破裂不断产生新的接触面积，实现气、液之间的充分接触，吸收SO_2同时将反应物由鼓泡区传递至反应区，并使新鲜的吸收剂与烟气接触。这个气泡层就是喷射鼓泡层。

在反应区，由于空气鼓泡和机械搅拌，使气体与液体充分混合。喷射式鼓泡反应器内气泡在喷射鼓泡区引起的液体循环代替了浆液循环泵的作用。由于氧化空气和石灰石浆液不断地被补充到反应区和气泡层，SO_2的吸收、氧化和中和反应一起进行。

鼓泡塔省略了再循环泵、喷嘴，将氧化区和脱硫反应区整合在一起，整个设计较为简洁，降低了投资成本。同时，气相高度分散在液相中，具有较大的液体持有量和相间接触面积，传质和传热效率高。但是，液相内部有较大的返混，而且阻力相对较大，占地面积大。

5. 液柱塔

液柱塔由逆/顺流的双塔组成，平行竖立于氧化反应罐之上。在顺流塔顶部水平安装二级除雾器，塔内的下部均匀布置向上喷射的喷嘴。烟气首先自上而下经过逆流塔，与向上喷射成柱状的石灰石浆液逆向进行气、液两相接触传质，并与喷射后回落的高密度细微液滴继续进行同向传质和吸收。烟气从逆流塔流出经过反应罐上部折转180°，自下而上通过顺流塔，与向上喷射的液柱及向下回落的液滴再次进行气液两相高效接触，经除雾器除去烟气携带的液滴，流出吸收塔。由于液柱塔内气液两相反复接触，充分传质，因此能保证较高的脱硫效率。

由于液柱塔采用了空塔液柱喷射方式，喷嘴孔径较大，不易堵塞，对脱硫剂粒径及烟气含尘量要求低，因此工作稳定。

6. 喷淋塔（又称空塔）

喷淋塔是湿法FGD工艺的主流塔型，多采用逆流布置，烟气从喷淋区下部进入吸收塔与均匀喷出的吸收浆液逆流接触，烟气流速为3m/s左右，液气比与煤中的含硫量和脱硫效率关系较大，一般在8～25L/m^3之间。内部件少，结垢可能性小，压力损失小。逆流运行有利于烟气与吸收液充分接触，但阻力损失比顺流大。

吸收塔自上而下可分为除雾区、雾化喷淋吸收区和氧化结晶区三个主要的功能区。

（1）吸收塔顶部为除雾区，一般设二级除雾器。用于收集烟气中的小液滴防止其排出烟囱。由吸收区而来的洁净烟气携带了大量的液滴，一方面会造成除雾器后设备的腐蚀；另一方面液滴会在烟道中沉积，造成烟道渗漏，并影响烟气流通。经除雾器除水后，净烟气的含水量下降至75mg/m^3（标准状态）以下。为了防止除雾器结垢，在一级除雾器上、下及二级除雾器的下面装有冲洗装置，定期进行除雾器的冲洗。

（2）除雾器下方为雾化喷淋吸收区，设有2～6层喷淋层，每层喷淋层设有若干喷嘴，各层喷嘴在上下空间上错开布置，保证覆盖率达200%以上。雾化喷嘴的功能是将石灰石浆液雾化成足够多的小液滴以有效脱除烟气中的SO_2。每层喷淋层对应一台循环泵，在吸收塔外布置数台循环泵，不断地将吸收塔浆池中的浆液输送至各喷淋层形成浆液的循环，并提供喷嘴所需要的雾化压力。

喷淋层之下至塔底浆池之间的塔内空间为SO_2的吸收区，该区为一段空塔段。在该区中原烟气自吸收塔入口进入塔内朝上流动，与从吸收塔上部喷淋而下的雾化循环浆液充分接触，SO_2与雾化的循环浆液中的$CaCO_3$发生化学反应被浆液吸收，生成亚硫酸氢跟随浆液落至吸收塔下部浆池中。脱除SO_2后的净烟气则在与雾化浆液充分接触的过程中冷却下来，其中的水蒸气含量在该温度下达到饱和。脱硫后的净烟气向上流动进入除雾器脱水后排出吸收塔。

（3）吸收塔下部的反应池即为氧化结晶区，主要用于接收和储存脱硫吸收剂、溶解石灰石、生成亚硫酸钙和石膏结晶。落入吸收塔下部反应池的反应生成物与鼓入空气反应，亚硫酸钙氧化生成硫酸钙。

为保证氧化反应充分进行，保持石灰石粉的悬浮状态和防止固体沉降，在吸收塔反应池的塔壁上周向均布数台侧入式搅拌器。储存在吸收塔下部反应池中的浆液由循环泵送至喷淋管，形成浆液循环，并不断有新鲜的浆液从制浆系统补充进来。吸收塔配有数台氧化风机，氧化风机提供亚硫酸钙氧化为硫酸钙（石膏）所需的空气。反应池中的浓浆由排出泵抽出，送至石膏脱水系统脱水制成石膏。

7. 脉冲悬浮/池分离吸收塔

脉冲悬浮/池分离吸收塔（又称比晓夫塔）是德国鲁奇·能捷斯·比晓夫公司（LLB）开发的技术，如图 3-8 所示，与喷淋塔相似均为圆柱形空塔，吸收剂与烟气在塔内逆向流动，吸收和氧化在同一个塔内进行，塔内设置喷淋层，氧化方式采用强制氧化。吸收塔自上而下可分为除雾区、雾化喷淋吸收区、氧化区及中和结晶区 4 个主要的功能区。

比晓夫塔的特点是：①应用脉冲悬浮系统，避免安装机械搅拌器；②采用池分离器技术，可以分别为氧化和结晶提供最佳反应条件；③采用特殊的屋脊型除雾器布置方式；④优化喷淋层喷嘴布置。

（1）分离型反应池。该种吸收塔采用池分离器技术，通过池分离器将吸收塔底部反应池分为独立的上、下两部分，且上、下两部分的浆液不会发生混合，如图 3-9 所示，整个反应池可分为氧化区和结晶区两部分。氧化区位于反应池上部，在低 pH 值下运行，为氧化反应提供适宜的氧化条件。位于池分离器间隔中的氧化空气管提供了氧化所需的空气。池分离器下方为结晶区，部分浆液从结晶区排出至石膏脱水系统。新鲜的石灰石浆液从底部加入，继而经循环泵送至喷淋层的喷嘴。

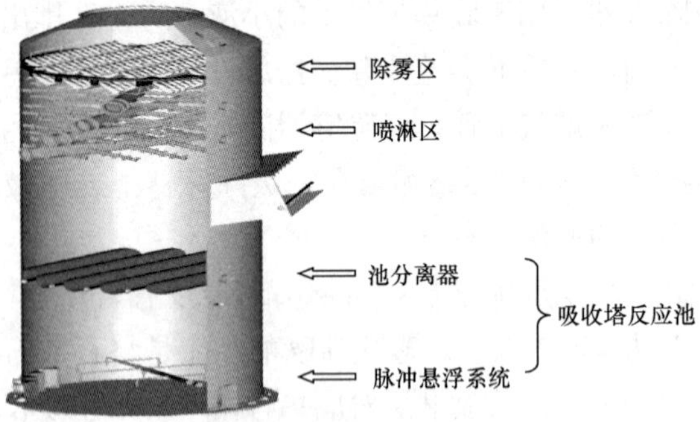

图 3-8 脉冲悬浮/池分离吸收塔示意

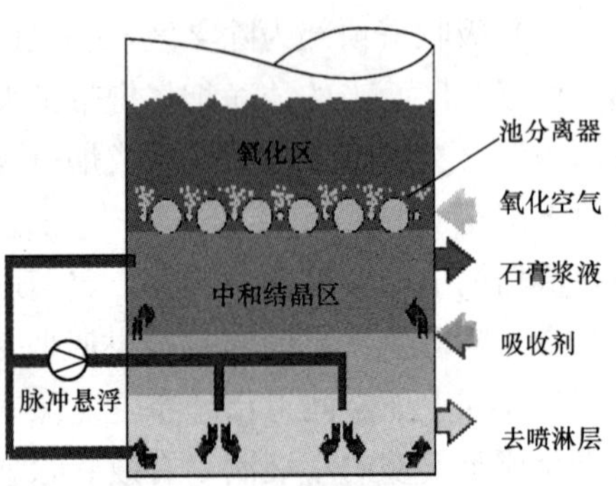

图 3-9 脉冲悬浮/池分离吸收塔底部结构简图

池分离器由几根外衬橡胶的碳钢管构成，分离管均布在罐体同一高度上。分离管之间安装了氧化空气布气管使吸收塔横断面面积减少了 70%，这使得该处浆液向下的流速较大，避免了中和区浆液向氧化区反流，这样可以保持氧化区浆液 pH 值为 4～5，有利于氧化反应的进行，提高氧化效率。在反应池的下部由于吸收剂的加入，pH 值较高，从反应池下部抽出的循环浆液有利于 SO_2 的吸收。石膏浆液排出处的石灰石浓度最低而石膏浓度最高，这样可以获得高纯度的石膏。

（2）分离型反应池的特点。①反应池上部浆液 pH 值较低，有利于氧化，可提高氧化效率；②鼓入的氧化空气可强制排出浆液中的CO_2，促进底部新鲜石灰石的溶解；③石膏浆液排出处的石灰石浓度最低，而石膏浓度最高，有利于获得高品质石膏；④底部通过添加新鲜的石灰石浆液保证循环喷淋浆液较高的 pH 值，以利于SO_2的快速高效吸收。

（3）脉冲悬浮系统。吸收塔内不安装搅拌器或其他转动部件，而是采用了几根带有朝向吸收塔底的喷嘴的管子，如图 3-10 所示，利用吸收塔外部的脉冲悬浮泵提供浆液脉冲能量。通过脉冲泵将液体从吸收塔反应池上部抽出，经管路重新输送回反应池内，当液体从喷嘴中冲出时就产生了脉冲，依靠该脉冲作用可以搅拌起塔底固体物，进而防止产生沉淀。

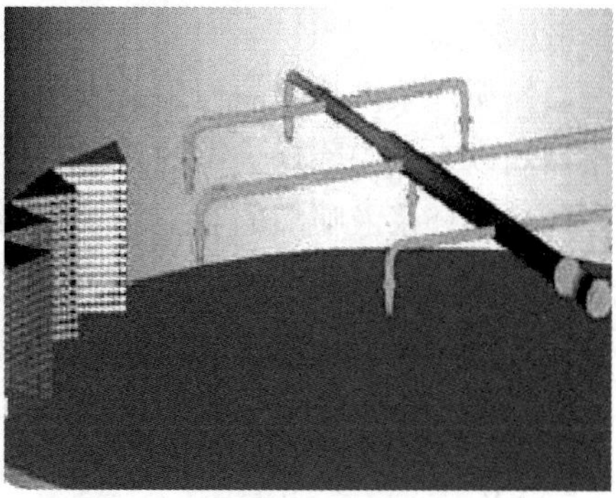

图 3-10 脉冲悬浮系统示意

（4）脉冲悬浮系统的优点。①吸收塔反应池内没有机械搅拌器或其他的转动部件，而脉冲悬浮泵可以在吸收塔正常运行期间更换或维修，无需停运 FGD 或排空吸收塔，提高了脱硫装置的可用率和操作安全性；②搅拌均匀，塔底不会产生沉淀；③脱硫装置停运期间悬浮泵无需运行，节省能量，重新投运时，可先启动悬浮泵重新使浆液悬浮；④加入反应池内的新鲜石灰石可以得到连续而均匀的混合，进而有利于降低钙硫比。

（5）喷淋层与喷嘴。在吸收塔喷淋吸收区内，烟气与喷淋进入气流的浆液进行充分接触，脱除如 SO_2 等一些对环境有害的气体。每层喷淋层喷嘴布置示意如图 3-11 所示，吸收塔各喷淋层喷嘴布置示意如图 3-12 所示。

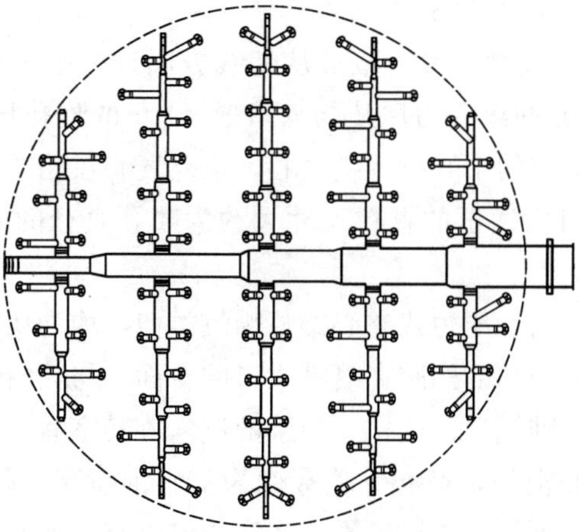

图 3-11 每层喷淋层喷嘴布置示意

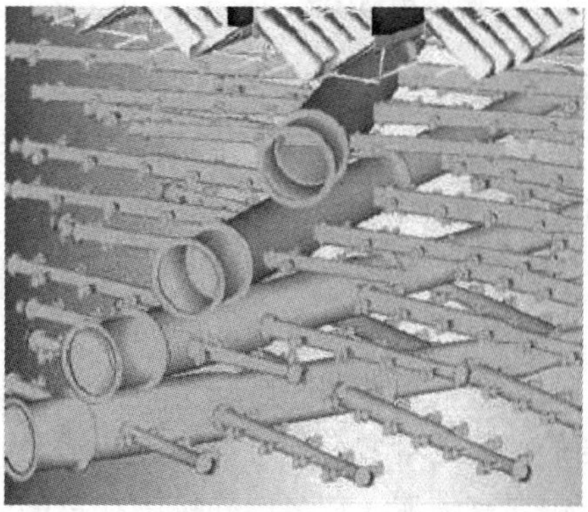

图 3-12 吸收塔各喷淋层喷嘴布置示意

吸收浆液由几层喷淋层带入喷淋吸收区，喷淋层相互叠加并错开一定角度，喷淋层喷嘴的数量进行优化，低负荷时可以停掉某个或几个喷淋层。

为了达到预期的脱硫效率，液滴直径必须保持在适当范围内，过大过小均不适宜。切向空心锥型喷嘴可以实现液滴直径的优化。

该切向空心锥型喷嘴由 LLB 开发研制，其优点为：①喷嘴流量较低时，仍能保持适当的液滴直径；②低流速下，在喷嘴最小断面上也不会发生堵塞的风险；③可同时向上及向下喷射浆液，喷淋浆液形成的锥体会在相对的两个喷淋层中部进行重叠，这样可以提高 SO_2脱除效率；④喷嘴采用碳化硅制成，防腐防磨，提高了装置的可靠性。

8. 循环浆液喷嘴

(1) 循环浆液喷嘴的作用。作用是将大量的石灰石浆液转化为能提供足够接触面积的雾化小液滴以有效脱除烟气中的 SO_2。

(2) 循环浆液喷嘴的类型。液体的雾化方法有压力雾化、转盘雾化、气体雾化、声波雾化等，湿法烟气脱硫中通常采用压力式雾化的喷嘴。常用的脱硫浆液喷嘴有空心锥切线型喷嘴、实心锥切线型喷嘴、双空心锥切线型喷嘴、轴流实心喷嘴、螺旋型实心喷嘴。

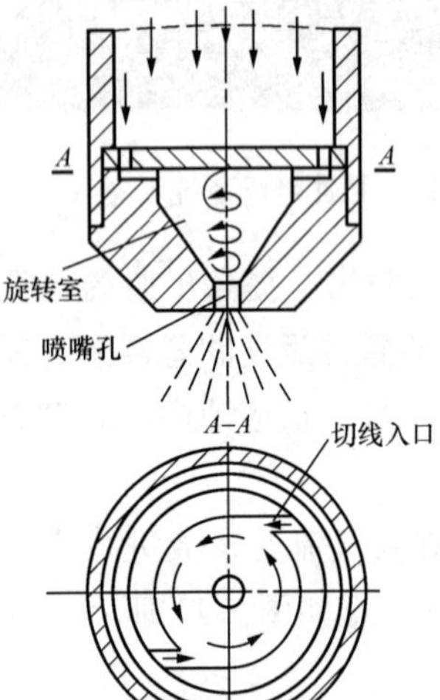

图 3-13 喷嘴内液体运动示意

(3) 压力式雾化喷嘴的工作原理。压力式雾化喷嘴主要由液体切向入口、液体旋转室、喷嘴孔等组成，利用高压泵使液体获得很高的压力（2～20MPa），从切向入口进入喷嘴的旋转室。液体在旋转室作旋转运动，旋转速度与旋转半径成反比，越靠近轴心，旋转速度越大，其静压力也越小，结果在喷嘴中央形成上旋压力等于大气压的空气旋流。而液体则形成绕空气心旋转的环形薄膜，液体静压能在喷嘴孔处转变为向前运动的旋转的液体动能，从喷嘴喷出。薄膜伸长变薄，最后分裂为小雾滴，这样形成的液雾为空心圆锥形，又称空心锥喷雾。压力式喷嘴在结构上的共同特点是使液体作旋转运动，即液体获得离心力，然后由喷嘴孔高速旋转喷出。喷嘴内液体运动示意如图 3-13 所示。

(4) 空心锥切线型喷嘴。浆液从切线方向进入喷嘴作旋转运动，获得足够的离心力后从与入口成 90°角的喷孔喷出，形成由无数雾滴组成的空心锥喷雾群，即在喷雾锥的中心有一空气心，该空气心在孔的中心处。喷嘴内部没有内插件，结构简单，可允许自由通过的颗粒尺寸大约为喷孔直径的 80%～100%，其工作压力为 0.05～0.2MPa。

(5) 实心锥切线型喷嘴。这种喷嘴的结构与离心压力式空心锥喷嘴较类似，均为切向入口。所不同的是旋转室顶部的结构，空心锥喷嘴顶部的凹腔在喷嘴入口的对面，与其内壁平齐；而实心锥顶部凹腔则几乎与喷嘴喷孔在同一轴线上。这样，当浆液进入旋转室后，浆液速度的轴向分量增大到可抵消旋转运动，空气心消失，空心锥喷雾变为实心锥喷雾。此时，喷雾中含有大液滴较多，并集中在锥的中心，而不像空心锥喷雾变为实心锥喷雾。液滴尺寸分布均匀，主要分布在锥形边缘。一般实心锥喷嘴的雾滴平均粒径要比相同尺寸的空心锥喷嘴大 30%～50%，其工作压力为 0.07～0.2MPa，其自由畅通直径为其喷孔直径的 80%～100%。

(6) 双空心锥切线型喷嘴。浆液切向进入旋转室，旋转室一分为二，分别向上、下两个方向喷出，相当于两个空心喷嘴上、下叠加而成的。这种喷嘴上、下两喷孔的喷雾量可设计成不同值，喷出雾滴的旋转方向相反，其自由畅通直径为其喷孔直径的80%～100%，工作压力为0.07～0.25MPa。双向喷嘴向上的喷雾可以减小下落液滴的压力，增加液滴在塔中的平均停留时间。

（7）轴流实心喷嘴。这种喷嘴的浆液不是切向进入的，而是轴向进入，通过设置于喷嘴内部的内插件，使浆液产生旋转运动，从与入口同轴的喷孔喷出，形成实心锥喷雾。这种喷嘴的平均雾化粒径要比相同尺寸的切向入口的喷嘴小30%～40%，一般其自由畅通直径也要小些，为其喷孔直径的25%～100%，通过的颗粒尺寸大约为喷孔直径的25%～100%，工作压力为0.07～0.25MPa。

（8）螺旋型实心锥喷嘴。这种喷嘴是在玻璃纤维增强的聚酯凸缘上安装有径反应连接的碳化硅尖头，尖头呈螺旋形，轴向是圆锥状逐渐变小，轴向进入的浆液与螺旋型面相切后改变方向，成片状喷射出来，最终被撕裂成实心锥喷雾群。实心锥实际上是由2～3个分离的同心圆空心锥叠加而成的。在相同条件下，这种喷嘴的平均粒径比相同尺寸的切向入口的空心锥喷嘴小40%～60%，其喷流角度为60°～170°。在压力较低的条件下，也可达到良好的雾化效果，工作压力为0.07～0.25MPa。

（9）影响喷嘴性能的因素。是在一定的工作压力及流量的情况下喷嘴喷出的雾滴粒径分布情况可用来衡量喷嘴性能。影响液滴的因素很多，最重要的因素包括喷嘴工作压力、喷嘴流量、喷孔直径及喷射角度。

在选择喷嘴时应考虑喷嘴的耐磨性、防腐性及以它的性能能否满足脱硫效率的要求。

9. 浆液循环泵

（1）浆液循环泵的作用。浆液循环泵为卧式离心式泵，浆液循环泵将吸收塔反应池中的混合浆液连续不断地向上输送至各喷淋层，形成浆液的循环，并为雾化喷嘴提供工作压力，使浆液通过喷嘴后尽可能地雾化成细小的雾滴，以便使小液滴和上行的烟气充分接触。

为了防止吸收塔内沉淀物吸入泵体造成泵及吸收塔喷嘴的堵塞或损坏，在循环泵的入口还需安装前置滤网。

（2）浆液循环泵的类型。按材料类别划分，浆液泵可分为非金属衬里泵和全金属泵两类。衬里泵的叶轮仍为耐磨耐蚀的特殊不锈钢，泵壳基体为普通碳钢，泵壳内腔衬陶瓷或橡胶；全金属泵的叶轮和蜗壳全部采用耐磨耐蚀的金属，寿命更长，可靠性更高，但价格昂贵。

10. 除雾器

（1）除雾器的作用。湿法烟气脱硫系统在运行过程中，经吸收塔处理后的烟气夹带了大量的浆液液滴。液滴中不仅含有水分，还溶有硫酸、硫酸盐、碳酸盐、SO_2等，如果不除去这些液滴，它们会沉积在吸收塔下游侧设备的表面，形成石膏垢，加速设备的腐蚀，还会影响烟气换热器的热交换。液滴在烟道中沉积，造成烟道腐蚀与渗漏，并影响烟气流通。除雾器用于收集烟气中的小液滴防止其排出烟囱。经除雾器除水后，净烟气的含水量下降至75mg/m^3（标准状态）以下。

（2）除雾器的类型。湿法烟气脱硫塔采用的除雾器类型主要有折流板除雾器与旋流板除雾器两种，其中折流板除雾器又可根据设计的不同分为平板式和屋脊式，分别见图3-14、图3-15。

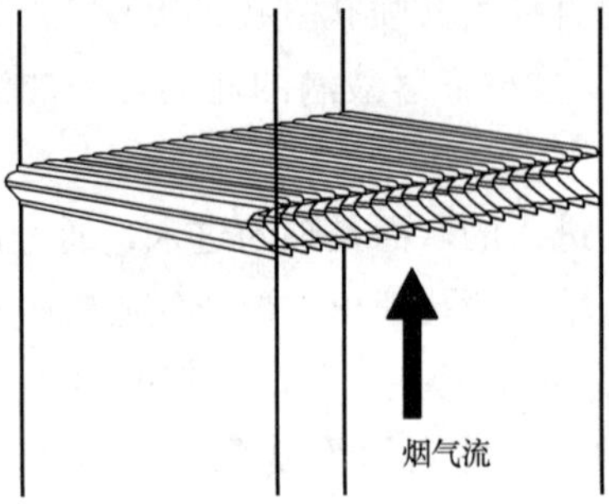

图 3-14 平板式除雾器

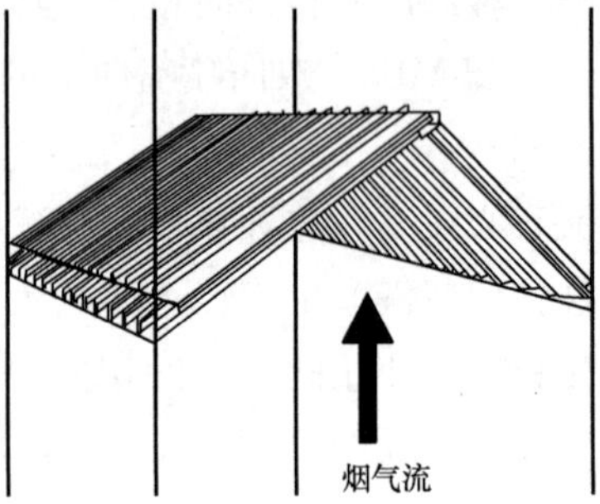

图 3-15 屋脊除雾器

（3）除雾器工作原理。

1）旋流板除雾器的除雾原理如图 3-16 所示。气流穿过旋流板片时由直线运动气流变为以一定仰角作旋转运动的气流，烟气中液滴由于惯性的作用而被甩向外侧，汇集流到溢流槽中，达到去除液滴的目的，除雾率可达 90%～99%。

2）折流板除雾器的除雾原理如图 3-17 所示。利用水膜分离原理实现气水分离，当带有液滴的烟气进入人字形板片构成的狭窄、曲折的通道时，流线偏折产生离心力，将液滴分离出来。部分液滴撞击在除雾器叶片上被捕集下来，部分液滴黏附在板片壁面上形成水膜，缓慢下流汇集成较大的液滴落下，从而实现气水分离。在大型的烟气脱硫项目中，普遍应用的是折流板除雾器。

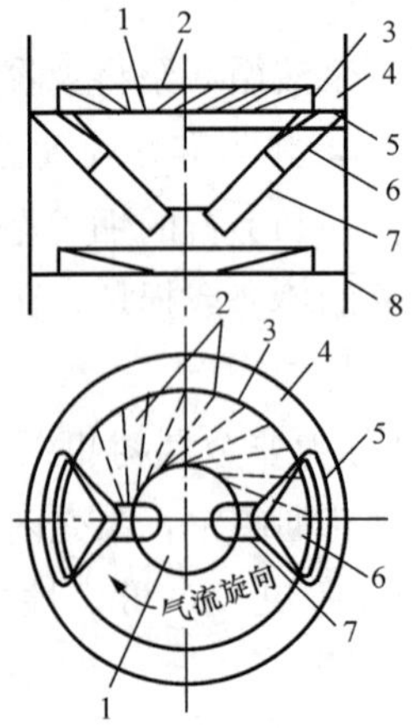

图 3-16 旋流板除雾器示意

1—盲板；2—旋流叶片；3—罩筒；4—集液槽；5—溢流口；6—异形接管；7—圆形溢流管；8—塔壁

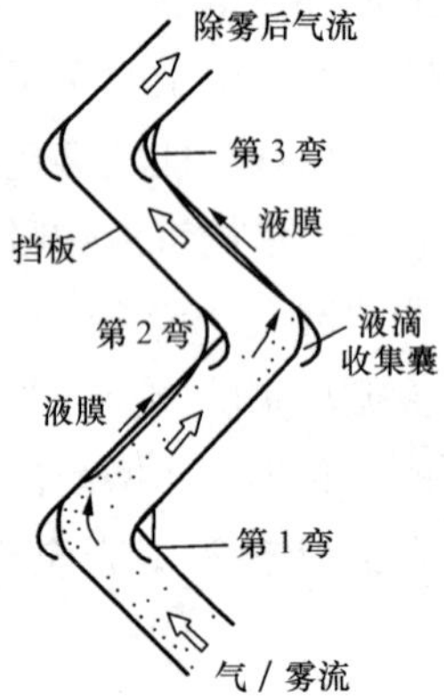

图 3-17 折流板除雾器示意

（4）除雾器的布置形式。按烟气通过除雾器的流动方向有两种布置形式，装在吸收塔顶部的即垂直布置（见图 3-18），安装在吸收塔出口的弯道后的平直烟道上的即水平布置（见图 3-19），前者烟气流速低于后者。逆流吸收塔通常用垂直除雾器，顺流吸收塔和鼓泡塔通常用水平除雾器。在烟气流速较高的情况下，水平除雾器比垂直除雾器除雾效果好。水平除雾器的一个缺点是因为其高烟气流速，阻力较大。对于一个典型的水平除雾器系统（烟气流速 6m/s），压降为 250Pa，设计烟气流速为 3.4m/s 的两级垂直除雾器系统的烟气压降约 75Pa。目前 FGD 系统中多采用垂直除雾器，垂直除雾器设计烟气流速为 3.6m/s 以下。

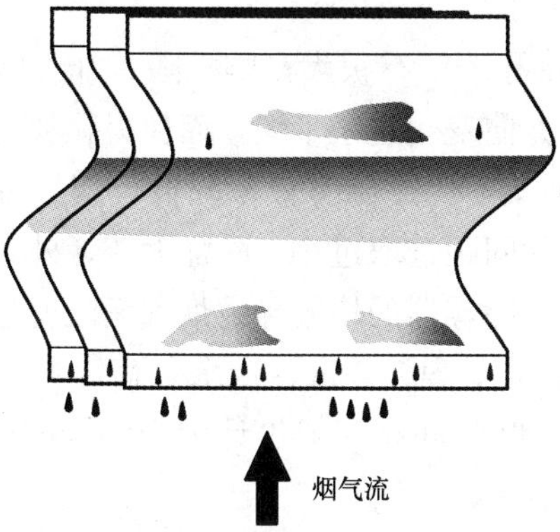

图 3-18 垂直除雾器

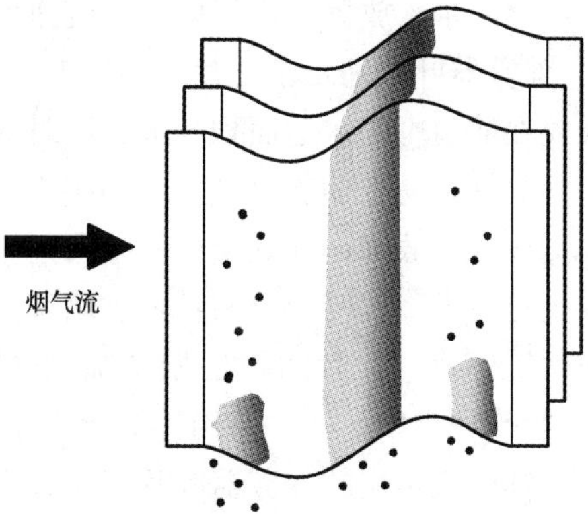

图 3-19 水平除雾器

(5) 除雾器的组成。除雾器通常由除雾器本体和冲洗系统两部分组成。

1) 除雾器本体由除雾器叶片、夹具、支架等按一定的结构形式组装而成。

2) 除雾器冲洗系统主要由冲洗喷嘴、冲洗泵、管路、阀门、压力表及电气控制部分组成，其作用是不断用干净的水冲洗掉除雾器叶片捕集的液体、固体沉积物，保持叶片表面清洁、湿润，防止叶片结垢和堵塞。同时，定期对除雾器冲洗还可以起到保持吸收塔液位、调节系统水平衡的作用。单面冲洗布置形式在一般情况下无法对除雾器表面进行全面有效的清洗，因此在一级除雾器上下和二级除雾器下分别布置冲洗装置。

(6) 除雾器的主要性能参数。

1) 除雾效率。除雾效率是除雾器在单位时间内捕集到的液滴质量与进入除雾器液滴质量的比值；是考核除雾器性能的关键指标。影响除雾效率的因素很多，主要包括烟气流速、通过除雾器断面气流分布的均匀性、叶片结构、叶片之间的距离及除雾器布置形式等。

对于脱硫工程，目前用于衡量除雾性能的参数主要是除雾后烟气中的雾滴含量。一般要求，通过除雾器后雾滴含量一个冲洗周期内的平均值小于 75mg/m^3（标准状态）。

2) 系统压力降。系统压力降是指烟气通过除雾器通道时所产生的压力损失，系统压力降越大，能耗就越高。除雾系统压降的大小主要与烟气流速、叶片结构、叶片间距及烟气带水负荷等因素有关。当除雾器叶片上结垢严重时，系统压力降会明显提高。湿法烟气脱硫系统除雾器的压力降一般要求小于 200Pa。

3) 烟气流速。通过除雾器断面的烟气流速过高或过低都不利于除雾器的正常运行，烟气流速过高易造成二次带水，从而降低除雾效率，且系统阻力大，能耗高。通过除雾器断面的流速过低，不利于气液分离，同样不利于提高除雾效率。在图 3-20 中，曲线表明速度增加 0.3m/s 就会引起液滴携带量巨大的增加，即使只是除雾器的一部分处于极限

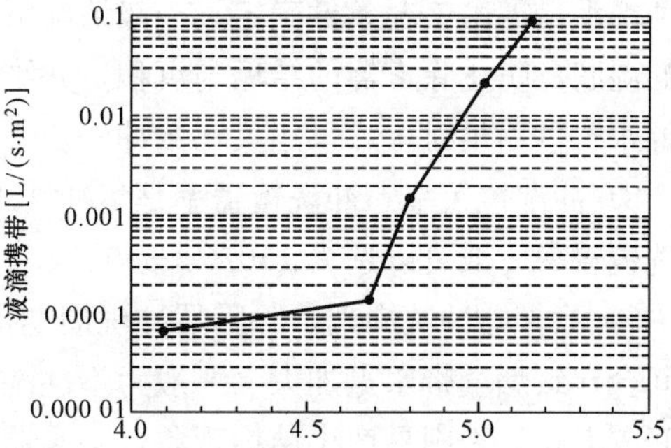

图 3-20 烟气流速

流速以上，都会导致严重的液滴携带。因此，为了防止高烟气流速区域的出现，建议整个除雾器的烟气流速偏差不超过平均值的±15%。对于垂直安装的折流板，气体的平均流速一般取2～5m/s，水平放置时，气体平均流速可稍高些，一般取6～10m/s。

4）除雾器叶片间距。叶片间距的大小对除雾器除雾效率有很大影响。随着叶片间距的增大颗粒在通道中的流通面积变大，同时气流的速度方向变化趋于平缓，而使得颗粒对气流的跟随性更好，易于随着气流流出叶片通道而不被捕集，因此除雾效率降低，烟气带水严重，易造成风机故障，导致整个系统非正常停运。叶片间距选取过小，除加大能耗外，冲洗的效果也有所下降，叶片上易结垢、堵塞，最终也会因除雾器的堵塞导致烟气无法通过，从而造成系统停运。叶片间距根据系统烟气特征（如流速、SO_2含量、带水负荷、粉尘浓度等）、吸收剂利用率、叶片结构等综合因素进行选取。叶片间距一般设计为20～95mm，目前脱硫系统中最常用的除雾器叶片间距大多在30～50mm。

5）除雾器的级数。级数增加，除雾效率增大，压力损失也随之增大。除雾器的设计要以提高除雾效率和降低阻力损失为宗旨。因此，单纯地追求除雾效率而增加级数，却忽视了气流阻力损失的增加，其结果将使能量的损耗显著增加。现在的湿法烟气脱硫系统通常采用两级除雾系统。

6）除雾器冲洗水压力。除雾器冲洗水压力一般根据冲洗喷嘴的特征及喷嘴与除雾器之间的距离等因素确定（喷嘴与除雾器之间距离一般为0.6～0.9m）。冲洗水的压力对喷嘴冲洗颗粒和流场具有影响，冲洗水压过高可以引起水的雾化，易增加烟气带水，同时降低叶片使用寿命；水压过低会导致冲洗水的流场形成不好或者流场变形，冲洗效果差。

一般情况下，每级除雾器正面（正对气流方向）与背面的冲洗压力都不相同，第一级除雾器的冲洗水压高于第二级除雾器，除雾器正面的冲洗水压应控制在250Pa以内，除雾器背面的冲洗水压应大于100Pa。

根据经验，如果除雾器母管冲洗压力不变，因为每一冲洗管上安装的喷嘴数量不同，每一冲洗管阀门打开时冲洗水流量不同，压力也会随之发生变化，所以除雾器冲洗最好有专门的冲洗水泵，且该水泵为变频泵，可根据冲洗流量及时调整出力以保持压力稳定，或在除雾器冲洗母管上安装一个调整门，使其能根据冲洗水流量及压力设定值自动调整开度，以保持冲洗水压力的稳定。

7）除雾器冲洗水量。选择除雾器冲水量除了需满足除雾器自身的要求外，还需考虑系统水平衡的要求，有些条件下需采用大水量短时间冲洗，有时则采用小水量长时间冲洗，具体冲洗水量需由工况条件确定，一般情况下正常运行时应采用小水量循环冲洗，以保持除雾器的湿润，防止除雾器的结垢与沉积，并维持吸收塔液位的正常。当除雾器结垢严重或吸收塔补水严重不足时，可采用大水量冲洗。

8）冲洗覆盖率。冲洗覆盖率是指冲洗水对除雾器断面的覆盖程度。根据不同工况条件，冲洗覆盖率一般可以选为150%～300%。

9）除雾器冲洗周期。除雾器冲洗周期指除雾器每次冲洗的时间间隔。因为除雾器冲洗期间会导致烟气带水量加大（一般为不冲洗时的3～5倍），所以冲洗不宜过于频繁，但也不能间隔太长，否则易产生结垢现象，除雾器的冲洗周期主要根据烟气特征及吸收剂确定，一般以不超过2h为宜。典型冲洗频率为30～60min/次，冲洗时间为1～2min。

除雾器按照某种程序定时地进行冲洗。除雾器冲洗时间主要依据两个原则来确定，一是除雾器两侧压差；二是吸收塔液位。吸收塔液位高则冲洗频率就按较长时间间隔进行，吸收塔液位低于所需液位则按短时间间隔进行。最短的时间间隔取决于吸收塔液位，最长的间隔时间取决于除雾器两侧的压差。当除雾器两侧压差大时就按较短时间间隔进行，除雾器两侧压差较小时可按较长时间间隔进行，一般最长不超过 2h，时间间隔的设置可由运行人员根据吸收塔液位与除雾器压差自行调整。

10）除雾器冲洗水质量与冲洗喷嘴的选择。对于除雾器冲洗来说，建议选用具有粗颗粒分布均匀实心锥片喷嘴。产生大量细颗粒的（$<30\sim40\mu m$）喷嘴会导致冲洗水穿过除雾器，携带量增加。对于除雾器冲洗系统，应当采用喷淋角度 90°的喷嘴。

11. 搅拌器

搅拌器的主要作用是使固体颗粒处于悬浮状态不沉淀。吸收塔搅拌器除了充分搅拌吸收塔中的浆液，防止吸收塔反应池内的固体颗粒沉淀外，还能使新加入的石灰石浆液尽快分布均匀，加速石灰石的溶解；避免局部脱硫反应产物的浓度过高，有利于防止石膏垢的形成；提高氧化效果，有利于石膏结晶的形成。为了保持吸收塔内浆液固体颗粒的悬浮，需保证足够的流体速度，流速不够的区域将出现沉积物堆积。但搅拌强度不宜过大，剧烈搅拌虽然有利于混合、溶氧，防止沉淀结垢以及减少 $CaSO_4 \cdot 2H_2O$ 对 $CaCO_3$ 包裹，但不利于 $CaSO_4 \cdot 2H_2O$ 晶体成长，且会加大搅拌器磨损和腐蚀。

搅拌器有顶进式和侧进式，根据吸收塔结构形式的不同进行选择。喷淋塔都采用侧进式搅拌器。

第三节 氧化风系统

一、氧化风系统的作用

氧化风系统通过向反应池中鼓入氧化空气，在搅拌作用下，将 $CaSO_3$ 氧化生成 $CaSO_4$，$CaSO_4$ 结晶析出生成石膏，一方面可以保证吸收 SO_2 过程的持续进行，提高脱硫效率，同时提高石膏的品质；另一方面可以防止亚硫酸钙在吸收塔和石膏浆液箱中结垢。

二、氧化工艺

氧化工艺分为自然氧化工艺和强制氧化工艺两种。在石灰石湿法烟气脱硫工艺中有强制氧化和自然氧化之分，其区别在于吸收塔底部的反应池中是否鼓入强制氧化空气。在自然氧化工艺中不通入强制氧化空气，吸收浆液中的 HSO_3^- 只有一部分被烟气中剩余的氧气在吸收区氧化成 SO_4^{2-}，脱硫产物主要是亚硫酸钙和亚硫酸氢钙。在强制氧化工艺中，在吸收塔反应池中通入强制氧化空气，吸收浆液中的 HSO_3^- 几乎全部被反应池底部充入的空气强制氧化成 SO_4^{2-}，脱硫产物主要为石膏。

强制氧化工艺不论是在脱硫效率还是在系统运行的可靠性等方面均比自然氧化工艺更优越，因此，目前国际上石灰石湿法烟气脱硫装置主要以强制氧化工艺为主。

强制氧化方式有异地、半就地、就地三种。

1. 异地氧化

异地氧化指吸收塔排出的部分浆液引至中和槽，然后在另设的氧化槽中鼓入空气，将亚硫酸钙氧化生成石膏。该方式可生产优质石膏。

2. 半就地氧化

半就地氧化指吸收塔排出的部分浆液排至相邻的氧化槽内，鼓入空气进行氧化，一部分氧化物再送回吸收塔，保证塔内浆液有足够的硫酸盐固体浓度。

3. 就地氧化

就地氧化指将空气直接鼓入吸收塔内反应池，对浆液进行充分氧化。就地强制氧化方式是最普遍的氧化方式。

三、氧化风机

强制氧化所用的空气有氧化风机提供，氧化风机一般采用罗茨风机。罗茨风机是一种容积式风机，通过一对转子的“啮合”使进气口和排气口隔开。转子由一对同步齿轮传动作反向等速的旋转，将吸入的气体无内压缩地从吸气口推移到排气口。气体在到达排气口的瞬间，因排气侧高压气体的回流而被加压及输送。

四、强制氧化装置

因空气导入和分散方式的不同，有多种强制氧化装置，主要有管网式（又称固定式空气喷射器）、矛式（又称搅拌器和空气喷枪组合式）两种。

1. 固定喷射式氧化装置

在氧化区底部的断面上均布若干根空气母管，母管上有众多分支管。喷气喷嘴均布于整个断面上，通过固定管网将氧化空气分散鼓入氧化区。此种氧化风装置多用于顺流塔和脉冲悬浮/池分离器吸收塔。由于固定喷射式氧化装置需一定的浸没深度，如果浸没深度不够将影响氧化质量。氧化风管分布在池分离器管之间，使氧化区和结晶区分离，结晶区的浆液不会进入氧化区，更利于氧化。使用管网式氧化风系统的吸收塔，氧化配气管的喷嘴鼓泡应均匀。

2. 搅拌器和空气喷枪组合式强制氧化装置

搅拌器产生的高速液流使鼓入的氧化空气分裂成细小的气泡，并散布至氧化区的各处。由于该装置产生的气泡较小，由搅拌器产生的水平运动的液流增加了气泡的停留时间，因此氧化喷枪式装置较管网式装置降低了浸没深度对它的影响。

3. 氧化风减温装置

在氧化装置的入口需对氧化空气进行增湿降温，主要是为了防止氧化空气管结垢。当压缩的热氧化空气从喷嘴喷入浆液时，溅出的浆液黏附在喷嘴嘴沿内表面上。由于喷出的是未饱和的热空气，黏附浆液的水分很快蒸发而形成固体沉积物，不断积累的固体最后可能堵塞喷嘴。为了减缓这种固体沉积物的形成，通常向氧化空气中喷入水，增加热空气湿度，湿润的管内壁也使浆液不易黏附。在设计过程中应注意减温喷嘴的选择与减温水量的控制，如喷嘴选择不当或减温水量太小将无法起到减温作用，如减温水量太大，将使过多的水进入系统，使水平衡难以控制。

第四节　石灰石浆液制备系统

石灰石是目前FGD中最常用的吸收剂，因为它有丰富的储藏量，并且要比其他吸收剂更便宜。石灰则在早期的FGD装置中广泛地用来作为吸收剂，这是由于它有较好的与SO_2反应性，但是因为它较昂贵已被石灰石替代。

石灰石浆液制备系统分为石灰石的磨制和浆液的制备两部分。石灰石磨制系统有干磨系统和湿磨系统，两者的区别在于石灰石的磨制方式。

一、干式制浆

干磨系统采用干磨石机将石灰石磨制成细粉后，经高效选粉机进行分选，该选粉机具有一个由变频电动机带动、垂直转动的转子，通过调节该转子的转速以及选粉机的通风量，对成品的细度进行了调节。分选后的粗料通过螺旋输送机送回磨石机入口再磨，细度符合要求的粉料则随排风机气流进入脉冲袋式收尘器中进行收集，再经水平及垂直输送设备进入石灰石粉仓中储存。使用时通过称重给料机加入浆液箱中，并加入一定比例的水配制成一定浓度的浆液备用，根据需要由石灰石浆液泵输送到吸收塔。为了防止石灰石在浆液箱中沉淀，设有浆液循环系统和搅拌器。

二、湿式制浆

湿磨系统采用湿磨石机，将粒径为6～10mm的石灰石，经称重给料机，送至湿式钢球磨石机，并加入适量比例的水与石灰石旋流器的底流浓浆一起进入钢球磨石机筒体，被钢球磨石机内的钢球撞击、挤压和碾磨成浆液。该浆液经旋流器进行水力旋流粗细分离，浆液中的大颗粒被分离至旋流器的底部形成底流浓浆，从入口回到钢球磨石机后被再次碾磨，而浆液中的小颗粒则从顶部溢出形成稀浆进入石灰石浆液箱备用，再根据需要由石灰石浆液泵输送到吸收塔。

三、干磨系统与湿磨系统的比较

（1）与干磨系统相比，湿磨系统设备结构较简单。对于中小型磨石机，在达到相同物料成品的要求下，湿磨系统比干磨系统的磨石机电耗要低约10%。

（2）干式制浆系统容易因扬尘而造成环境污染，而湿式制浆容易因渗漏而造成环境污染。湿式钢球磨石机风必须做严格的防渗漏腐蚀的措施。

（3）干式制浆方式的投资一般比湿式高1/5～1/3。

（4）干式制浆可选择各种磨石机，湿式制浆均采用钢球磨石机。

（5）在相同的生产条件下，湿式制浆产品细度明显提高，且产量也高于干式制浆。

（6）干式钢球磨石机要求进入磨石机的物料含水率小于2.5%，以避免在研磨过程中出现黏结现象。而湿式钢球磨石机则对原料水分无要求。

（7）湿式石灰石粉量和粒径的调节更方便。干式主要通过调整钢球磨石机的运行参数来调节粉量和粒径，而湿式还可以通过调整出口水力旋流器的性能参数来达到目的。

四、石灰石浆液制备系统主要设备

石灰石浆液制备系统主要设备有石灰石卸料系统、石灰石仓、称重给料机、钢球磨石机。如为湿磨系统还有旋流站、浆液再循环箱、浆液储存箱等；如为干磨系统还有选粉机，选粉风机、石灰石粉输送设备，石灰石粉储存仓及其空气炮、石灰石粉仓及其流化设备等。

1. 石灰石仓

石灰石仓用于储存石灰石，石灰石块料直径为20～50mm，主要依靠重力向称重皮带机供料。为了防止发生堵塞，石灰石仓下部的锥角通常为50°～60°，在石灰石仓的底部还可安装空气炮，空气炮是当石灰石仓堵塞时用来振动石灰石以使其松动的。

2. 钢球磨石机

钢球磨石机的作用是将石灰石破碎，磨制成合格的石灰石细粉。石灰石粉细度通常的要求是90%通过325目筛（44μm）或250目筛（63μm）。钢球磨石机可分立式和卧式两种。

3. 石灰石粉仓

石灰石粉仓主要用于储存石灰石粉。保证脱硫用粉的需要，一般设计能保证三天的用粉量。石灰石粉仓中的石灰石粉很细，一般粒径95%以上小于44μm（325目筛），其安息角平均约为35°，且随着石灰石粉含水率的增大而增大。石灰石粉仓也是依靠重力排料，由于石灰石粉的安息角较大，密度低，具有一定的黏附性和荷电性，因此石灰石粉仓的锥角通常不低于45°～55°。在石灰石粉仓内安装了流化板通过流化风机通入干燥的空气，搅拌石灰石粉，使其呈流态化，以防止石灰石粉的板结、搭桥等现象造成出粉不畅。流化风压力通常为0.2～0.5MPa，在石灰石粉仓顶部安装布袋除尘器主要是为了防止石灰石粉的飞扬。

4. 石灰石浆液箱

石灰石浆液箱用于配制和储存输送至吸收塔之前的石灰石浆液。石灰石浆液箱位于石灰石粉仓的下面，它包括一台用来保持浆液固体物处于悬浮状的搅拌器。石灰石浆液箱的水源主要来自滤液水，当滤液水不能满足用量要求时，也可以根据需要用工艺水制备浆液。

第五节　石膏脱水系统

由吸收塔底部抽出的浆液主要由石膏晶体组成，固体含量8%～15%，经一级水力旋流器分离出来的密度较低的含有石膏、飞灰和石灰石残留物构成的固体，因为重力作用返回到溢流箱，然后通过溢流泵返回吸收塔。经一级水力旋流器浓缩为40%～60%的石膏浆液，并依靠重力流至真空皮带脱水机，被均匀分布在真空皮带机滤布上。通过真空皮带机脱水，形成一层滤饼。脱水至含水量小于10%的石膏后进石膏仓。

为防止滤布堵塞，装有滤布冲洗系统。为降低石膏中的氯离子含量，确保石膏品质，装设有滤饼冲洗系统，用工艺水对滤饼进行冲洗。石膏脱出的滤液水通过气液分离器将气体分离出来，气体被排出，液体被收集到滤液箱，然后用滤液泵送至吸收塔或湿式钢球磨石机。

为了维持整个吸收塔系统的氯离子平衡，水力旋流站溢流送至废水旋流子旋流后，溢流进入废水处理系统，底流返回溢流箱。

石膏脱水系统主要设备有石膏排出泵、石膏旋流器、真空泵、真空皮带脱水机、气水分离器、滤布冲洗水泵、滤饼冲洗水泵以及相关的箱罐、阀门、管道、仪表等。

一、水力旋流器

1. 水力旋流器的作用

对吸收塔浆液池来的富含固体石膏的浆液进行初级脱水，以减轻二级脱水设备的处理量。经过石膏旋流器后，浆液石膏浓度可由20%左右浓缩至40%～50%。

用分离出来的部分浓浆和稀浆来调整吸收塔反应池内浆液的浓度，使之保持稳定。

用分离浆液中未反应的细颗粒石灰石，降低底流浆液中石灰石的含量，这有助于提高石灰石的利用率和石膏品质。

向系统外排放一定量的废水，以控制吸收塔循环浆液中 Cl^- 浓度。

2. 石膏旋流器的组成工作原理

旋流器一般由外圆筒、进料管、溢流管、底流管等组成。它利用离心沉降原理（见图 3-21），高速旋转的固液两相浆液中的离心力，将粒径较大的携带附着水的固体颗粒从浆液中分离出来。当浆液以一定压力从旋流器切向进入外圆筒后形成旋转运动。由于内外筒体及顶盖的限制，浆液在其间形成一股自上而下的外旋流。由于固体石膏颗粒与水之间存在着密度差，它们受到的离心力大小不同。浆液中粒径较大的石膏固体颗粒在惯性力作用下大部分被抛向外壁，失去能量沿壁滑下，经底流口排出。在圆锥部分，旋转下降的外旋浆液随圆锥收缩相对密度较轻的水向旋流子中心靠拢，旋转浆液进入溢流管半径范围附近便开始上升，形成一股自下而上的内旋流，经溢流管排出，沿溢流管汇集到溢流箱。

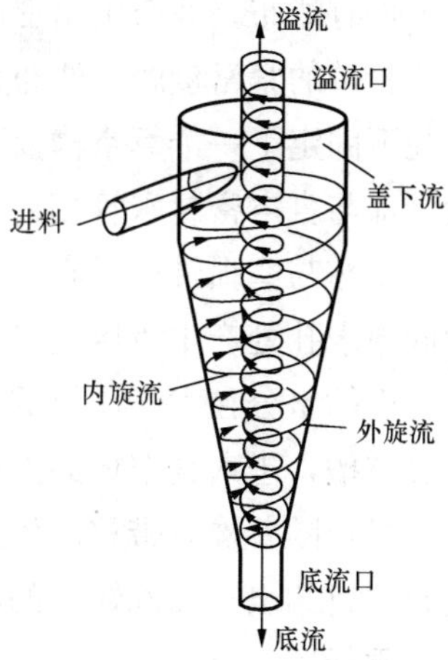

图 3-21 旋流器原理示意

3. 影响旋流器性能的因素

旋流器的性能用分离粒度来表示，影响旋流器性能的主要因素是旋流器进口压力（一般为 0.2MPa 左右）和旋流子直径。入口尺寸的大小决定了石膏浆液进入旋流子的速度。旋流子中间的锥形部分为旋流筒，固液的分离是由旋流筒实现的。流量一定时，压降主要取决于旋流筒的尺寸。通常情况下，旋流筒越大，分离效果越差，溢流中固体的含量就越大；相反，旋流筒越小，分离效果就越好，但过小的尺寸会使流量变小，从而导致不良特性。为了达到最佳的分离效果，可以适当调整供浆浓度，使得能够选择较大的旋流筒，降低整个分离过程的压降。

旋流子底部为一小段圆筒出口，其作用是排放固液分离后的浓浆液，并使得排出的石膏浆液获得最大的密度和最平稳的流动。底流孔孔径越大，底流量越大，底流浓度越低，反之，孔径越小，底流量越小，底流浓度越高。

二、石膏脱水机

1. 石膏脱水设备的种类

石膏脱水设备按脱水原理可分为离心式脱水机和真空式过滤机两大类，其中离心式脱水机又分为筒式和螺旋式两种；真空式过滤机也分为真空筒式和真空带式两种。由于真空皮带过滤机具有脱水效率高、处理量大、洗涤效果好、投资和运行费用低等优点，国内湿式石灰石—石膏烟气脱硫系统一般应用水平真空皮带脱水机进行石膏的二级脱水处理。

2. 真空皮带脱水机的作用

石膏脱水机用于处理旋流器底流浆液，实现脱硫后石膏浆液的固液分离，从而得到含水率小于 10%的石膏。

3. 真空皮带脱水机工作原理

真空皮带脱水机是一种水平式过滤装置，由橡胶皮带、滤布、真空箱、驱动辊、胶带支承台、进料斗、滤布纠偏装置、驱动装置、滤布、滤饼冲洗装置、机架等部件组成。真空皮带机脱水是一连续循环运动的橡胶带，它是充分利用物料重力和真空吸力实现固液分离的。胶带上覆有滤布，滤布由给料隔离棍、滤布导向棍、滤布支撑棍、滤布拉紧棍绷紧，以保证滤布与胶带的紧密接触。滤布由多孔的胶带支撑，胶带上有许多沟槽，胶带中间有退水孔，退水孔下固定了一个真空槽盒，真空槽盒两侧与胶带之间有两条磨损皮带作真空密封，真空槽盒下部与真空密封水管相连，连接至气水分离器。真空环形胶带由电动机经减速拖动连续运行，滤布与磨损带通过它们与胶带间的摩擦力带动同步运行。当真空泵运行时时，在胶带上中间退水孔处产生负压。来自石膏旋流站底流的石膏浆液由布料器均匀地布在滤布上，石膏浆液中的水分在大气压力的作用下，穿过滤布经胶带上的横沟槽汇总并由皮带中心的小孔进入真空槽，进入真空槽的液体经气水分离器排出，气体则被抽入真空泵。固体颗粒被截留形成滤饼，随着橡胶带移动依次进入滤饼洗涤区、吸干区；最后滤布与胶带分开，在卸滤饼辊处将滤饼卸出；卸滤饼后的滤布经滤布冲洗水冲洗后获得再生；再经过一组支承辊和纠偏装置后重新进入过滤区。

三、水环式真空泵

1. 水环式真空泵的工作原理

水环式真空泵属容积式泵，即利用容积大小的改变达到吸、排气的目的。叶轮偏心地装在泵体内，当叶轮旋转时（在泵启动前，应向泵内注入少量的水），水受离心力的作用，在泵体壁上形成一旋转水环，水环上部内表面与毂相切，沿箭头方向旋转，在前半转的过程中，水环内表面逐渐扩大，这样就在吸气口吸入空气，在后半转的过程中，水环的内表面渐渐与轮毂靠近，叶片间的空间容积随着缩小，叶片间的空间容积改变一次，每个叶片间的水好像活塞一样往复一次，泵就连续不断地抽吸气体。

2. 水环式真空泵的作用

水环式真空泵的作用是使真空皮带脱水机中心退水孔处产生负压，以保证真空皮带脱水机的正常脱水。

第六节 公用、排空系统

公用系统由工艺水系统、冷却水系统、压缩空气系统等组成，为脱硫系统提供用水和控制用气。

一、工艺水系统

FGD 的工艺水一般来自电厂工业水或回用水，通过管道输送至工艺水箱中，由工艺水泵输送至各用水点，工艺水系统通常是几台 FGD 装置公用的。FGD 装置运行时，由于烟气携带、废水排放和石膏携带水而造成水损失。工艺水通过除雾器冲洗的同时为吸收塔提供补水，以维持吸收塔内的正常液位。此外，各设备的冲洗、密封和冷却等用水也采用工艺水。FGD 冷却水主要用户是增压风机油站、氧化风机电动机、磨石机主轴承、减速电动机等。

二、压缩空气系统

压缩空气系统可设置专门的压缩气泵或从主机控制气系统接出；压缩空气系统主要提供脱硫系统的气控门、滤布纠偏、仪表吹扫用气等。

三、事故浆液排放系统

事故浆液排放系统包括事故浆液系统和地坑系统。当FGD系统停运检修或发生故障需要排空FGD系统内浆液时，吸收塔内浆液由浆液排出泵排至事故浆液箱直至排出泵低液位跳闸，其余的浆液通过吸收塔排放门排至地坑中，再由地坑泵排至事故浆液箱。事故浆液箱用于临时储存吸收塔内的浆液，并为FGD系统再次启动提供“晶种”。地坑系统用于储存FGD系统的各类浆液，同时还可收集、输送或储存设备运行、运行故障、取样、冲洗过程或渗漏而产生的浆液，主要设备包括搅拌器和地坑泵。

第七节 废水处理系统

一、脱硫废水排放标准

FGD装置的废水主要来自石膏脱水系统的旋流器溢流，其中的一部分循环使用，另外一部分经处理达标后排放。通过排放废水，可以控制吸收塔循环浆液的 Cl^- 和 F^- 等有害元素的浓度不至过高，同时将烟气中被洗涤下来的部分飞灰排出。废水中含有的杂质主要包括悬浮物、过饱和的亚硫酸盐、硫酸盐以及重金属。脱硫废水的主要问题是弱酸性pH值约4～6，悬浮物（含固量约0.6%～1%）和汞、铅、镍、锌等重金属以及砷、氟等非金属污染物含量超标，若直接排放将造成环境污染，必须经过处理达标后才能排放。DL/T 997—2006《火力发电厂石灰石—石膏湿法脱硫废水水质控制指标》规定见表3-1。

表3-1 脱硫废水处理系统出口的监测项目和污染物最高允许浓度

序号	项目	单位	控制值或最高允许排放浓度值	序号	项目	单位	控制值或最高允许排放浓度值
1	总汞	mg/L	0.05	7	总锌	mg/L	2.0
2	总镉	mg/L	0.1	8	悬浮物	mg/L	70
3	总铬	mg/L	1.5	9	化学需氧量	mg/L	150
4	总砷	mg/L	0.5	10	氟化物	mg/L	10
5	总铅	mg/L	1.0	11	硫化物	mg/L	1.0
6	总镍	mg/L	1.0	12	pH值		6～9

脱硫废水处理工艺流程如图3-22所示。

二、脱硫废水处理的系统概述

废水处理的工艺大致分为中和、脱重金属、絮凝、浓缩、澄清、污泥处理几部分，其中中和是采用 $Ca(OH)_2$ 作为中和剂加入脱硫废水中，一方面可以中和废水的酸性，另一方面还可以脱除 F^-，并使部分重金属沉淀下来。

脱硫装置产生的弱酸性废水收集在废水缓冲箱中，废水缓冲箱中配置多孔U-PVC布气管，作为曝气及搅拌用，由罗茨风机提供压缩空气对废水进行曝气以除去COD，废水再由废水泵送至中和箱中。将石灰浆配比成一定浓度（一般为20%左右），通过加料管送入石灰浆制备箱。石灰浆浓度通过安装在石灰浆循环管中的密度测量装置来监测。石灰浆根据废水pH值、流量及石灰浆浓度加入废水中。废水pH值一般控制为9.5±0.3，因为该pH值范

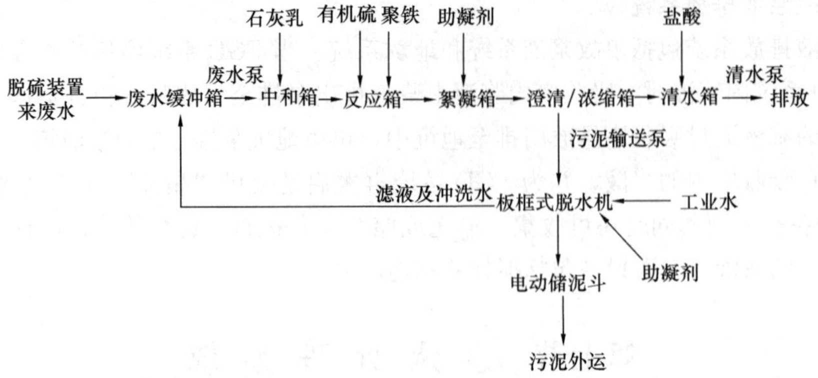

图 3-22 脱硫废水处理工艺流程

围适于重金属沉淀，大部分重金属形成微溶的氢氧化物从废水中沉淀出来。

废水流入反应箱中，由于并非所有的重金属都可通过与石灰浆作用形成氢氧化物的形式沉淀出来（如镉和汞），因此需在反应箱中先按比例加入有机硫药液，再加入聚铁药液，使残余的重金属与有机硫化物形成微细絮凝体。

废水中沉淀出来的氢氧化物及其他固形物，极细地分散在体系中，难于沉降。为了提高絮凝效果，需向絮凝箱中加入混凝剂。反应池每个箱中都装有搅拌器，以确保废水和化学物质的均匀混合。为了不影响絮凝粒子的形成，絮凝箱中的搅拌器转速要小于前两箱。

已处理的废水在重力作用下从反应池经管道流出。废水一经流出反应池，即向其中加入助凝剂，以产生易于沉降的更大絮凝粒子。随后，废水进入澄清池，固体物质与废水分离。经澄清的废水从澄清池流出，经溢流槽沿边缘向下顺道管路自流进入出水箱中。为保证出水的 pH 值，在出水箱上安装了 pH 值测量装置。如果所测的 pH 值为 6～9，采用出水泵送至冲渣系统。如果超过了 pH 值上限，需另加浓盐酸调节 pH 值至设定范围。如果相反，pH 值低于下限，需返回反应池进行再处理。在清水排出废水处理装置前，需由浊度测量装置来进行检测。如果超出上限，就要中止向主排水口排放，出水返回反应池，进行再处理。

在浓缩池中絮凝体和水分离，絮凝体在重力浓缩作用下形成浓缩污泥，泥浆由压滤机脱水。在沉淀系统中，一部分污泥通过污泥循环泵返回到中和箱或絮凝箱以提高絮凝箱，固体含量，加速絮凝过程，有助于提高净化效果，以利于更好地沉降。

三、脱硫废水加药系统概述

脱硫废水加药系统包括石灰乳加药系统、有机硫化物加系统、聚铁加药系统、助凝剂加药系统及盐酸加药系统。

1. 石灰乳加药系统

废水中和需要的石灰乳由石灰乳制备装置提供，整个系统包括石灰浆卸料泵、石灰乳制备箱、石灰乳循环泵（1 用 1 备）、石灰乳计量箱和石灰乳泵（1 用 1 备）。

石灰浆由卡车供应，用卸料泵卸入石灰乳制备箱内。石灰浆的固相浓度推荐为 20%～25%（质量百分比）。在固体物料供给至箱体期间，浆液通过石灰浆循环泵在主管线内循环。

在石灰乳计量箱中调配，使浆液浓度为 5%～10%，用石灰乳泵送入中和箱。石灰乳计量箱的液位决定何时从石灰乳制备箱开始新一轮的给料循环。

2. 有机硫化物加药系统

有机硫加药系统由有机硫加药单元组成，加药单元设备包括一个溶液箱、两台隔膜计量泵和就地控制设备及相应的管路、阀门等配件。有机硫化物由人工加入溶液箱，再由隔膜计量泵（1用1备）加入到反应槽反应箱中。最佳加药量视现场调试而定。

有机硫应储存于通风阴凉干燥处，并远离氧化剂、酸等物质，防霜冻。有机硫为长链高分子化合物，含有大量的极性基—NH—CSSNa，该基团中的硫离子原子半径较大、带负电，易于极化变形，产生负电场，捕捉阳离子，同时由于该基团具有未被共用的电子对，在pH值为3～10时对几乎所有的重金属离子及其络合物都能形成一维或多维的配位超分子聚合物沉淀，生成的沉淀物体积小、易聚合、好分离，沉淀物在自然条件下不会再溶解。

有机硫对重金属离子沉降次序为：$Hg^{2+}>Ag^{+}>Cu^{2+}>Pb^{2+}>Cd^{2+}>Zn^{2+}>Ni^{2+}>Co^{2+}>Cr^{3+}>Fe^{2+}>Mn^{2+}$。

3. 聚铁加药系统

聚铁加药系统由聚铁加药单元组成，加药单元设备包括一个溶液箱、两台隔膜计量泵、就地控制箱及相应的管路、阀门等。聚铁溶液由人工加入溶液箱，再由隔膜计量泵（1用1备）加入到反应槽反应箱中。

聚合硫酸铁（简称聚铁）是一种多羟基、多核络合体无机阳离子高分子絮凝剂，它可以与水以任何比例快速混合。聚铁本身无毒，完全可以用于饮水处理，因此在国内外获得推广应用。

聚铁具有使用条件宽、适用范围广、絮凝矾花大、沉降速度快、沉淀脱水好、容易过滤、处理费用低、无毒等特点。其适用的原水pH值范围较宽，一般为4～11。当原水pH值在5～8范围内时，混凝效果更好。

4. 助凝剂加药系统

助凝剂加药系统由助凝剂加药单元组成，加药单元设备包括两个溶液箱、三台隔膜计量泵、就地控制设备及相应的管路、阀门等。助凝剂由人工加入溶液箱，再由隔膜计量泵（2用1备）分别加入到反应槽絮凝箱和压滤机进药管中。

聚丙烯酰胺（PAM）是线状水溶性高分子聚合物，分子量在300万～1800万之间，外观为白色粉末状或无色黏稠胶体状，无臭、中性、溶于水，温度超过120℃时易分解。

聚丙烯酰胺分子中具有阳性基团（$-CONH_2$），能与分散于溶液中的悬浮粒子吸附和架桥，有着极强的絮凝作用，既可单独使用，也可与无机或有机混凝剂共同使用，具有高性能，可迅速形成较大胶羽，促进沉淀速度，可用于烟气脱硫废水处理系统中废水处理、污泥浓缩及污泥脱水等过程。

5. 盐酸加药系统

盐酸加药系统由盐酸加药单元组成，加药单元设备包括一个盐酸储存罐、一台卸酸泵、两台隔膜计量泵、一台酸雾吸收器、一台安全淋浴器等。为防止泄漏腐蚀，盐酸储存罐地面采取防腐措施。来料由槽车提供，为防止环境受到污染，设置酸雾吸收器吸收由盐酸储存罐内挥发出的酸雾，并在盐酸储存罐附近设有一台安全沐浴器。

6. 污泥脱水系统概述

在废水澄清过程中，澄清/浓缩器底部沉淀的污泥通过污泥输送泵送至污泥脱水设备中进行脱水，脱水后的污泥储存在电动储泥斗中，用卡车送到灰场。滤液及滤布冲洗水输送至废水缓冲箱中进行再处理。污泥脱水系统包括污泥脱水机、电动储泥斗等设备。

四、脱硫废水系统主要设备介绍

1. 板框式压滤机

压滤机用于固体和液体的分离。固液分离的基本原理是：混合液流经过滤介质（滤布），固体停留在滤布上，并逐渐在滤布上堆积形成过滤泥饼，而滤液部分则渗透过滤布，成为不含固体的清液。与其他固液分离设备相比，压滤机过滤后的泥饼有更高的含固率和优良的分离效果。

随着过滤过程的进行，泥饼厚度逐渐增加，过滤阻力加大，过滤时间越长，分离效率越高。特殊设计的滤布可截留粒径小于 1μm 的粒子。压滤机除了优良的分离效果和泥饼高含固率外，还可提供进一步的分离过程，在过滤的过程中可同时结合对过滤泥饼进行有效的洗涤，有价值的物质可得到回收并且可以获得高纯度的过滤泥饼。

在滤板闭合时，滤板与滤板之间形成室腔，压滤机室腔被滤布覆盖。多块滤板形成滤板组，也就形成了过滤容积和过滤面积。过滤容积（即压滤机容积）容纳滤饼。随着滤饼的不断增厚，过滤阻力越来越大，所以确定正确的滤饼厚度非常重要。另外，过滤面积越大，泥饼含固率越高，越有利于滤饼的反洗。压滤机的结构由机架、压紧机构、过滤机构三部分组成。

2. 澄清/浓缩箱

浓缩机主要由驱动装置、搅拌机主轴、提升叶轮及搅拌浆部件组成，刮泥机主要由驱动装置、传动轴及刮泥耙等部件组成。搅拌机起着搅拌和提升作用，刮泥机起着刮集污泥作用。

浓缩机工作原理是：搅拌器叶轮下部液浆在澄清池反应，使经加药混合所产生微絮凝体与回流泥渣中原有矾花再度碰撞吸附，形成较大的絮粒，然后由叶轮提升到二反应室，再经折流到澄清区进行分离，清水上升由集水管引出，泥渣在澄清区下部回流到一反应室，由刮泥机刮集，通过池底泥阀控制排出，达到分离效果。

第四章
石灰石—石膏湿法烟气脱硫的安全性

FGD的安全性一方面指FGD系统对发电机组安全性的影响程度，如对锅炉运行影响、对烟囱腐蚀等；另一方面指FGD系统本身的安全程度，如系统各设备的安全性、防腐性等。

第一节 FGD系统对机组安全性的影响

FGD系统对机组安全性的影响包括对锅炉安全运行的影响和对锅炉尾部烟道及烟囱的腐蚀。

一、FGD系统对锅炉安全运行的影响

当FGD系统启、停时，烟气进行由旁路切换到主路，由于两路烟道的阻力不一样，此时会对锅炉的炉膛负压产生明显的影响，操作不当将引起锅炉MFT，甚至危及锅炉炉膛的安全。

(1) 当增压风机紧急停运时，如旁路挡板不能及时打开或打开速度控制不好，烟气受阻，很可能造成锅炉因炉膛负压的剧烈波动引起锅炉MFT。

(2) 在FGD系统启、停过程中，如挡板开关与增压风机的调节配合不好，也将使炉膛负压大。

防止FGD系统对锅炉运行产生影响采取的措施如下：

(1) 采用合适的旁路挡板快开装置。FGD系统的旁路挡板全开时间在15s左右，这样会减缓对锅炉炉膛负压的冲击。

(2) 定期对烟气旁路挡板进行快开试验，以验证烟气旁路挡板的灵活性和可靠性，并清除烟气旁路挡板结灰，防止旁路挡板变形、卡涩和操作不灵的现象。

(3) 对烟气旁路挡板进行双驱动控制，防止因失电而造成的旁路挡板拒动。

(4) 优化增压风机动叶自动调节的可靠性及灵敏度，在挡板开关过程中增压风机作好配合调节。

二、FGD系统对尾部烟道及烟囱的影响

1. 烟气造成烟囱腐蚀的条件

(1) 烟囱内壁温度低于酸露点温度。经过FGD脱硫后的烟气其排烟温度及烟囱内壁温度均较低，烟气含湿量较大。烟气中只要有少量的SO_3，就会使酸露点温度大大提高，酸露点温度随烟气含湿量及SO_3含量的增加而增加。如果烟囱内壁温度低于酸露点温度，则有可能造成酸凝结在内壁上，从而造成了对内壁的低温酸腐蚀。

（2）烟囱内部存在正压区。脱硫后烟囱进口烟气温度降低，导致烟气密度增大，烟囱的自抽吸能力降低，使烟囱内压力分布发生改变，正压区扩大。烟气通过内壁裂缝渗入到钢筋混凝土筒身内表面，由于该处温度比烟气温度低得多，因此烟气冷却到低于露点温度时就会往该处或者烟囱筒壁析出硫酸，导致承重结构腐蚀加快，从而降低了烟囱寿命。

（3）烟囱出口的烟气流速过大或过小。烟囱顶部发生腐蚀的主要原因是由于冷空气进入。烟气流速过低，冷空气进入烟囱顶端的迎风面，会使烟囱内表面冷却，引起酸凝结。烟气流速过高会导致烟囱内烟气呈正压运行状态而发生渗透，烟气很容易通过内衬的缝隙参透到隔热层中去，最终导致烟囱外筒壁内表面受热温度急剧升高，筒壁温度应力增大，使得筒壁产生裂缝的几率增大。

2. 烟气温度变化对尾部烟道及烟囱的影响

（1）由于烟气温度的降低，温度低于露点温度，烟气会在尾部烟道和烟囱内壁结露，造成烟囱内部腐蚀。

（2）由于烟气温度的变化使烟囱的热应力发生改变，脱硫后温差降低使得热应力减小，对烟囱安全运行有利。

（3）由于烟温降低影响烟气抬升高度，从而影响烟气的排放。

（4）由于烟温的降低造成正压区范围扩大，加重烟囱的腐蚀。

在FGD系统运行过程中应保证GGH的换热效果，尽量提高尾部烟气温度，定期对烟囱进行检查。

三、FGD工艺水系统对工业水系统的影响

FGD的工艺水来自机组工业水，其与机组工业水的关系如图4-1所示。

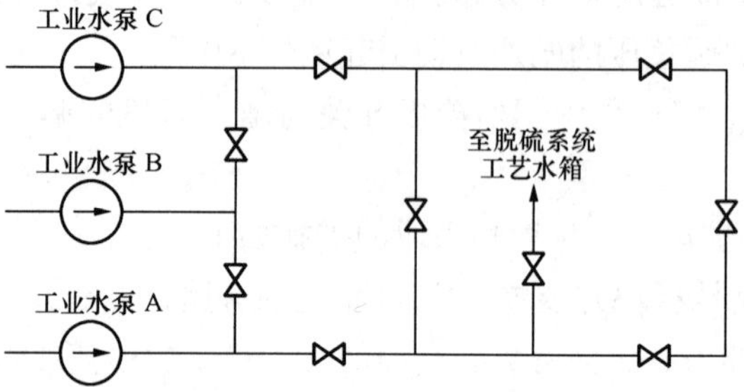

图4-1 工业水及工艺水系统示意

1. 工业水系统简介

工业水泵A、C为变频泵，正常运行时，由其中一台供水，另一台作备用，工业水泵B作电气备用。正常运行时工业水系统压力通过工业水泵自动调频来控制，当压力下降过快时备用工业水泵自启动。工业水水源为冷却塔排污水，用于脱硫系统补充水；循环水泵电动机冷却轴承润滑水；空气预热器事故冲洗水；循环水处理加药用水；干渣冷却水；干渣调湿用水；灰库调湿灰用水；灰库及渣仓地面冲洗水；灰库气化风机冷却水。

2. FGD工艺水对机组工业水系统运行的影响

FGD的工艺水是由3台工艺水泵（2运1备）从工艺水箱中输送至FGD各处的，工艺水箱的水位维持在一定的高度，当水位低至低值时，水箱进水门电动门自动开始进行补水，

直到水位至高值，进水门自动关闭。在电动进水门前有一个手动阀门，通过该手动阀开启的大小来控制补水的快慢。

当FGD系统运行时，会使机组各设备冷却水压力下降，并造成备用泵的频繁自启动，由于手动门全开时，工艺水箱的补水量达到250t/h以上，使工业水瞬间压力下降，而备用泵的启动又使压力瞬间上升，而工艺水箱的水位呈周期性变化，这样造成工业水泵的频繁自启停且使工业水系统压力大幅波动，无法保证循水泵电动机冷却水的正常供给。

建议在工艺水箱进水管道处安装节流圈减小流量，或电动进水门采用调整门，可以根据工艺水的使用量调整补水量，来控制压力的大幅波动。

工艺水箱补水采用回用水，这样既不影响主机设备的冷却用水，又解决了回用水的出路问题，还避免了工业水泵频繁自启停，但要注意回用水的水质可能会对工艺造成影响。

第二节 FGD系统本身的安全性

一、除雾器的安全性

1. 除雾器的结垢与堵塞

除雾器结垢和堵塞的原因包括以下几方面：

（1）系统的化学过程。吸收塔循环浆液中总会含有过剩的吸收剂（$CaCO_3$），当烟气夹带着这种浆体通过除雾器时，液滴被捕集在除雾器板片上，如果未被及时清除，浆液滴会继续吸收烟气中未除尽的SO_2，生成亚硫酸钙和硫酸钙，在除雾器板片上析出沉淀从而形成垢。

（2）冲洗系统设计不合理。除雾器冲洗压力、流量不合理或冲洗喷嘴安装角度、高度不合理，当冲洗除雾器板面的效果不理想，覆盖率不足时就会出现干区，导致产生垢和堆积物。

（3）冲洗水质量。如果冲洗水中不溶性固体物含量较高，可能堵塞喷嘴和管道，造成很差的冲洗效果。如果冲洗水中Ca^{2+}达到过饱和，如高硬度的地下水或工艺水回收水，则会增加产生亚硫酸盐和硫酸盐的反应，导致板片结垢。

（4）板片设计。如果板片表面有复杂隆起的结构或有较多冲洗不到的部位，会迅速发生固体物堆积现象，最终发展成堵塞通道。

（5）板片的间距。板片间距太小易使固体堆积、堵塞板间流道，但太宽会使临界流速下降，除雾效果下降。

2. 除雾器的损坏

除雾器损坏的原因大致有两种，一种是除雾器变形，除雾器的材料一般为聚丙烯，最高允许工作温度为80℃，当吸收塔内温度超过除雾器允许工作温度时，将会造成除雾器的变形甚至脱落；另一种是除雾器超重坍塌，当除雾器的固体沉积与堵塞达到一定量时，除雾器的支撑结构将无法承担其重量，而使除雾器坍塌。一般除雾器内固体沉积与堵塞达到1/3时，便有除雾器脱落或坍塌的可能。

3. 运行中防止除雾器结垢堵塞及损坏的措施

（1）加强电除尘器的管理。根据电除尘器伏安特性曲线，及时调整电除尘器参数控制和振打方式，提高除尘效率，减少除雾器的积灰。

（2）控制合理的pH值。避免将过多的$CaCO_3$带入除雾器，减少除雾器的结垢。

（3）加强除雾器压差的监测。当除雾器压差上升时，应调整除雾器冲洗频率。除雾器冲洗频率一般每30～60min一次，冲洗时间为1～2min，冲洗时间间隔不宜超过2h，否则折板上的固体可能已干化结成硬垢，这样便难以清除了。

（4）加强除雾器的有效冲洗。在冲洗过程中，通过监视冲洗压力、流量来判断冲洗的有效性（即通过冲洗压力、流量来判断冲洗喷嘴有无脱落、开裂或堵塞）。

（5）冲洗时为减小冲洗管道的水冲击而造成喷嘴的断裂，前一个冲洗阀门应在后一个冲洗阀门开启后才能关闭。

（6）及时发现并处理系统阀门内漏，以减少因物料平衡无法控制所造成的除雾器冲洗问题。

（7）FGD系统启动前，循环浆液泵未启动，则禁止向吸收塔引入热烟气，运行中严密监视循环泵出口压力及吸收塔进、出口烟气温度，防止吸收塔出口温度超限，避免因吸收塔高温而损坏除雾器。

（8）在FGD的启停过程中或FGD系统故障时，如烟气旁路挡板无法及时打开，进、出口烟气挡板无法关闭时，不能停运循环泵，如此时循环泵全停，应立即要求锅炉MFT，以免因吸收塔高温除雾器。

二、GGH的安全性

GGH约占FGD系统设备费用的10%以上，其检修、改造费用相当高，也是造成FGD事故停机的主要设备，因而它的安全性要求很高。GGH的安全隐患主要是GGH的低温腐蚀和堵灰。

1. GGH的低温腐蚀

当烟气进入GGH时，由于烟气接触到温度较低的受热面金属，因此烟气温度降低至接近或低于烟气酸露点时，烟气中的硫酸蒸气将在金属壁面凝结，对壁面产生酸腐蚀，这种腐蚀称为低温腐蚀。强烈的低温腐蚀通常发生在GGH的冷端，因为该处烟气的温度最低。低温腐蚀加剧换热元件表面黏结飞灰，堵塞部分通道，使流通阻力增大。严重时，冷端传热元件大面积粉碎状脱落，影响热交换器的正常使用，迫使FGD系统停运检修。

（1）低温腐蚀的原理。烟气中的水蒸气露点很低，其本身在GGH装置中结露的可能性很小。但当烟气存在硫酸蒸气时，即使含量很少，其露点也会提高到130℃以上，那么硫酸的露点腐蚀就产生了。研究表明，当水蒸气分压力为10%的烟气中硫酸蒸气含量为18～196mg/m^3（标准状态）；锅炉烟气的热力学露点约为129～149℃。尽管烟气中SO_3的含量极微，但降至酸露点以下时，凝结在受热面上的硫酸溶液具有较高的浓度，使受热面产生明显的腐蚀。在烟气中水蒸气含量不变的情况下，烟气中的SO_3含量越高，硫酸蒸气的含量就越高，烟气露点就越高，GGH的低温腐蚀就越严重。正常情况下，FGD系统的脱硫效率一般为95%以上，净化后烟气中SO_2的含量约为100～300mg/m^3（干态，标准状态），SO_3的含量为30～50mg/m^3（标准状态）。

在回转式GGH中，原烟气和净烟气交替冲刷受热面。在运行工况下，回转式GGH装置的各部位温度分布为：原烟气热端（进口）120～150℃，冷端（出口）85～105℃；净烟气冷端（进口）42～55℃，热端（出口）75～90℃。当原烟气流过受热面时，若壁面温度低于烟气露点，受热面上将有硫酸凝结，引起低温腐蚀和积灰。当净烟气流过受热面时，虽然酸液浓度降低了，但由于大量的饱和水蒸气，产生了稀酸液的高速冲刷磨蚀。

（2）低温防腐措施。GGH 低温防腐的关键在于正确选择低温防腐材料，回转式 GGH 的腐蚀部位主要是换热元件、壳壁及传动轴。回转式 GGH 外壳可采用碳钢加鳞片树脂内衬防腐蚀，换热元件采用涂搪瓷的钢板或耐蚀合金钢板制造。

2. GGH 的堵灰

（1）GGH 堵灰的原因。当壁温低于露点时，酸液凝结而引起灰垢黏附，导致换热元件通道堵塞，这就是堵灰。堵灰和低温腐蚀是 GGH 中两个密切相关又相互促进的问题。腐蚀引起积灰，积灰加剧腐蚀，最后导致堵灰。沉积在换热元件表面上的积灰由三类物质构成：第一类是酸腐蚀所产生的各种数量的腐蚀产物，其多少取决于产生酸腐蚀的量、温度以及金属的类型；第二类是形成的低温积灰所捕获的碰撞到管子上的大部分飞灰；第三类是酸与飞灰中的铁、钠、钙等起反应形成的硫酸盐，它增加了积灰量。由于原烟气经电除尘器除去了大部分的飞灰，因此第二类和第三类的量很小。

GGH 中，堵灰主要是由于烟气中的硫酸蒸气凝结在受热面上产生低温腐蚀所致。在金属受热面上，沉积的硫酸溶液溶解管壁上的氧化膜和金属与飞灰反应，从而生成酸性黏结灰。酸性黏结灰的成分有 $Al_2(SO_4)_3$、$CaSO_4$ 和 $FeSO_4$、$Fe_2(SO4)_3$，反应式如下

$$x\mathrm{CaO}\cdot y\mathrm{Al_2O_3}\cdot \mathrm{SiO_2}+(x+3y)\mathrm{H_2SO_4}\longleftrightarrow x\mathrm{CaSO_4}+y\mathrm{Al_2(SO_4)_3}+\mathrm{SiO_2}+(x+3y)\mathrm{H_2O} \tag{4-1}$$

$$3\mathrm{Fe}+4\mathrm{H_2SO_4}+2\mathrm{O_2}\longleftrightarrow \mathrm{FeSO_4}+\mathrm{Fe_2(SO_4)_3}+4\mathrm{H_2O} \tag{4-2}$$

当烟气中 SO_3 浓度在 $18mg/m^3$（标准状态）以上时，GGH 的低温腐蚀很严重，同时也形成了较多的酸性黏结灰。

（2）防止 GGH 堵灰的措施。减轻低温腐蚀的措施都有助于减轻堵灰的产生，回转式 GGH 主要是原烟气侧（热端）堵灰。回转式 GGH 解决堵灰问题常用两种方法：一是蒸汽（空气）吹灰，用于清除细灰沉积物，如使用的是蒸汽吹灰要注意吹灰蒸汽的温度和压力，当吹灰蒸汽低时会大大减弱吹灰效果，甚至加剧 GGH 的堵塞；二是用水冲洗，蒸汽（空气）吹灰是控制积灰形成速度的有效方法，而水冲洗能全面清洗和清除大颗粒灰渣和杂物造成的堵灰。

除此之外，还应控制好除雾器的冲洗频率，如除雾器冲洗过频或冲洗压力过高，会使烟气中含水量增加，加剧 GGH 的腐蚀和灰的黏结，加速 GGH 的堵塞。还应保证省煤器、SCR 除灰系统的正常运行，减少粗灰进入电除尘器，减轻除尘器的负担。根据燃煤灰分、电除尘器除灰情况及时调整蒸汽吹灰频率，当电除尘伏安特性曲线发生异常变化时，应及时分析原因并调整电除尘器运行参数，或改变振打方式，提高除尘效率，减少烟气中的烟尘含量，减少烟尘进入 GGH 换热元件。控制合理的 pH 值，加强吸收塔内浆液氧化，防止过剩的 $CaCO_3$ 和 $CaSO_3$ 进入 GGH。SCR 脱硝装置的投运将使 SO_2 向 SO_3 转化使烟气中 SO_3 含量增加，使烟气酸露点提高，SCR 的投运使进入 FGD 的烟气温度降低，因此应选择 SO_2/SO_3 转化率较低的 SCR 催化剂，控制合适的 SCR 稀释风，防止过多 SO_3 的产生。

三、浆液泵的安全性

FGD系统的浆液为固液两相流介质。介质中Cl^-含量约20 000～60 000mg/L，pH值为4.5～7，会对过流元件造成孔蚀与酸蚀。浆液中的固体成分为石灰石与石膏，浓度一般为20%～35%，最高可达60%，固体粒径在几十微米至几百微米之间。浆液的高速流动又会对过流元件表面造成冲刷与磨损。因此，浆液泵磨损比较严重，泵的气蚀主要是由于泵和系统设计不当，包括泵的进口管道设计不合理，出现涡流和浆液发生扰动。另外，进入泵内的气泡过多以及浆液中含气量较大，也会加剧气蚀。

总之，要减少泵的磨损、气蚀及提高泵的寿命关键在于选好耐磨材料。运行中减少进入泵内的空气量；尽可能选择较低浆液密度运行，以减少磨损；调整好吸入侧护板与叶轮之间的间隙；保证足够的轴封水且轴封水压力应高于浆液泵出口压力，保证轴封水质量可减少轴封的损坏；浆液泵停运时应及时地进行冲洗。

四、喷嘴的损坏

喷嘴的损坏通常有堵塞、断裂和磨损三种。

1. 堵塞

运行中如果运行方式控制不当很容易出现喷嘴局部或全部堵塞，这时可以观察到喷嘴进口压力升高，流量降低。如循环浆液喷嘴堵塞，将因液气比降低，而使脱硫效率下降。如除雾器冲洗喷嘴堵塞，将使除雾器无法全面冲洗而堵塞。

喷嘴的堵塞有异物堵塞和结垢堵塞两种，其中异物堵塞是由于杂物进入管道或喷嘴，或者泵的流量或压力低所致；结垢堵塞由于运行方式控制不当所致，但堵塞速度很慢。如堵塞喷嘴为循环浆液喷嘴或除雾器冲洗喷嘴时，只能停系统处理。

可以通过在泵的入口安装滤网来防止异物堵塞的发生。另外，FGD系统运行中应避免单层循环喷淋的长期停运，一般单层停运时间不超过一天。如考虑脱硫效率和节能的要求而考虑适当停运喷淋层时，应每天轮换停运。

2. 断裂

安装不合理，系统管道设计不合理造成振动或水冲击而断裂。为减轻除雾器冲洗管道的水冲击，在冲洗时，前一个阀门要待后一个阀门开启后才能关闭。

3. 磨损

对于循环浆液喷嘴来说磨损不可避免，磨损将造成喷嘴孔径增大，同时导致流量增大，压力下降，从而导致喷嘴提供的液滴尺寸增大，降低了液体比表面积，减少了烟气与浆液的接触，最终导致脱硫效率下降。

因此，FGD系统停运时应检查循环喷嘴的磨损情况，必要时更换循环喷嘴。

五、FGD系统水平衡失衡

水平衡即进入系统的水与系统所消耗的水的平衡，进入系统的水有吸收塔补水、浆液制备用工艺水、除器冲洗水、泵及真空皮带脱水机密封水、氧化风减温水、泵及系统冲洗水、真空泵密封水、滤布、滤饼冲洗水、工艺水箱溢流、冲洗门内漏、石灰石及入口烟气带水等。系统所消耗的水分有饱和烟气带水、废水排放、石膏结晶水、石膏附着水（大部分是饱和烟气所携带的水）。

1. 水平衡破坏的原因

(1) 工艺水系统设计不合理。①工艺水泵与系统用水不匹配；②工艺水系统管道设计不合理；③冷却水、密封水使用开式循环，所有冷却水密封水进入吸收塔；④设计时未考虑最低负荷运行时蒸汽量降低引起的工艺水消耗量减少。

(2) 设备运行异常。①冲洗阀门内漏；②GGH、除雾器堵塞，烟气通流量减小；③烟气旁路挡板开启运行，烟气携带水量减少。

(3) 运行调节不当。①除雾器冲洗与间隔时间控制不当；②设备冲洗时冲洗时间控制过长；③密封水、氧化风减温水量过大；④滤布、滤饼冲洗水量过大；⑤设备的频繁启、停。

2. 维持系统水平衡的方法

(1) 在设计中工艺水耗水量应考虑最小出力时的需要。

(2) 工艺水泵的出力要与工艺水管道，系统耗水量相匹配。

(3) 密封水、氧化风减温水量设计不可过大。

(4) 冷却水采用闭式循环，冷却水回至工艺水箱循环使用，避免不必要的水进入系统。

(5) 加强 GGH 及除雾器压差的监视，发现压差有明显上升趋势时及时进行处理，防止 GGH 及除雾器的堵塞。

(6) 关闭烟气旁路运行，使烟气携带水在正常范围内。

(7) 设计中对各系统工艺水冲洗设置分段隔绝门，以便冲洗门内漏时能及时隔绝检修，及时发现阀门内漏，消除阀门内漏。

(8) 控制合理的工艺水箱液位以防止水箱溢流，造成不必要的水进入系统。

(9) 必要时调整各密封水、氧化风减温度水量。

(10) 制备浆液时也尽量使用滤液而不使用工艺水。

(11) 调整好滤布、滤饼冲洗水量，脱水系统停运时，及时关闭滤布、滤饼冲洗水门。

(12) 尽量减少设备的启停。

(13) 加强废水排放。

(14) 及时调整除雾器冲洗时间及冲洗间隔。

3. 水平衡破坏的危害

系统水平衡一旦破坏将使吸收塔液位无法控制，使吸收塔液位过高或过低。吸收塔液位对于脱硫效率及系统安全影响极大，如吸收塔液位高，会缩短吸收剂与烟气的反应空间，降低脱硫效率，造成吸收塔溢流，严重时甚至造成脱硫热烟道进浆；吸收塔液位过高，必然会影响除雾器冲洗频率，会引起除雾器堵塞，严重时造成除雾器的坍塌，除雾器的不正常工作将使除雾器出口液滴量增加，使 GGH 堵塞的可能性增加，并使烟气露点温度提高，使除雾器下游设备低温腐蚀可能性增加。

如吸收塔液位低，会降低氧化反应空间，影响石膏品质，严重时可能造成搅拌器振动损坏甚至循环泵跳闸，FGD 保护动作。

第三节 FGD 装置的腐蚀与防腐

FGD 装置腐蚀可分为金属的腐蚀和非金属衬里的腐蚀。防腐设备主要有衬胶管道、净烟气烟道、烟气换热器（GGH）、吸收塔、各类浆液泵、浆液箱、搅拌装置等。

1. 金属材料的腐蚀

（1）化学腐蚀。即烟道之中的腐蚀性介质在一定温度下与钢铁发生化学反应，生成可溶性铁盐，使金属设备逐渐腐蚀。

（2）电化学腐蚀。即金属表面有水及电解质，其表面形成原电池而产生电流，使金属逐渐锈蚀，特别在焊缝接点处更易发生。缝隙腐蚀和 Cl^- 造成的孔蚀均属于此类腐蚀。

（3）结晶腐蚀。用碱性液体吸收 SO_2 后生成可溶性硫酸盐或亚硫酸盐，液相则渗入表面防腐层的毛细孔内。若锅炉不用，在自然干燥时，生成结晶型盐，同时体积膨胀使防腐材料自身产生内应力，从而使其脱皮、粉化、疏松或裂缝损坏。

（4）磨损腐蚀。含固体颗粒的浆液以一定速度流过金属表面时，会对金属表面造成磨损，破坏金属表面的钝化膜，使新的金属表面暴露在腐蚀环境中遭受腐蚀，不断更新表面，久之，物理磨损与化学腐蚀的交替作用，使金属设备逐渐破坏。即使没有化学腐蚀，当固体含量过大、流速过高时，仍会导致设备磨损严重。磨蚀是浆液管道与浆液泵破坏的主要原因。

2. 非金属材料的腐蚀

（1）介质的渗透。非金属材料通常为非致密体，内部存在大量空穴；衬里材料均为复合材料，不同材料界面间存在间隙；衬里本体在混配、成型过程中，会生成微气泡、微裂纹。这就使介质渗透不可避免。

（2）应力腐蚀。衬里本体固化时，不同相材料之间的固化速度不同，同种材料在不同方向上的固化速度也不完全一致，导致残余固化应力的产生。衬里设备在热环境中工作时，由于金属基体与衬里材料的线膨胀系数不同，在其界面间也会产生热应力；树脂与填料之间也会因线膨胀系数不同存在热应力。上述应力的存在，导致了衬里与基体之间黏结强度的下降，增加衬里内部及界面间微裂纹及孔隙等缺陷，为材料内缺陷的发展创造了条件。

（3）施工质量。施工时，金属基体表面处理不好会降低黏结强度；分层施工表面污染会降低层间黏结强度；除泡不当会增加衬里本体内缺陷；固化不足会导致衬里内聚强度不良等。

3. 影响FGD系统腐蚀的因素

影响FGD系统腐蚀的因素有温度、干湿交替、固体颗粒和浆液性质、速度、几何结构、Cl^- 浓度、pH值、F^- 浓度、金属离子、添加剂、运行参数变化等。

4. 运行中脱硫设备的防腐措施

FGD系统运行中的防腐重点是吸收塔入口干湿交界面处、吸收塔内部及吸收塔出口后的烟道、GGH等设备。在吸收塔入口的区域极易出现涂层开裂等失效现象。这是因为一方面，碳钢基体与鳞片树脂防腐层的膨胀系数不同，且在涂层及基体钢板的厚度方向上温度梯度较大，受热时在两者界面处会产生热应力；另一方面，由于经喷淋冷却，干湿界面涂层的受热温度从高温状态急剧下降到低温状态，剧烈的温度变化使涂层沿烟气流动方向产生相当大的热应力。热应力与其他残余应力的叠加使得涂层承受很大的内应力作用。虽然鳞片树脂或衬胶具有一定的松弛应力能力，但是，长期承受这些内应力将引起应力疲劳，进而导致涂层开裂，这种情况在一些FGD装置中屡有发生。为了防止防腐层开裂，可以采用高耐蚀合金材料制作该区域，但造价高；还可以改变鳞片树脂防腐层的结构，也能收到良好的效果。

吸收塔内部一般采用鳞片树脂或橡胶衬里防腐，运行中容易发生开裂和脱落现象，一方面会造成开裂和脱落部位的金属腐蚀；另一方面脱落的防腐材料将影响浆液循环泵和喷淋系统的安全运行。

吸收塔内部搅拌器在酸性浆液环境下工作，加上运行时颗粒物的摩擦、冲刷，如果设计时选择叶片材料不当，将造成叶片严重损坏。这种损坏主要是腐蚀所致，同时还有机械碰撞、磨损。所以，搅拌器要选择高耐蚀合金材料制作。

FGD系统运行时，吸收塔出口后的烟道以及烟气GGH是FGD系统中最容易发生腐蚀的部位之一。由于烟气温度低于酸露点，烟气会在内壁结露。GGH的冷端结露的化验结果表明，其pH值有时低至1.8，为严重酸性，即使有玻璃鳞片涂层，也会遭到严重腐蚀。因此，必须对出口烟道及GGH进行定期腐蚀情况检查。

FGD系统的防腐，除了在设计时针对不同的腐蚀环境选用适宜的防腐材料和施工工艺以外，在运行中还应采取以下措施防止或减少腐蚀的发生。

(1) 监测浆液Cl^-浓度，加强废水排放，防止Cl^-浓缩导致其浓度过高。

(2) 监测浆液pH值。控制pH值范围以防止pH值过低而加速腐蚀。

(3) 保持表面无沉积物或氧化皮，沉积物或氧化皮的聚积会增大点蚀和缝隙腐蚀的危险，因此，在有条件时应及时冲洗。

(4) 定期检查，发现问题及时处理。

第五章

FGD 系统的调试

石灰石—石膏湿法烟气脱硫系统的调试主要由分部调试、整套系统启动调试组成。FGD 的分部调试是在设备、系统检查与核查工作结束后，确认设备启动试运对人身和设备都安全的条件下，从 FGD 设备受电开始，至整套启动试运开始为止的一段启动试运过程。分部调试分为单体调试和分系统调试两部分，两者既相互衔接，又相互交叉、相辅相成。石灰石—石膏湿法烟气脱硫系统整套启动调试阶段是指设备和分部调试合格后，从石灰石—石膏湿法烟气脱硫系统综合水循环开始，到完成满负荷试运移交试生产为止的启动调试过程。该阶段又分为系统综合水循环、石灰石—石膏湿法烟气脱硫系统启动试运、系统优化和 168h 满负荷试运。

第一节　FGD 系统分部调试

分部试运工作是运行人员由生产准备阶段向生产阶段过渡的重要过程，它既是生产准备工作的深化，又是对系统设计、设备造型、工程建设和安装质量的检验。

一、FGD 系统分部调试应具备的条件

(1) 相应的安装工作结束，经验收合格，方可交付调试。安装工作包括机械、电气、仪控和暖通安装。

(2) 相关土建工作已结束，验收合格，交付使用。

(3) 消防设施验收合格，已经投入运行。

(4) 照明、通信系统安装、调试完毕，投入运行。

(5) 暖通系统验收合格，可以随时投入运行。

(6) 试运区域内场地平整、脚手架已经拆除，道路和检修通道畅通，电梯、楼梯、栏杆、护板已经安装完毕，现场已清扫无杂物。

(7) 调试时需要增加的临时设施、测量装置、所需要的材料等已经准备完毕。

(8) 生产准备已经完成，各种常用工器具、运行、检修表格已准备齐全。

(9) 运行人员上岗培训基本结束，考核合格，可上岗操作。

(10) 转动设备已注入合格的润滑油脂，设备已经挂牌。

(11) 与 FGD 工程配套的配电设备能为脱硫系统的试运提供可靠电源。

(12) 仪器仪表调试完毕，验收合格，投入运行，满足调试启动要求。

(13) 热工控制系统根据工艺及电气系统要求逐步调试，已投入运行。

（14）厂内、外排水设施能正常投运，沟道畅通，沟道及孔洞盖板齐全。试运范围的工业、生活用水系统和卫生、安全设施已投入正常使用。

（15）职业安全卫生设施和环保监测系统已按设计要求投运。

（16）调试/试运组织机构已经建立，开始主持调试/试运工作。参加调试/试运的相关单位分工明确，人员配备齐全。

（17）调试大纲已获批准。

（18）建立并执行了严格的安全要求。

二、分部调试范围

FGD系统的分部调试可分为电气系统受电调试、集散控制系统（DCS）调试和单体调试（如增压风机和GGH等）。

1. 电气系统受电调试

厂用电带电条件为：6kV、380V系统的设备单体调试完毕，验收合格，具备投入条件；直流系统设备调试完毕，验收合格，具备投入条件；接地系统调试完毕，验收合格，具备投入条件；照明和通信调试完毕，验收合格，具备投入条件；电气系统附属的消防系统及设施调试完毕；电气系统联锁保护系统静态调试完毕；电厂侧6kV系统已经准备好向FGD装置供电，并可随时投入。

电气系统调试主要包括高压异步电动机、低压电动机、送配电系统、母线系统、直流电源系统、保安电源、低压脱硫变压器、UPS电源系统、DCS控制、FGD电气中央信号系统、事故照明、电气测量、电气保护、联锁、报警及自动等及其附属系统的调试、继电保护整定值审核调整等。

通过厂用电受电调试的工作，使全厂6kV、380V电源系统进入工作状态，为FGD装置各系统、各设备进入试运转创造条件。通过厂用电受电调试，检验线路、开关、交压器的性能、质量、动作特性，使FGD厂用电源系统达到可靠、安全、可用的状态。

2. DCS调试

DCS内部调试应具备的条件有：电控楼电子间及控制室空调运行；接线完毕，检查正确投入；就地设备、系统调试。

DCS调试内容包括：主要自动装置软、硬件；自动调节系统；数据采集系统；事故顺序；记录系统；工业电视系统；热工硬逻辑报警系统；监视仪表系统；联锁保护；附属设备及外围系统顺序控制系统；与机组的通信接口；废水控制系统调试（PLC）。

3. 单体调试

单体调试是脱硫工程中的工艺、电气、热控设备在安装工作结束而未与系统连接时，为确认单个设备、装置是否符合产品出厂标准、满足实际使用条件，为检查安装质量而进行的单体设备的调试（试运）工作。

主要调试工作有：电动机单转，电气保护、报警试验，模拟与机械设备联动单操试验；机械设备连动，测定设备运转参数，进行单操、保护联锁试验；仪表及控制回路检查、控制试验、保护试验、定值设定，手动和电动阀门、挡板门开关测试、调节阀门特性试验、安全阀门保护值整定。

单体调试主要由安装单位负责，但是运行生产准备人员应尽早进入现场对运行设备进行全面监督与检查，负责设备的验收工作，严格按照标准对设备的试运结果进行鉴定，达不到标准的设备绝不通过验收。

运行生产准备应制作表格记录设备运行参数，作为原始资料保存，对设备试运过程中存在的问题做好记录，以便可以提出整改建议，对于运行来说，单体调试与以后大修后设备试运行的过程相似，运行人员的提早进入可以尽早了解设备特性与有关运行参数，还可以学习到以后设备试运行所需掌握的技能。

4. 转动设备调试

转动设备试运转的目的是在 FGD 系统正式运行前，测量机械设备的振动、温度、声音等数据，确认试运转时没有异常，如有异常，在正式启动前予以消除。在试运转的同时，对设备的启停联锁过程、次序、时间、报警定值及联锁保护定值进行检查和测试。关键转动机械设备的试转基本上由水来完成机械试运转，但如不可能，在某些情况下也可在启动期间，用实际应用的液体来进行。皮带及给料机的机械试运转应在不输送原料的情况下完成，机械试运转原则上应持续进行 1～3h，具体时间根据设备说明书的要求。在机械试运转期间，应检查并记录电动机电流、轴承温度、轴承座振动、噪声、进出口压力、转动、设备联锁情况、报警定值及联锁保护定值等。

5. 关键设备的机械试转

包括烟气挡板系统中烟气进口挡板、烟气出口挡板和旁路挡板等试转；吸收塔系统中搅拌器、浆液循环泵、石膏排出泵和氧化风机等试转；增压风机试运转；GGH 试运转；石膏脱水系统中真空皮带机、石膏旋流器和真空泵等试转；石灰石制备系统中钢球磨石机、给料机和石灰石浆液泵等试转；电动阀、调节阀的检查与远方操作试验；FGD 事故联锁跳闸。

6. 阀门试验

FGD 系统阀门有手动门与电动门，由于 FGD 系统的阀门多数为蝶阀，系统浆液管道中浆液密度较大，如阀门关闭不严密或开启不到位均容易造成阀门的磨损。因此，在调试中应重视对系统阀门尤其是浆液管道阀门严密性的调试。手动门进行开关灵活性的检查，同时根据有关流量、压力及管道振动、声音等判断阀门泄漏情况，如有低位排放点，通过低位排放的方法可更直观地检查阀门内部泄漏的情况。实际运行中，阀门内漏也是一个经常性的问题，可通过同样的方法进行检查。

对于电动阀门还应进行限位设置，检查 DCS 画面反馈信号与实际阀门位置一致，测量阀门开关时间、检查阀门泄漏情况。

试验阀门泄漏情况、开关时间、阀门的行程、位置指示、转矩和行程极限的稳定值、承压后的可运行性、卸压阀和安全阀的整定值校正及功能、气动阀门的运行和有关信息的传输和处理。

调试过程中经常出现阀门校验不到位的现象，作为运行生产准备人员应把好此关，必须对每一个阀门进行验收，尤其是电动阀门，因为调试过程中还会出现阀门开关与反馈相反的现象，这样对将来的安全运行有极大的帮助。

三、FGD 分系统调试

分系统调试是指按工艺系统或功能划分的单个系统，包括动力、测量、控制等所有设备及其系统带烟气的调整试运，也是对 FGD 系统的主要组成部分进行冷态模拟试运行，一些热态条件则需模拟。在FGD系统通热烟气前模拟热态运行，全面检查各系统的设备状况，并进行系统联锁和保护试验。这些系统包括公用系统（压缩空气系统、冷却水系统和工艺水系统等）、吸收塔系统、烟气系统（含增压风机、GGH及其辅助系统等）、石灰石制备系统（包括石灰石接收和储存系统、石灰石粉磨制系统、石灰石供浆系统等）、石膏脱水系统（含真空皮带机系统、真空泵系统、冲洗水系统）、排空系统（包括事故浆液箱和地坑系统）和取样系统。试验内容包括：仪控模拟试验（功能组检查）；保护联锁和报警试验、控制回路试验；设定值、调节参数调整；以水或空气为介质分系统联动操作和试运。

分系统调试一般由调试单位负责，但实际运行中可采用由运行人员操作、调试人员进行监护的方式，这样可以使运行人员对操作系统、设备有进一步的认识，尽早地掌握系统特性和操作技能，是对前期培训的一种强化。另外，分系统调试时出现问题较多，对运行人员掌握事故处理及应注意事项有益。在分系统调试时，运行人员除了强化操作技能与事故处理水平外，还应做好调试的监督与检查，对系统调试中出现的问题做好记录并及时提出，由专业技术人员协调其他各部门进行整改和优化。

运行人员从分系统试运行起，接受整套启动试运行组的领导，按照试运方案或调试人员要求进行监视和操作，如发现异常及时向整套启动试运组汇报，并根据具体情况直接或在调试人员指导下进行处理。运行人员在正常运行情况下，应遵照有关规程进行操作监护。如果调试人员的要求影响人身或设备安全，运行人员有权拒绝操作并及时向上一级指挥机构汇报。在试运中发现故障时，若暂不危及设备和人身安全，安装和运行人员均应向调试人员或整套启动试运组汇报，由专业调试人员决定后再处理，不得擅自处理或中断运行，若发现危及设备或人身安全的故障，可根据具体情况直接处理，但要考虑到对其他系统设备的影响，并及时通知现场指挥及有关人员。

第二节 FGD系统整套启动调试

FGD整套启动试运分冷态调试（带水或空气调试）、热态调试（通烟气调试）和168h试运行，其主要任务是校验各个关键仪表的准确性，如pH计、密度计、烟气分析仪、流量计等，以及进行各个功能组的优化，包括模拟量调节系统，即烟气压力控制系统、吸收塔液位控制系统及pH值控制系统、所有SCS顺序控制系统投入，并检查各设备的运行情况。

整套调试一般由运行人员负责设备的启停操作和运行调整与维护工作、负责设备系统的巡回检查，记录有关参数，负责运行调整和异常情况处理。及时总结试运行中的操作经验，不断完善操作规程，对于发生的异常情况要及时通报其他生产部门以及工程、安装和调试等单位，制订整改和防范措施。在试运中确定和筛选各系统控制、运行方案，对于能够进一步优化的要提出技术方案，力争在试运阶段得以实施。

进行操作时，调试人员进行监护，当出现设备异常或故障时，当不危险人身和设备安全时，运行人员应及时汇报调试人员及有关部门。

做好试运记录和设备缺陷记录，作为设备系统的原始资料。

一、各分系统投运及热态调整试验

FGD系统冷、热态正常的启、停试验，故障状态下的长、短期停运试验及紧急停运试验。

经过试验调整各主要设备，初步确定FGD系统的运行工况。调整试验主要包括：FGD进、出口差压调整；吸收塔pH值调整；吸收塔液位调整；石灰石供浆量调整；煤种变化（SO_2浓度变化）对脱硫效率的影响；石膏排出及石膏品质的调整；皮带机运行方式调整；吸收塔运行方式的调整；废水系统的调整。

FGD与锅炉间的热态扰动试验，包括FGD对锅炉运行扰动试验、锅炉运行对FGD扰动试验。

变负荷运行试验，FGD系统在负荷30%～100%之间变动时进行负荷变动试验。

最大负荷运行试验。机组负荷加至最大负荷，旁路挡板全关，各项性能指标符合设计要求。

最小负荷运行试验。机组负荷减至最小设计负荷，或开启旁路将FGD烟气负荷降到最小设计值，各项性能指标符合设计要求，尤其是水平衡正常，且增压风机导叶自动跟踪良好。

二、FGD系统冷态调试

在FGD通入烟气之前，需对FGD系统进行以水和空气为介质的整机调试，使脱硫整套系统在不带烟气负荷情况下，按照整套启动顺序，各系统投入运行，各控制和保护装置自动投入运行。按照烟气流量状态下的运行参数进行整套装置的调试和模拟试运行。在用水进行模拟操作的条件下，对FGD系统的控制系统以及启动与停止顺序进行检查，并对设备进行检查，以预先发现在FGD装置启动后可能发生的故障并对系统管道及设备进行泄漏点检测。在进行系统冷态调试的同时，要检查与水循环系统相关的联锁系统。

冷态调试的目的：获取冷态下FGD系统的正常启停及事故停运对锅炉负压影响的数据；进行冷态下增压风机压力闭环控制试验；验证烟气系统各设备顺序控制启停的正确性，并根据锅炉炉膛压力的变化对个别步骤进行优化。

1. FGD系统冷态调试的条件

（1）锅炉的送、引风机可以正常启停，能自动投入。

（2）锅炉侧与FGD信号交换系统如炉膛负压监测能正常投入。

（3）FGD烟气系统静态联锁及烟气系统顺序控制启停试验正常验收合格。

（4）FGD烟气系统各设备冷态试运行完毕，具备投运条件。

（5）安排机组停运，沿程系统各设备的人孔门、检查门等封闭，系统严密。

（6）烟气系统及相关的热工测点安装、校验完毕，具备投入条件。

（7）烟气系统各阀门、挡板安装调试完毕。

（8）烟气系统烟道、增压风机、GGH、吸收塔等设备和系统清理干净。

（9）挡板密封风机单体调试合格，具备投入条件。

（10）增压风机冷却风机单体试运合格，联锁保护正确，具备投入条件。

（11）增压风机润滑、控制油系统分部试运合格，具备投入条件。

（12）增压风机电动机试运合格，具备投入条件。

（13）GGH及其附属系统单体试运结束，具备投入条件。

（14）烟气系统DCS控制、保护调试完毕。

(15) 通道畅通，现场清洁；照明投入，符合试运要求。

(16) 锅炉停运。

(17) 电气系统投入，DES系统投入，各热工仪表调校完毕，具备投入条件。

(18) 工艺水系统调试完毕，各个系统设备冲洗完毕。

(19) 石灰石供浆系统调试完毕。

(20) 吸收塔系统单体设备调试完毕（包括循环泵、除雾器、氧化风机等）。

(21) 石膏脱水系统单体设备调试完毕（包括石膏排出泵、石膏旋流站、真空度带机系统等）。

2. 冷态启动前的试验检查

(1) FGD烟气系统挡板（烟气进口挡板、烟气出口挡板、烟气旁路挡板）联锁投入。

(2) 增压风机与烟气挡板的联锁、保护静态试验合格。

(3) 增压风机、GGH及其附属设备联锁保护试验合格。

(4) FGD与锅炉联锁、保护模拟试验合格。

(5) 检查锅炉与FGD装置之间的交换信号。

(6) 锅炉信号联锁保护试验。

(7) FGD装置设备故障跳闸及FGD装置切除保护试验联锁试验。

(8) 检查烟道已封闭；检查监测信号已投入。

(9) 检查关闭烟气进口挡板、增压风机动叶、烟气出口挡板；检查开启烟气旁路挡板。

(10) 检查锅炉烟气系统投入运行。

(11) 锅炉送、引风机运行；锅炉烟气系统参数接近正常运行工况。

3. FGD系统冷态调试程序

(1) 设备充水。

(2) 设备启动准备就绪。

(3) 单操启动除烟气系统以外的所有设备。

(4) 手动启动增压风机及烟气系统（引风机停运经旁路循环或启动引送风机）。

(5) 调整各设备系统运行状态、设定值和调节参数，仪表校验，详细记录有关参数。

(6) 保护联锁试验。

(7) 烟气调节回路调整。

(8) 单操停机检查。

(9) 顺序启动整个系统，重复上述第（5）～（7）项，联动停机。

4. 烟气系统冷态试验内容

(1) FGD冷态变负荷运行跟踪特性试验。投入增压风机动叶调节自动，改变锅炉风量，记录参数变化，并优化之。

(2) FGD烟气系统程控启、停时对锅炉负压的影响试验。程序控制启、停FGD烟气系统，记录锅炉参数变化。

(3) FGD保护对锅炉扰动试验。

1) 旁路挡板开对锅炉扰动影响试验。投入旁路挡板联锁保护，手动FGD跳闸，记录参数。

2）旁路挡板不开对锅炉扰动影响试验。解除旁路挡板联锁，手动FGD跳闸，记录参数。

3）烟气旁路挡板联锁开对锅炉扰动影响试验。投入烟气旁路挡板联锁保护，手动FGD装置跳闸，记录参数变化。

三、FGD系统热态调试

热态调试是FGD系统通入热烟气进行各种热负荷下的调试，其主要目的是校验各个关键仪表的准确性，如pH计、密度计、烟气分析仪、流量计等，以及进行各个地区功能组的优化，包括模拟量调节系统，所有顺序控制应投入，并检查各设备运行情况。

热态试运行的原则是：先手动后程序启停；先烟气旁路挡板打开运行后关闭运行；先调整烟气系统后调整其他系统；先作带负荷保护联锁试验后作调节回路试验。

1. FGD系统热态启动条件

（1）锅炉侧与FGD信号交换系统投入。

（2）烟气通道打通，沿程系统各设备的人孔门、检修孔等应封闭，系统严密。

（3）烟气系统内保持清洁，烟道、增压风机、气—气换热器（GGH）、吸收塔等系统设备清理干净，各系统管道冲洗干净。

（4）烟气系统及相关的热工测点投入。

（5）FGD冷态试运行合格，各个系统设备可以投运。

（6）DCS系统投入运行。

（7）电气系统投入运行。

（8）公用系统投入运行。

（9）废水处理系统酸碱加药系统做好防护措施，防护设备特别是防护淋浴器已投入使用。

（10）锅炉电除尘器已投入运行正常。

2. FGD系统热态启动前准备

（1）FGD烟风系统检查。烟道已封闭，系统畅通；检查烟气进、出口挡板是否关闭，检查烟气旁路挡板是否开启。

（2）FGD系统联锁、控制和保护试验模拟检查。

（3）检查锅炉与FGD系统之间的交换信号和联锁保护正常。

（4）增压风机及其附属设备联锁保护静态试验检查完毕。

（5）联系锅炉，要求运行平稳。

（6）准备好石膏晶种。

（7）检查各个辅助系统。

3. FGD系统热态启动

（1）检查启动工艺水系统，检查启动石灰石浆液供给系统。

（2）向吸收塔进水到运行液位。检查启动吸收塔系统，启动搅拌器（悬浮泵），逐台启动循环泵；启动氧化风机。

（3）向吸收塔内加入质量比为3%～5%的石膏晶种。加入石膏晶种的目的是加速石膏的生存，防止吸收塔内设备结垢。

（4）启动吸收剂制备系统，准备向吸收塔供石灰石浆液。

（5）启动GGH及其附属系统。

（6）检查增压风机液压油系统运行正常，增压风机导叶全关，开启烟气出口挡板，启动增压风机。

（7）开启烟气进口挡板。

（8）逐渐关闭烟气旁路挡板。在关闭烟气旁路挡板时，逐渐开启增压风机导叶，维持烟气系统压力，直到增压风机导叶开至运行位置，烟气旁路挡板全关。

（9）检查增压风机运行情况正常。

（10）设备、系统运行优化。

4. 热态试验

（1）FGD烟气系统对主机的扰动试验。为了摸清FGD烟气系统事故停运时对主机的影响并找出较好的应对措施，在调试过程中应进行FGD系统对主机的扰动试验。

1）试验目的。考察FGD烟气系统故障停运时锅炉炉膛压力的波动情况并找出较好的调整方法。

2）试验条件。锅炉稳定达到FGD设计烟气量负荷运行，并做好防护措施；锅炉各仪表正常投入；FGD满负荷正常运行；FGD保护投入且烟气系统静态联锁验收正确合格；FGD仪表投入；烟风系统各个挡板均能开关正常、动作灵活。

3）试验内容。就地按下增压风机事故按钮，试验FGD烟气系统保护停运时对锅炉负压影响。

试验时应随时观察锅炉和FGD运行工况（如锅炉炉膛负压、引风机出口压力或引风机电流、FGD入口风压、FGD出口风压、增压风机电流），出现严重影响锅炉运行情况时，及时解列FGD恢复系统，消除对锅炉运行的影响。

4）试验结果及分析。总结增压风机跳闸引起FGD烟气系统事故停运过程中锅炉炉膛压力的变化情况，对试验结果进行危险性分析。如果在试验过程中发现锅炉炉膛压力变化过大，为发电机组的运行带来危险，需要对FGD烟气系统的停运顺序控制进行进一步调整。

（2）锅炉运行对FGD扰动试验。FGD热态扰动试验即关闭烟气旁路挡板时对锅炉运行和增压风机入口压力扰动的试验。试验时待锅炉满负荷后，记录烟气旁路挡板关闭前锅炉炉膛压力和在动态调整过程中锅炉最大负压、增压风机入口压力值，并与增压风机入口压力设定值比较，记录动态时间。判断热态时烟气旁路挡板关闭时对锅炉运行扰动对锅炉的安全、稳定运行的影响以及增压风机入口压力自动投入情况。

（3）变负荷特性试验。机组变负荷对FGD运行影响试验：记录机组负荷变化时，机组负荷变化速率、对应的FGD脱硫效率，以及在锅炉变负荷时，增压风机入口压力的实际运行值，并与设定值比较，看是否符合设计要求。FGD系统无论在内部扰动还是外部扰动的干扰下，脱硫效率和增压风机的入口压力自动均满足要求。

一般要求FGD系统满足锅炉负荷在30%～100%范围内以大于5%/min的速率变化，该试验有两种方式可以实现。

锅炉负荷在30%～100%范围内以大于5%/min的速率进行负荷调整，检查记录FGD系统运行数据。

锅炉维持最大烟气负荷量稳定运行，用烟气旁路挡板来调整进入FGD系统的烟气量。

试验时随时观察锅炉和FGD运行工况（如锅炉炉膛负压、引风机出口压力或引风机电流、FGD入口压力、FGD出口风压、增压风机电流），出现严重影响锅炉运行情况时，及时解列FGD恢复系统，消除对锅炉运行的影响。

四、FGD系统设备运行优化

FGD系统的调试除了正常调试外，由于其具有本身的特点，还应做好运行优化工作，主要有运行参数优化、控制参数优化、设备运行方式优化。

1. 调整FGD系统水平衡

进入FGD系统的水源主要有除雾器冲洗水、进入吸收塔的石灰石浆液中所含的水、其他各系统冲洗水、氧化空气冷却水等；FGD系统的水损失主要是废水系统带走的、吸收塔内蒸发掉的和生成最终产物石膏所带走的水分。FGD系统的水平衡即指两者之间的平衡，水平衡的直接体现就是吸收塔液位的稳定及各箱体液位的稳定。

2. 调整FGD系统物料平衡

进入FGD的物料主要是烟气、石灰石浆液与氧化空气；离开FGD的物料主要是脱硫产物石膏。物料平衡主要体现在石灰石浆液密度的稳定与石膏浆液密度的稳定。

3. 运行工况优化

优化的关键参数包括吸收塔浆液pH值、净烟气侧SO_2排放浓度、净烟气侧粉尘排放浓度、烟囱入口烟气温度；石膏品质、脱硫效率等。

4. 联锁保护及顺控系统试验

联锁保护的试验是FGD分系统调试的主要工作，也是需要时间最多的工作。相对于电厂其他系统的调试，FGD控制系统中的顺序控制显得尤为重要。因为FGD各个系统不仅在启停时需要采用顺序启动或顺序停运，而且在正常运行过程中也有部分顺序控制程序保持长期连续循环运行，如除雾器冲洗程序、吸收塔进石灰石浆液系统的冲洗程序、pH计及密度计冲洗程序等。因此在调试过程中要高度重视顺序控制系统的调整试验，FGD系统中顺序控制的可靠性也是保证整个系统安全运行的重要方面，如果顺序控制做得好可靠性高的话完全可以使整个系统一键启停，但这必须由设备的可靠性来保证。

5. 各管道冲洗时间的测定

由于FGD大部分管道里的工质为浆液（石灰石浆液或石膏浆液），具有易沉淀、易黏结的特性，很容易造成设备及管道堵塞。因此，在调试及运行过程中，要对停运设备及相关管道及时冲洗，因此在对浆液管道阀门的选择时应选择电动门，以保证冲洗的及时性。浆液管道的冲洗一般都是由顺序控制实现的，因此对冲洗时间要给予测定与设定，如果冲洗时间过短，达不到冲洗效果，冲洗时间过长，浪费水源并且使进入系统的水量增加，破坏系统水平衡。

一般管道的冲洗时间测定可采用：启动工艺水泵，打开冲洗阀门，在要测定管道的冲洗终点打开排放门观察或用耳听等方法，测定冲洗水到达终点的时间。在顺序控制程序中，根据测定时间适当延长，以保证冲洗效果。

6. 吸收塔循环泵及其出口管路的冲洗时间测定

循环泵停运后，首先关闭入口门、打开管道排放门，根据循环泵入口压力的变化并现场观察测定排放时间；浆液排放尽后，打开冲洗阀门，冲洗至水为清水。打开循环泵冲洗门，关闭排放门，循环泵出口管道充水至循环泵入口压力达到100kPa左右，使管道水位与吸收塔正常液位接近，测定充水时间。将循环泵排放、冲洗及循环泵充水时间设定于循环泵顺序停运程序内。如果不进行循环泵充水时间测定，循环泵出口管道未充水或充水时间太短，FGD运行当循环泵停时，烟气进行循环泵出口管道，将造成循环泵出口管道，甚至循环泵的腐蚀。如充水时间过长，又会使过多的水进入系统。

7. 喷淋层喷淋试验

结合吸收塔循环泵的清水试运行进行吸收塔喷淋层的喷淋试验。试验时同一时间启动一台循环泵，观察对应喷淋层的喷淋情况，主要是喷嘴雾化效果与截面喷淋状况，保证各喷嘴都能喷淋正常。

8. 除雾器冲洗试验

启动工艺水泵，打开除雾器冲洗总门，逐一打开除雾器冲洗门对除雾器进行冲洗，观察冲洗喷嘴的工作情况，观察除雾器冲洗的覆盖情况，对可能出现的个别喷水不畅、堵塞或脱落、泄漏的喷嘴进行疏通、紧固或更换。保证除雾器的各个部位都能冲洗到，并达到要求的冲洗效果。

9. 吸收塔液位试验

吸收塔液位计一般采用压力式液位计，当被测介质的密度已知时，就可以把液位测量问题转化为差压测量问题，利用液柱对某定点产生压力的原理为

$$H = H_0 + (p_0 - p)/(\rho g) \tag{5-1}$$

式中 g——重力加速度，m^2/s；

H_0——液位计安装高度，m；

p_0——液位计安装处压力，Pa；

H——吸收塔液位显示，m；

p——吸收塔浆液表面压力，Pa；

ρ——吸收塔浆液密度，kg/m^3。

由式（5-1）可以看出，吸收塔液位与浆液密度有关，吸收塔液位计显示液位与吸收塔内浆液密度成反比。

由于吸收塔液位与密度有关，一方面，如果密度计测量不准将影响吸收塔液位的测量；另一方面，由于氧化风的鼓入及循环喷淋的作用，浆液会有不同程度的鼓泡，这些泡沫密度无法被密度计测得。因此所测得密度低于实际浆液密度，而液位与密度成反比，而且吸收塔实际液位高于显示液位，这样容易造成吸收塔出现大量溢流。所以，在分系统调试时应对吸收塔实际液位进行调试，根据鼓泡程度设定初始液位（提高 H_0）。

五、FGD系统168h试运行

FGD系统分系统调试、整套调试完成后进入168h满负荷试运行。它全面考察FGD系统连续运行能力和各项指标，其目的是在设计规定条件下，全面检验整个FGD系统的工程质量和工艺、设备的特性，确定该设备各项指标是否能够达到设计规定值或合同保证值，为最后的工程竣工验收提供依据。

1. 168h试运行必备条件

(1) 完成带负荷调试和系统优化试验；

(2) FGD系统各项指标达到合同设计值；

(3) 热控保护投入率100%；

(4) 热控仪表投入率100%；

(5) 主要热控自动装置投入；

(6) 锅炉烟气量应达到FGD设计满负荷要求；

(7) 废水系统已正常投入；

(8) 电气设备系统已全部投入运行。

2. 168h试运行期间要求

(1) 平均负荷在80%以上；

(2) 各项保护100%投入运行；

(3) 各项参数达到技术规范要求；

(4) 各项自动控制投入在80%以上；

(5) FGD系统的烟气旁路挡板关闭。

所有的测试都必须在锅炉负荷稳定下进行，并在锅炉负荷稳定了至少1h后才能进行。在测试期间，FGD系统的运行参数应基本不变，烟气流的取样可在锅炉负荷稳定1h后进行，浆液的取样还更长一些，以便于工作达到稳态。若锅炉或FGD系统出现重大问题，应停止测试。

3. FGD系统168h试运行期间的试验项目

在50%、75%及满负荷的情况下进行全套FGD装置的验收试验，具体测试项目至少包括以下几项：

(1) 脱硫效率及SO_2排放浓度；

(2) 石灰石消耗、电耗、工艺水耗、气耗、废水排放量及指标等；

(3) 噪声；

(4) 净烟气温度；

(5) 整套FGD系统的压降；

(6) 除雾器出口烟气携带水滴含量；

(7) 石膏纯度。

第六章 石灰石—石膏湿法烟气脱硫的运行

第一节 FGD系统的启动与停运

一、FGD系统的启停类型

FGD系统的停运可分为短时停运、短期停运、长期停运。

1. 短时停运

停运数小时，不必使全部FGD系统设备都停止工作，仅停运部分系统及设备，一般包括FGD烟气系统、吸收塔循环泵、氧化风机。切换至旁路运行后，停运增压风机、吸收塔循环泵，放空管道内浆液后，停用氧化风机。至此，FGD系统与烟气隔离，原烟气和净烟气挡板关闭。所有内部充满浆液的箱体其搅拌器运行、工艺水系统仍运行。

2. 短期停运

停运需持续数日，除了短时停运时停运的设备外，除雾器冲洗系统、石灰石浆液制备和供给系统、石膏脱水系统也要停运，还包括浆液管道的自动冲洗。只有搅拌器和工艺水系统仍在运行。

3. 长期停运

停运一周以上，定期检修。所有辅机设备停运，浆液从吸收塔和浆液箱由石膏排出泵及吸收塔地坑泵排至事故浆液箱储存备用，除事故浆液箱搅拌器应运行外，其他浆液箱罐均应排空。

FGD系统的启动可分为短时停运后的启动、短期停运后的启动、长期停运后的启动。

二、FGD系统长期停运后的启动

1. FGD系统长期停运后启动前的准备

(1) 检查确认所有检修工作已结束工作票已终结，如发现缺陷应及时联系检修消除并验收。

(2) 检查确认现场杂物清理干净，各通道畅通，照明充足，栏杆楼梯安全牢固，各沟道畅通，盖板齐全。

(3) 检查确认各设备油位正常、油质良好，油位计和油面镜清晰完好，无渗油现象。

(4) 检查确认各烟道、管道保温完好，各种标志清晰完整。烟道、箱罐、塔、地坑、仓和GGH加热器的人孔门均关闭，密封良好。

(5) 检查确认DCS系统投用，各系统仪表电源投用，各组态参数正确，测量显示及调节动作正常。就地仪表、变送器、传感器工作正常，初始位置正确。

（6）手动门、电动门开关灵活，电动门开关指示与DCS显示一致。

（7）检查确认脱硫系统内工艺水箱、石灰石浆液箱、缓冲箱、吸收塔的排放门均在关闭位置。

（8）检查确认各机械、电气设备地脚螺栓齐全牢固，防护罩完整，连接件及坚固件安装正常。

（9）能盘动转子的设备应盘动靠背轮，确定转子转动灵活。

（10）电动机接线良好，启停操作开关自启动联锁开关位置正确。

（11）电动机关电前应确定电动机绝缘正常（停用15天或对电动机绝缘有怀疑时，启动前应先测量绝缘）。

（12）设备冷却水水源正常，冷却水管畅通，冷却水量正常。

（13）泵的机械密封水水源正常，密封水管畅通，密封水量正常。

（14）检查确认各联锁保护开关在正确位置。

2. FGD系统正常启动

（1）工艺水系统启动。

1）开启工艺水箱进水门，向工艺水箱注水至一定液位。

2）检查工艺水箱液位符合要求；检查工艺水泵出口门在关闭位置；启动工艺水泵，检查电流是否迅速回落至正常值、泵的出口门是否联锁开启。

3）工艺水泵启动后，检查出口压力、电流是否正常；检查泵及电动机运行正常，振动、声音正常。

（2）压缩空气系统启动。

1）检查确认冷却水正常，各阀门位置正常。

2）检查确认空气干燥装置运行正常。

3）检查确认自动控制装置投入正常。

4）启动空气压缩机，空气压缩机开始空载运行，自动运行10s后开始加载。

5）空气压缩机启动后，检查压缩机空载电流和负载电流均正常，确认加载和卸载压力正常。

（3）石灰石浆液制备系统启动。

1）检查湿式磨石系统各箱罐已进水，液位正常。

2）启动磨石机浆液循环泵。

3）启动湿式磨石机自动喷射润滑程序。

4）启动一台湿式磨石机低压油泵，检查出口压力正常。

5）低压油泵运行正常后，启动湿式磨石机高压油泵。

6）高压油泵运行正常后启动磨石机。磨石机启动正常后，延时1min，停高压油泵。

7）延时3min，启动称重给料机（设置皮带给料机在最低转速）。

8）开启石灰石仓出料门，开始加料，逐渐加大石灰石给料机给料量。

9）调整水量及粉量，使石灰石浆液密度正常。

10）向石灰石浆液供给系统供浆。

（4）石灰石浆液供给系统启动。

1）检查石灰石浆液箱液位正常，符合浆液泵启动要求。

2）顺序控制启动一台石灰石浆液泵。

3）开启浆液泵再循环门，保持石灰石浆液循环。

4）确认石灰石浆液密度正常，检查石灰石浆液泵运行正常，压力、流量正常。

（5）吸收塔系统启动。

1）吸收塔进浆。顺序控制启动事故浆液泵，从事故浆液箱向吸收塔系统注浆，注浆至吸收塔液位至正常值，停用事故浆液泵。

2）悬浮系统启动。吸收塔液位至允许悬浮泵（或搅拌器）启动液位后启动脉冲悬浮泵，悬浮泵启动后检查电流、压力、温度、振动、声音正常。

3）浆液循环系统启动。脉冲悬浮系统启动 1h 后方可启动循环泵，启动前确认吸收塔液位满足循环泵启动要求。将吸收塔液位控制联锁投入，依次顺序控制启动循环泵，检查循环泵电流、压力、温度、振动等正常。注：应尽量缩短烟气系统启动前循环泵的运行时间，避免浆液进入吸收塔入口烟道，造成吸收塔入口浆液堆积。

4）氧化风系统启动。顺序控制启动氧化风机。检查氧化风机电流、压力、温度、振动、声音正常，投入氧化风减温水，确认氧化风温度正常。

（6）烟气系统启动。

1）联系值长并得其同意后，方可投用烟气系统。

2）确认烟气系统投运条件满足：锅炉电除尘器投运；无锅炉 MFT 跳闸信号；无 FGD 跳闸信号；GGH 已运行；无锅炉排烟温度高信号；增压风机出口温度小于 150℃；原烟气粉尘浓度小于 200mg/m^3（标准状态）；至少两台循环泵已运行。

3）确认烟气监测 CEMS 系统各仪表投运正常。

4）联系电气人员测量 GGH 电动机绝缘合格，就地控制柜开关完好，按钮完整，电流显示为零。就地控制柜操作开关在“停止”位置，选择开关在“远方”位置，DCS 无报警。

5）联系电气人员测量增压风机绝缘合格。

6）检查增压风机油站，油位正常，冷却水正常，启动增压风机油站，检查润滑油、控制油压力正常，油站联锁校验正常，增压风机油站运行正常且允许主机工作信号正常；开关增压风机动叶，检查动叶开关灵活，位置反馈正确。检查增压风机冷却密封风机入口无杂物。

7）检查烟气进口原烟气挡板、出口净烟气挡板关闭，吸收塔通风门、烟气旁路挡板开启。

8）顺序控制启动 GGH。检查 GGH 密封风机联锁启动，GGH 电流正常，转动部分无异声。

9）开启出口净烟气挡板，关闭吸收塔通风门。

10）启动增压风机冷却密封风机，运行正常后，启动增压风机，观察启动电流、时间正常，调整增压风机动叶维持增压风机入口压力正常。检查增压风机电流、出口压力、振动、声音正常。启动增压风机前应与主机值班员联系。

11）启动 GGH 低泄漏风机。

12）整个脱硫系统运行稳定后，征得值长及主机值班员同意，关闭烟气旁路挡板，关闭旁路挡板的同时应调整增压风机动叶，维持炉膛压力的正常，避免炉膛压力的大幅波动。

13）检查增压风机运行情况正常，投入增压风机动叶自动。

14）吸收塔pH值控制投入自动并调整pH值设定值。

（7）石膏脱水系统启动（根据吸收塔内浆液密度确认是否启动石膏脱水系统）。

1）当吸收塔浆液密度达到设计值时，启动排出泵向缓冲箱排石膏。

2）检查确认工艺水系统运行正常。开启水箱进水门向滤布冲洗水箱、溢流箱进水至正常液位。将溢流箱液位联锁投入。

3）确认压缩空气系统已投运，纠偏装置动作灵活，方向正常。真空皮带脱水机皮带支撑良好。

4）启动滤布冲洗水泵，开启真空盒密封水，开启皮带及滤布冲洗水阀门，调节流量正常，检查冲洗喷嘴出水均匀，喷洗覆盖面正常。

5）确认缓冲箱液位满足缓冲泵启动要求，启动缓冲泵。

6）检查确认真空皮带脱水机皮带、滤布及密封带完好，滤布上无杂物。检查确认滤布及皮带张紧适中，位置正常。

7）启动真空皮带脱水机。确认其运转良好，皮带走带速度均匀，皮带及滤布无跑偏和卡涩现象。

8）调节真空泵密封水流量至规定值。启动真空泵，检查真空正常，真空泵运行正常。

9）脱水系统投运后，确认系统各设备运行正常后，启动缓冲泵石膏旋流器底流切至通向真空皮带脱水机，溢流进入溢流箱。

10）待石膏滤饼厚度基本稳定后，将厚度控制投自动，调节开启滤饼冲洗水阀门。

（8）溢流系统启动。石膏旋流器溢流及脱水系统滤液及冲洗水均进入溢流箱，将吸收塔溢流进投入自动，磨石机溢流进调整门，磨石机浆液再循环箱溢流进调整门投入自动，当溢流箱液位高时自动回至吸收塔，溢流箱液位至低液位时，吸收塔溢流进阀门关闭，溢流箱供磨石机制浆用水。当石膏脱水系统运行且溢流箱液位不低时，启动废水排出泵将一部分溢流箱液体排至废水旋流器，废水旋流器底流回溢流箱，溢流至脱硫废水处理系统。

（9）废水处理系统的启动。

1）废水处理系统整体启动前检查。

a）三联箱、澄清池、清水池、污泥缓冲池、集水池、有机硫制备箱、有机硫加药箱、絮凝剂制备箱、絮凝剂加药箱、助凝剂制备箱、助凝剂加药箱、盐酸加药箱等加药装置内应清洁无杂物。

b）净水排出泵、污泥输送泵、污泥循环泵、板式压滤机、各种加药泵、集水坑潜水泵等试转正常，具备投运条件。

c）系统内所有搅拌机试运正常，具备投运条件。

d）药剂充足，加药系统经过水冲洗，试转正常。

e）各计量加药泵具备投运条件。

f）确认工艺水系统压力满足运行要求。

g）确认各阀门位置正确。

2）废水处理系统的启动。

a）当废水箱液位达到满液位的2/3左右时，启动废水泵，向三联箱处理装置送水。开启废水泵出口阀门，调整阀门开度，使废水流量达到要求。

b）启动NaOH加药泵，开始加药；加药量根据中各箱pH计指示的pH值进行控制，使pH值维持在9.5左右。

c）启动絮凝剂加药泵，开始加药。通过改变计量泵开度调整加药量。

d）启动有机硫加药泵，开始加药。通过改变计量泵开度调整加药量。

e）当三联箱处理装置的水全超过2/3满水位后，依次启动中合槽搅拌机、反应槽搅拌机、絮凝槽搅拌机。

f）当三联箱处理装置出水后，启动助凝剂加药泵，开始加药。

g）澄清器出水后，当出水池液位超过1/3液位时，启动搅拌器，同时启动加酸泵，开始加酸。加酸量根据出水的pH值进行调整，应该将pH值控制在6～9的范围内。

h）当出水池水位达到高高液位时，启动一台出水泵，并打开出水管上的手动排放门将出水送到排放点。

i）启动污泥循环泵，将污泥循环到三联箱。

j）定期启动污泥泵，将污泥输送到脱泥机。启动压滤机对污泥进行脱水。

三、FGD系统的正常停运

在停运过程中，特别是与烟气系统相关的操作，应与锅炉运行人员密切联系，平稳操作，以保证锅炉的运行安全和FGD的安全停运。FGD系统正常停运是按次序进行，先将FGD系统从正常运行转至短期停运状态，最后将FGD系统从短期停运状态转至长期停运状态。这里只对长期停运进行讨论。

1. 浆液制备系统停运

（1）石灰石仓料磨尽，将称重皮带机转速减至最低，停止称重皮带机运行。

（2）启动磨石机高压油泵。

（3）磨石机排浆5min后（长时间停机排浆20min），停止磨石机运行，停运喷射油系统，延时3～5min后停运高压油泵，调整磨石机循环浆液箱液位正常。

（4）停止磨石机浆液泵运行，开启冲洗门冲洗进出口管道。

（5）开启磨石机循环浆液箱排放门将浆液排尽，检查搅拌器联锁停运正常。

（6）磨石机停运1h后，视磨石机轴承温度关闭低压油泵；关闭冷却水阀门。

2. 烟气系统停运

（1）联系值长并得其同意，顺序控制停运烟气系统，检查联动正常。

（2）打开烟气旁路挡板。

（3）关增压风机动叶（开度小于5%或全关）。

（4）停增压风机。

（5）关闭原烟气进口挡板。

（6）打开吸收塔烟气排空门。

（7）关闭净烟气出口挡板。

（8）停止GGH低泄漏风机。

（9）待增压风机轴承温度降至50℃以下时，停运增压风机冷却密封风机。

（10）待增压风机润滑油温降至35℃以下时，停运油冷泵和润滑油泵。

（11）增压风机停运后应尽快停运循环泵，防止循环浆液溅入烟道。

（12）确认烟气进、出口挡板已关闭后，启动GGH蒸汽吹扫。

（13）待GGH进、出口温差小于20℃时，停运GGH及其密封风机。

3. 石灰石供浆系统停运

（1）合理计划石灰石浆液的消耗量，防止浆液箱内剩余过多浆液。

（2）关闭吸收塔进浆调整门，并将进浆管道冲洗干净。

（3）停运石灰石浆液泵，并对设备和管道进行冲洗。

（4）开启石灰石浆液箱排放门将浆液排尽，检查搅拌器联锁停运。

（5）清空石灰石浆液箱（在吸收塔系统停运前尽量使石灰石浆液箱液位降至最低液位）。

4. 石膏脱水系统停运

（1）当吸收塔浆液密度低于1080kg/m^{3}时，停运石膏浆液排出泵向缓冲箱排石膏，并将管道冲洗干净。

（2）当缓冲箱液位低于低低液位时，停运缓冲泵及缓冲箱搅拌器。

（3）开启缓冲箱排放门，将缓冲箱浆液排放干净。

（4）冲洗缓冲泵出口管道及旋流器直到将其冲洗干净，关闭冲洗阀门。

（5）真空皮带脱水机滤布上没有石膏浆液后继续对脱水机冲洗。

（6）真空皮带脱水机冲洗干净后，停运真空泵，关闭其密封水进口门。

（7）停运滤布冲洗水泵。

（8）停运真空皮带脱水机。

5. 废水系统停运

（1）停运废水泵，并将设备和管道冲洗干净。

（2）排空废水箱。

（3）澄清池污泥排放干净后将压滤机冲洗干净，排空澄清池。

（4）排空三联箱、出水箱。

6. 吸收塔系统的停运

（1）执行除雾器冲洗顺序控制将除雾器冲洗一遍后，将除雾器冲洗至手动，停止冲洗。

（2）停运氧化风机。检查联动正常：①氧化风机释放门打开；②停运氧化风机；③关闭氧化风机出口门。

（3）关闭氧化风减温水门。

（4）依次顺序控制停运循环泵，检查联动正常。

7. 吸收塔排空

（1）将排出泵出口切换至事故浆液箱，当吸收塔液位降低悬浮泵停运液位时，停运悬浮泵并将设备与管道冲洗干净。

（2）待排出泵保护停运后，将地坑泵出口切掉至事故浆液箱，开启吸收塔排放门，将吸收塔浆液排尽。

8. 公用系统停运

（1）待所有设备停运冲洗完毕且所有转动机械全部停运后关闭各设备密封水、冷却水，

FGD 系统无需工艺水泵供水时，停运工艺水泵。必要时排空水箱。

(2) FGD 停运后，根据需要停运压缩空气系统。关闭主机至脱硫压缩空气供气总门，根据需要排空储气筒。

第二节 影响 FGD 运行的主要因数

湿法烟气脱硫工艺涉及一系列的化学和物理过程，脱硫效率取决于多种因素。在原料方面，工艺水品质、石灰石粉的纯度和颗粒细度等直接影响脱硫化学反应活性；在工艺控制方面，石灰石粉的制浆浓度、石膏旋流站排出的废水流量等都与脱硫率有关，而 FGD 关键设备的运行和控制方式将决定脱硫效果和石膏的品质；机组烟气参数，如温度、SO_2 浓度、氧量、粉尘浓度等也不同程度地影响脱硫反应进程。

一、烟气中 SO_2 浓度对 FGD 系统的影响

1. SO_2 浓度对脱硫效率的影响

SO_2 的吸收反应是一个可逆的反应，各组分浓度受平衡浓度的制约。在钙硫比一定的条件下，当进口 SO_2 浓度降低时，出口 SO_2 浓度虽也会降低，但不会低于平衡浓度，因此，当进口 SO_2 浓度降至一定值后，出口 SO_2 浓度的降低幅度将小于进口 SO_2，而使脱硫效率不升反降。

每套烟气脱硫装置都会有一个根据设计煤种以及烟气脱硫效率、成本核算，而得到的进口烟气 SO_2 浓度及流量的设计值。在钙硫比、烟气流量不变的情况下，SO_2 浓度是否符合设计值对脱硫效率的影响是不同的。当进口 SO_2 浓度低于设计值时，SO_2 浓度的增加有利于 SO_2 通过浆液表面向浆液内部扩散，加快反应速度，脱硫效率随之提高。但是当进口烟气 SO_2 浓度超过设计值时，较高 SO_2 浓度将迅速耗尽浆液中的碱性，导致吸收 SO_2 的液膜阻力增加，使脱硫效率下降。

2. SO_2 浓度对石灰石利用率和石膏品质的影响

在其他条件不变的前提下，随着 FGD 进口 SO_2 浓度的升高，必然会通过提高 pH 值来满足脱硫效率的需要。当进口 SO_2 浓度超过设计值时，为了满足脱硫效率的需要，就会加大石灰石的给入量以提高浆液 pH 值。而石灰石的溶解度较低，其供给量的增加将导致浆液浓度的提高，从而会引起吸收剂的过饱和凝聚，使反应的表面积相对减少，导致石灰石利用率下降，而过量的石灰石通过排石膏时排出，又影响了石膏的品质。严重时出现石灰石“包裹”现象，随着吸收剂的加入，pH 值不再升高，而脱硫效率严重下降。

3. SO_2 浓度对氧化的影响

进入浆液中的 SO_2 摩尔数增加使得浆液池中的吸收反应和氧化结晶的时间和空间不足，浆液的 pH 值将下降，对设备的安全性带来影响。同时，浆液中亚硫酸钙质量浓度增高，影响石膏脱水系统的正常运行。当进入吸收塔的 SO_2 质量数增大到一定数值后，整个吸收塔的动态平衡将被破坏，脱硫系统将无法维持运行。

二、锅炉负荷对 FGD 的影响

1. 提高锅炉负荷的影响

(1) 进口 SO_2 负荷加大，若强制氧化工艺中氧气不足，可能使亚硫酸盐闭塞，抑制石灰

石溶解。

(2) 烟气量增加，会增加吸收塔流速，降低除雾器的除雾效率，特别是除雾器已经有局部结垢的情况下。

(3) 除尘效率可能下降，从而增加进入吸收塔的飞灰量。此时，石灰石供浆响应性能是关键，响应性能不好，会导致供浆不足或过量，不能足够快地给入石灰石，导致 pH 值及脱硫率降低；而增加给料量时可能会造成石灰石供给过量，从而引发亚硫酸根闭塞或氟化铝闭塞，降低石灰石的溶解速率，此时，可能需投运附加的循环泵以维持 L/G。

2. 降低锅炉负荷的影响

(1) 维持一定 L/G 所需的运行循环泵少，石灰石供浆响应性能仍是关键。响应性能不好，会导致供浆不足或过量，不能足够快地降低石灰石，导致给入石灰石过量，降低石灰石利用率及石膏品质，直至导致过多的石灰石被消耗。此时，可考虑停止若干台循环泵。

(2) 在锅炉负荷降低过程中，需要处理烟气的数量降低，蒸发水量减少，系统的排污或排浆减少，固体携带的水量也减少，而泵及搅拌机的密封水、冲洗水一般不变，所以在低负荷时，原设定水补充量会引起浆液密度降低及箱、罐液位升高。此时，应及时调整用于设备及区域冲洗的新鲜水，暂停不用的泵、搅拌机的密封水，尽量少切换流程或备用泵以减少冲洗，从而减少进入系统的水量。

三、烟气流速对 FGD 系统的影响

在其他参数不变的情况下提高烟气流速，一方面，可以提高气液两相的湍动，降低烟气与液滴间的膜厚度，增加了液滴下降过程中的振动和内部循环，提高了传质效果，从而提高脱硫效率；另一方面，喷淋液滴的下降速度将相对降低，使单位体积内持液量增大，增大了传质面积，使脱硫效率提高。但是，烟气流速增大，使烟气在吸收塔内停留时间缩短，使气液接触时间缩短，脱硫效率下降。因此，烟气流速过高或过低都会影响脱硫效率，对脱硫效率来讲烟气流速有一个最佳值。目前，将吸收塔内烟气流速控制在 3.5～4.5m/s 较合理。

在实际工程中，烟气流速的增加无疑将减小吸收塔的塔径和体积，对降低造价有益。但烟气流速的增加对除雾器的性能要求更高，同时吸收塔内的压力损失增大，能耗将增加；烟气流速的增加，会使烟气携带液滴的能力增加，使烟气带水现象加重。

四、烟气温度的影响

FGD 系统正常运行时，GGH 入口处原烟气温度应在规定的范围之内，否则 FGD 系统联锁保护动作即切换到旁路运行。如果原烟气温度超过运行规定的最大值，吸收塔内的设备则会因高温而损坏；而原烟气温度低于运行的规定值，则净烟气的出口烟温达不到排放标准。一方面，吸收塔的烟气温度越低，越有利于 SO_2 气体溶于浆液，形成 HSO_3^-；另一方面，脱硫化学平衡反应是放热反应，温度低有利于向生成硫酸钙方向进行。

五、FGD 系统入口粉尘含量对脱硫系统的影响

原烟气中的飞灰在一定程度上阻碍了 SO_2 与脱硫剂的接触，降低了石灰石中 Ca^{2+} 的溶解速率，引起石灰石活性降低。同时飞灰中不断溶出的一些重金属（如 Hg、Mg、Zn 等）离子会抑制 Ca^{2+} 与 HSO_3^- 的反应。过高的飞灰还会影响副产品石膏的品质，也是 FGD 系统各组成部分结垢的原因之一。

原烟气中 HCl、HF 和飞灰都会进入吸收塔浆液中，长期运行后吸收塔浆液的氯离子和

飞灰中不断溶出的一些重金属离子浓度会逐渐升高，不断增加的氯根和重金属离子浓度及滤液中过量的沉淀物都会对吸收塔内 SO_2 的去除有负面影响，并且过量氯根将大量吸收 Ca^{2+}。

1. 烟尘量对反应的影响

锅炉烟气经过电除尘器后，烟气中飞灰浓度仍然较高，一般在 100～300mg/m^3（标准状态）。经过吸收塔的洗涤，烟气中绝大部分飞灰留在了浆液中。烟尘中的氟化氢（HF）进入吸收塔与水接触，$CaCO_3$ 中的 Ca^{2+} 与 F^- 发生反应生成 CaF_2，同时飞灰中的铝离子溶解进吸收塔浆液中，生成 AlF_x。由于这些 AlF_x 多核络合物吸附性极强，它将吸附于石灰石表面阻碍钙的离子化，使石灰石出现屏蔽，使得与 SO_2 的吸收反应无法进行。即使投入等摩尔的 $CaCO_3$，也无法与 SO_2 反应，从而导致钙的供给量不足，吸收塔内浆液 pH 值下降，脱硫效率下降，这也就是我们平时所说的浆液“中毒”现象。同时飞灰中溶出的一些重金属（如 Hg、Mg、Cd、Zn）等离子会抑制 Ca^{2+} 与 HSO_3^- 的反应。这将大大地影响脱硫效率和石灰石的利用率，并且使石膏中石灰石含量增加，影响石膏品质。

2. 烟尘量对设备的影响

粉尘会磨损喷淋管道和吸收塔内壁的玻璃鳞片，增加了管道的磨损，并且使石膏的品质大大下降，也是 FGD 各组成部分结垢的原因之一。若出现这种情况，应开启真空皮带脱水机或增大废水排放量，连续排除浆液中的杂质。

粉尘还会造成烟气挡板、增压风机动叶、GGH、除雾器等设备积灰，系统阻力增加，FGD 系统的能耗增加。GGH 和除雾器的积灰堵塞还会使烟气通流量减小，使机组负荷受到限制。GGH 的积灰影响了 GGH 的换热效果，使进入吸收塔的烟气温度升高，不利于反应的进行。而排烟温度将降低，使烟气结露而使烟道及烟囱受到腐蚀，影响烟道及烟囱的安全。

3. 烟尘对水平衡的影响

除雾器压差的增大将造成除雾器冲洗的增加，使系统水平衡遭到破坏；另外，除雾器的积灰将造成除雾效率降低，烟气中的含水量增加，使酸露点温度提高。

4. 烟尘对吸收塔液位的影响

烟尘在吸收塔浆液内不断地聚集，使浆液表面张力增加，氧化风的鼓入和浆液再循环所产生的泡沫无法及时地破碎，使吸收塔内浆液鼓泡严重，由于吸收塔液位计多数为压力式液位计，浆液内泡沫的增加会使吸收塔液位出现虚假液位。

5. 烟尘对石膏脱水的影响

烟尘量的增加使石膏的量增加，脱水系统处理量增加，脱水系统能耗增加。进入系统的烟尘量增加，必然使石膏纯度降低，石膏中的含尘量增加，细小的灰粒容易堵塞真空脱水机的滤布而使脱水困难，石膏中含水量增加。

六、烟道漏风对 FGD 系统的影响

烟道漏风使脱硫系统所处理的烟气量增加，不但会使脱硫效率降低，而且会增加系统电耗，降低脱硫系统运行的经济性。

七、石灰石品质对 FGD 系统性能的影响

石灰石粉的品质（纯度和细度）也是影响脱硫效率的重要因素。石灰石粉颗粒纯度高细度小，单位质量化学反应的接触面积越大，可加快吸收 SO_2 气体。

1. 石灰石粒度的影响

石灰石颗粒越细，在一定的质量下，比表面积就越大，越有利于石灰石的溶解和pH值的提高，反应越充分，吸收速率越快，石灰石的利用率和脱硫效率越高。但是石灰石粒径并非越小越好，粒径太粗或太细都不适用。粒径太细将导致反应速度太快，溶液的过饱和度太大，容易生成大量的细小结晶，而且磨制成本高；太粗，容易出现石灰石的"包裹"现象，使石灰石利用率下降，石膏品质变差。应根据设备的投资、运行成本和改变石灰石利用率引起的费用变化，来确定石灰石粒径的最佳范围。

2. 石灰石纯度的影响

石灰石中的杂质主要有MgO、Al_2O_3、SiO_2，这些物质均为酸易溶物，它们进入吸收塔浆液后均能生成易溶的镁、铁、铝盐。这些盐类过多将弱化$CaCO_3$在浆液中的溶解和电离，导致SO_2吸收化学反应推动力减小，从而导致SO_2吸收受阻，影响脱硫效率。浆液中的$MgSO_4$增加会使HSO_3^-的氧化困难，影响石膏品质，一般控制Mg^{2+}离子的浓度在5000ppm（5g/L）以下。

当吸收塔浆液pH值降至5.1时，烟气中的F^-与Al^{3+}化合成F-Al络合物，形成包膜覆盖在石灰石颗粒表面。Mg^{2+}的存在对包膜的形成有很强的促进作用。

因此，石灰石品质高，则消溶性能好，反应速率快，有利于提高脱硫效率和石灰石利用率。

八、液气比（L/G）对FGD系统的影响

液气比是指与流经吸收塔单位体积烟气量相对应的浆液喷淋量的比值。液气比决定酸性气体吸收所需要的吸收表面积。在其他参数一定的情况下，提高液气比相当于增大了吸收塔内的喷淋密度，使液气间的接触面积增大，吸收过程的推动力增大，脱硫效率也增大。但是二氧化硫与吸收液有一个气液平衡，液气比超过一定值后，脱硫率将不再增加，而吸收剂及动力的消耗将急剧增大。液气比高可使再循环浆液的每单位体积吸收的SO_2的数量较低。而这将导致较低的过饱和度，因此降低结垢的趋势。另外，提高液气比将使浆液循环泵的流量增大，从而增加设备的投资和能耗，同时，提高液气比还会使吸收塔内压力损失增大，增加风机能耗。由于液气比的提高，出口烟气的雾滴夹带增加，给吸收塔后部设备和烟道带来玷污和腐蚀。

增加浆液循环泵的投用数量或使用高扬程浆液循环泵可以增大液气比，脱硫效率会明显提高。这是因为在吸收塔内烟气自下而上流动，与喷淋而下的石灰石浆液雾滴接触反应，SO_2吸收受气相扩散速度（或气膜阻力）和液相扩散速度（或液膜阻力）的影响，可用增加浆液循环泵数量和高扬程泵的方法来加强气液两相的扰动量，改变相对速度，消除气膜与液膜的阻力，加大了$CaCO_3$与SO_2的接触反应机会和数量来提高吸收的推动力，从而提高了SO_2的去除率。研究表明烟气中的SO_2被吸收剂完全吸收需要不断的循环反应，增加浆液的循环量，有利于促进混合浆液中的HSO_3^-氧化成SO_4^{2-}形成石膏，提高脱硫效率。但当液气比过大时，会加重烟气带水现象，排烟温度降得过低，加重GGH的工作负担，不利于烟气的抬升扩散。

九、浆液循环量的影响

新鲜的石灰石浆液喷淋下来与烟气接触后，SO_2等气体与吸收剂的反应并不完全，需要不断地循环反应，以提高石灰石的利用率。增加浆液循环量，提高L/G的同时，也就增加了浆液与SO_2的接触反应时间，从而提高了脱硫效率。此外，增加浆液循环量，将促进混合液中的HSO_3^-氧化成SO_4^{2-}，有利于石膏的形成。但是，过高的浆液循环量将导致投资成

本和运行费用的增加。

十、浆液停留时间的影响

浆液停留时间等于单位时间内石膏浆液排出量与吸收塔反应池的体积之比。浆液在反应池内停留的时间长将有助于浆液中石灰石与 SO_2 完全反应，并能使反应生成物 $CaSO_3$ 有足够的时间完全氧化成 $CaSO_4$，形成粒度均匀、纯度高的优质石膏。但是，延长浆液在反应池内停留的时间会导致反应池的容积增大，氧化空气量和搅拌机的容量增大，增加投资和运行成本。在吸收塔反应池体积一定的情况下，浆液密度影响浆液的停留时间，从而影响晶体形状及大小。提高吸收塔浆液浓度、增加浆液停留时间可增大或减小晶体。有些情况下，增加停留时间为晶体生长提供了时间，但在许多情况下，增加停留时间增大了大型循环泵对已有晶体的破坏，从而导致晶体较小。在石灰石脱硫工艺中，停留时间一般为 12～25h。

十一、吸收塔浆液密度对 FGD 系统的影响

保证吸收塔浆液固含量和足够的停留时间是石灰石溶解、石膏结晶生长以及防止结垢的重要条件。石灰石浆液吸收 SO_2 后生成 $CaSO_3$ 和 $CaSO_4$。石膏结晶速度依赖于石膏的过饱和度，当超过某一相对饱和度值后，石膏晶体就会在悬蚀液内已经存在的石膏晶体上生长。当相对饱和度达到某一更高值时，就会形成晶核，同时石膏晶体会在其他特制表面上生长，导致吸收塔反应池内设备及表面结垢。此外，晶体还会覆盖在还未反应的石灰石颗粒表面，造成石灰石利用率和脱硫效率下降。最小的浆液密度要求保证沉淀有足够的晶体表面积，一般浓度为 1%～2%即可提供足够的结晶表面积。一般认为吸收塔的浆液浓度不应低于 8%，也不应超过 30%，吸收塔浆液密度在 $1100kg/m^3$ 左右。

在给定 pH 值下，提高吸收塔浆液固含量，浆液中脱硫剂（石灰石）的绝对量大，有利于二氧化硫的吸收，还将提高石灰石利用率。在浆液固含量低时，$CaCO_3$ 的相对含量升高，因此，石灰石利用率将降低。当吸收塔浆液密度大于 $1150kg/m^3$ 时，混合浆液中 $CaCO_3$ 和 $CaSO_4 \cdot 2H_2O$ 已趋于饱和，$CaSO_4 \cdot 2H_2O$ 对 SO_2 的吸收有抑制作用，脱硫率会有所下降；而吸收塔浆液密度过低（小于 $1080kg/m^3$ 时），说明浆液中 $CaSO_4 \cdot 2H_2O$ 的含量较低，$CaCO_3$ 的相对含量升高，此时如果排出吸收塔，将导致石膏中 $CaCO_3$ 含量增高，石膏品质降低，而且浪费了石灰石。因此，运行中控制石膏浆液密度在合适的范围内（1080～$1150kg/m^3$），一般吸收塔石膏浆液密度控制靠向低值（1108～$1120kg/m^3$），这样既有利于 FGD 的高效、经济运行，又能减少对设备、管道的磨损。

十二、钙硫比（Ca/S）对 FGD 系统的影响

钙硫比是指注入的吸收剂量与吸收的 SO_2 量的摩尔比，它反映单位时间内吸收剂的供给量，通常以浆液中吸收剂浓度作为衡量度量。在保持浆液量（液气比）不变的情况下，钙硫比增大，注入吸收塔内吸收剂的量相应增大，引起浆液 pH 值上升，可增大中和反应的速率，增加反应的表面积，使 SO_2 吸收量增加，提高脱硫效率。但由于吸收剂溶解度较低，其供给量的增加将导致浆液浓度的提高，会引起吸收剂的过饱和凝聚，最终使反应的表面积减少，影响脱硫效率。

脱硫浆液吸收 SO_2 的容量与 pH 值和钙硫比直接相关，提高钙硫比和 pH 值可以提高脱硫浆液吸收 SO_2 的容量，但钙硫比的最高极限一般不能超过 1.2，pH 值也不能超过 5.8，否则，吸收塔内极易发生结垢现象。钙硫比对除雾器运行性能的影响最大，钙硫比越低，表明石灰石的利用率越高，除雾器结垢和堵塞的可能性越小。

十三、吸收塔浆液 pH 值对 FGD 系统的影响

SO_2 的吸收反应大部分在烟气与喷淋浆液接触的瞬间就完成，而石灰石的溶解和石膏结晶则需要一定时间才能达到平衡。吸收塔浆液中平衡态 pH 值的大小取决于溶解的石灰石浓度和浆液的 CO_2 平衡分压。当石灰石的过量系数越小（大部分石灰石在吸收塔反应池中溶解）、脱硫浆液循环量越小或入口 SO_2 浓度越高（每次浆液循环吸收的 SO_2 增加），从吸收塔反应池排出的石膏浆液的 pH 值就越低。

吸收塔浆液的 pH 值是指吸收完 SO_2 后的浆液与新鲜浆液混合后浆液的 pH 值，其具体数值与 pH 计的安装位置有关。pH 值对脱硫塔浆液中 HSO_3^-、SO_3^{2-}、CO_3^{2-}、SO_4^{2-}、Ca^{2+}、Mg^{2+}、Cl^- 等离子相互之间的反应影响很大，它直接影响到 FGD 系统的脱硫效率、石灰石的溶解、硫酸盐的氧化、石膏的结晶和脱硫系统的腐蚀。

十四、pH 值对 FGD 系统的影响

1. pH 值对石灰石溶解的影响

石灰石的溶解速率与 pH 值呈指数增加关系，例如，pH 值为 4 的溶解速率比 pH 值为 6 时快 5 倍。经验表明，当 pH 大于某个值时，石灰石的利用率会急剧下降，这个 pH 值与石灰石的类型、细度等有关。

2. pH 值对脱硫效率的影响

循环浆液的 pH 值越高吸收速率越高。提高循环浆液的 pH 值，一方面可提高循环浆液中溶解的碱性物质的浓度，另一方面也可提高未溶解的碱性物质的浓度，当其中已溶解的碱性物质耗尽时，未溶解的碱性物质及时溶解，从而保持循环浆液具有足够的碱度。当然，过高的 pH 值导致过高的过剩率也是不经济的，而且也会影响到投资、能耗等因素。

理论分析表明，浆液 pH 值低于 2.2 时基本上无脱硫作用。低 pH 值条件，烟气优先吸收 HCl 而非 SO_2。

当 pH 值大于 5.8 时，脱硫效率基本不再增加，相反，脱硫产物中过剩的 $CaCO_3$ 却急剧增加。

对于喷淋吸收塔，在 pH 值为 5.1～6.1 时，脱硫效率可从 51%～93%，近似于 75°的直线增长。

经验表明，如果设计脱硫率在 90%以上，其浆液 pH 值一般应控制在 5.4～5.7，这与系统的钙硫比保持在 1.03～1.05 是相关联的。

3. pH 值对 HSO_3^- 的氧化的影响

由图 6-1 可见，当 pH>8 时，SO_2 在水中主要以 SO_3^{2-} 形态存在；pH>9 后，几乎全部为 $SO_3{}^{2-}$；当 pH<6 时，SO_2 在水中主要以 HSO_3^- 形态存在；pH＝3.5～5.4 时，几乎全部为 HSO_3^-；当 pH<3.5 后，溶于水中的 SO_2 有一部分与水分子结合为 $SO_2 \cdot H_2O$ 形态；当 pH≤1.82 时，以 H_2SO_3 及二氧化硫形式存在。因此，当脱硫浆液的 pH 值不同时，气液接触过程中发生的主要脱硫反应是不相同的。

如图 6-2 所示，pH 值在 3.5～5.5 的范围内亚硫酸盐的氧化速率较高，且变化不大。当 pH>5.5 时，氧化速率急剧下降，显然，低 pH 值对亚硫酸盐的氧化是有利的。

4. pH 值对控制系统的影响

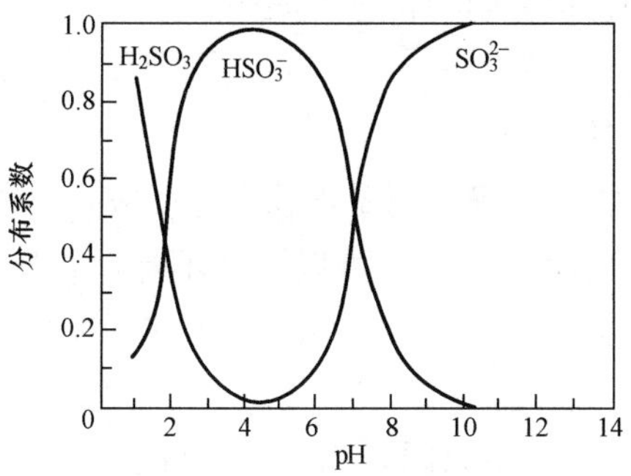

图 6-1 pH 值与各离子浓度之间的关系

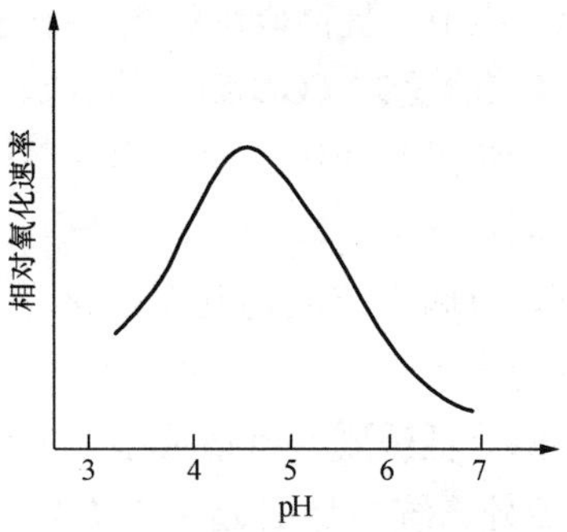

图 6-2 氧化速率与 pH 值的关系

当 pH 值在 5.8～6.2 时，pH 值控制的反应灵敏度最差；当 pH<5.5 时，pH 值控制的反应灵敏度最好，不但石灰石的利用率增加，而且 pH 值的控制性良好。

综合脱硫效率、亚硫酸氢根离子和亚硫酸根离子的氧化反应，石灰石的溶解、石膏的结晶、废水处理等因素，实际工程中，pH 最佳值为 5.2～5.6。

十五、SO^{2-}、Al^{3+}、F^- 浓度的影响

在石灰石—石膏湿法烟气脱硫工艺中，在其他条件不变时，有时出现石灰石的耗量不正常增加，pH 值反而不断下降、石灰石利用率下降的情况，这往往是石灰石被“包裹”造成的。“包裹”物主要有四种：一是亚硫酸钙；二是石膏；三是粉尘；四是 Al_2O_3 与 F^- 生成的络合物。这些“包裹”物覆盖在石灰石颗粒的外表面，阻止石灰石的进一步溶解造成 pH 值的下降。

1. SO^{2-} 闭塞

SO_3^{2-} 闭塞主要发生在启动、负荷变化或不完全氧化期间。当 $CaSO_3$ 未被充分氧化，同时又没有足够的 $CaSO_3$ 晶种时，$CaSO_3$ 将沉积于石灰石表面，阻止石灰石的分解。例如，运行中氧化风机跳闸、氧化管道堵塞、曝气孔堵塞、烟气负荷突增、入口烟气 SO_2 浓度突增，均容易产生 $CaSO_3$ 的“包裹”问题。因此，氧化率为 20%～95%被认为是产生“结垢”、“包裹”区域。

解决 $CaSO_3$“包裹”问题的主要方法有两个：一是提高亚硫酸盐的氧化率，包括增加氧化空气量、降低 pH 值等方法；二是返回自然氧化法，此时应能保持氧化率低于 16%，此时浆液中具有足够的 $CaSO_3$ 晶种提供沉积表面。

2. 石膏的“包裹”

石膏的“包裹”主要是由于石膏晶种不足造成的，提高氧化率和浆液浓度是最有效的方法。

3. Al^{3+} 与 F^- 生成的络合物

还有一种石灰石“包裹”是液相中 F^- 与 Al^{3+} 反应形成氟化铝络合物（AlF_x）所致。反应形成的 AlF_x 会吸附于石灰石颗粒的表面，非常强烈地阻碍石灰石的溶解，甚至是在液相中 AlF_x 浓度很低的时候也是如此。其他一些因素，包括溶解的其他离子的浓度，均易触发石灰石的 Al-F“包裹”。

液相中的 F^- 会与 Al^{3+} 发生复杂的反应，生成氟化铝络合物。该络合物吸附于石灰石颗粒的表面，极大地阻碍石灰石的溶解，导致石膏产物中残余 $CaCO_3$ 含量的增加，石膏晶体颗粒粒径变小，并随着液相中 F^- 和 Al^{3+} 浓度的增加，负面影响加剧。模型计算结果表明，控制吸收浆液的 pH 值在 5.5 以上，可消除 AlF_x 对脱硫系统的负影响。但实际运行中，大多采用降低 pH 值、提高碳酸钙的溶解速率来缓解石灰石的“包裹”问题。

十六、Cl^- 含量对 FGD 系统的影响

氯离子含量虽然很小，但对脱硫系统有着重大的影响。

首先，因为 SO_2、H_2SO_3、H_2SO_4、HCl 在吸收塔中很快与碱性物发生反应，生成硫酸钙和氯化钙，且因为硫酸钙几乎不溶于水，SO_4^{2-} 浓度非常小，可以忽略不计，相比之下，氯化钙极易溶于水，所以 Cl^- 的浓度相对较大，其腐蚀影响就比 SO_4^{2-} 大得多，如果 Cl^- 没有被及时排除降低浓度，将造成很大的腐蚀破坏。

Cl^- 在脱硫系统中是引起金属腐蚀和应力腐蚀的重要原因，当 Cl^- 含量超过 $20\ 000\times10^{-6}$时，不锈钢已不能正常使用，需要用氯丁橡胶、玻璃鳞片做内衬。当 Cl^- 浓度超过 $60\ 000\times10^{-6}$时，则需更换昂贵的防腐材料。

其次，氯离子还能抑制吸收塔内的化学反应，抑制石灰石分解率和抑制 SO_2 吸收；由于石灰石分解也需要在溶液中形成钙，溶解盐中存在的钙离子抑制石灰石溶解。另外，浆液中来自溶解盐的较高离子强度减少了循环喷淋小滴中 SO_2 的扩散率，增加了物质传递的阻力导致物质传递受限状态，SO_2 的吸收较低。高钙离子溶液也造成 pH 平衡值较低，因而降低了可利用的碱性。降低的碱性也导致较低的 SO_2 吸收。由于抑制了石灰石的溶解，使石膏中的石灰石含量增加，而工业要求较高品质的石膏中石灰石含量不超过 2%。

Cl^- 含量增加还会引起石膏脱水困难，使其含水量大于 10%。Cl^- 含量增加严重降低石膏品质，因为工业上对石膏中的 Cl^- 含量有严格的要求，Cl^- 超标使石膏板不能成型，综合利用困难。

氯化物的增加，使吸收液中不参加反应的惰性物质增加，浆液的利用率下降，要达到预想的脱硫率，就得增加溶液和溶质，这就使得循环系统电耗增加。

第三节　FGD 系统的运行监视及调整

一、FGD 系统运行参数监视与调整的主要任务

在主机正常运行的情况下，满足机组脱硫的需要；保证 FGD 系统安全运行；密切监视与控制 FGD 系统的运行情况，精心调整，保证设备安全，保持各参数在最佳工况下运行，降低各种消耗；保证石膏品质符合要求；保证脱硫效率在规定范围内。

二、烟气系统运行参数监视与调整

1. 吸收塔烟气温度

考虑吸收塔内和 GGH、烟道等防腐要求，控制化学反应要求，一般要求原烟气温度在 160℃以下。

吸收塔出口温度运行中一般为 50～60℃，因为除雾器一般采用聚丙烯材料制成，其最高耐温为 80℃，为了保证除雾器和吸收塔内防腐不受损坏，吸收塔出口温度不超过 75℃。在运行中要保证最少两台循环泵运行，且运行循环泵出口压力正常，如循环喷淋层发生故障、喷淋浆液断流或喷淋层出现烟气通道，除雾器会因长时间承受高温而损坏。

烟囱入口烟气温度应高于 80℃，烟囱入口烟气温度低的危害这里不作说明，控制烟囱入口烟气温度的关键在于控制 GGH 的积灰堵塞，GGH 的积灰和堵塞将影响传热元件的传热效果，从而影响烟囱入口烟气温度，因此解决 GGH 积灰的有效措施，也就是提高烟囱入口烟气温度的方法。

实际运行经验：当吸收塔温度无故上升时，应检查循环泵出口压力、流量是否有变化。如循环泵出口压力、流量下降时，可能是进口滤网有堵塞现象，应停泵进行反冲洗；如循环泵出口压力上升，而流量下降时，可能是循环喷嘴或管道堵塞，应注意加强吸收塔出口温度的监视，以免损坏除雾器及塔内防腐；如循环泵电流及流量同时上升时，可能是循环喷嘴脱落或出口管道泄漏。

2. GGH 差压

原烟气中一定浓度的飞灰易于沉积在 GGH 内。运行一定时间后，GGH 的换热效率会降低，同时阻力增加，严重时会造成增压风机失速。因此要经常对 GGH 进行吹扫和高压水冲洗，以保证换热效果，同时降低 GGH 阻力。GGH 的蒸汽（空气）吹扫每天至少三次，且当达到下列条件之一时，应进行 GGH 蒸汽（空气）吹扫：①锅炉停用前及启动达到稳定负荷后；②GGH 停用前；③GGH 启动后。每月至少进行一次高压水冲洗，根据 GGH 差压情况增加蒸汽吹扫及高压水冲洗次数，当 GGH 差压达到初始值 1.5 倍时应进行高压水冲洗。

实际运行经验：实际运行中发现，每天三次的蒸汽（空气）吹扫和每月一次的高压水冲洗无法得到理想的效果。每 2h 对 GGH 进行蒸汽（空气）吹扫一次，每月两次高压水冲洗，当煤种发生变化或电除尘器或除灰系统故障，FGD 系统烟尘进口浓度的升高时，立即增加高压水冲洗。高压水冲洗时采用低转速，一次高压水冲洗后，GGH 差压没有明显降低，应重复进行高压水冲洗，高压水冲洗后可采用蒸汽（空气）吹扫，以清除高压水水滴。

蒸气吹灰时，应疏水至 280℃以上才能吹灰。实践证明，吹灰蒸气在 200℃左右与 300℃左右的 GGH 出现堵塞的周期相差一倍以上。

当 SCR 运行时应适当增加高压水的冲洗次数，每次停运检修时进行化学冲洗。

加强对 GGH 出口湿度的监视，发现湿度增大时，应加强除雾器的冲洗，并观察除雾器冲洗的压力流量是否正常，并提高高压水冲洗频率。

3. 增压风机进、出口压力

运行中应监视增压风机进、出口压力的正常，考虑到烟道承受的压力，一般为设计增压风机进口压力±1000Pa 以内，超过此值旁路将自动打开或跳增压风机。正常运行时通过增压风机导叶的调整来控制增压风机的进口压力，一般增压风机导叶置自动，进口压力设定在−50～0Pa。

增压风机出口压力对 FGD 系统压降的影响，每套 FGD 系统装置不同。增压风机出口压力受增压风机进口压力及系统阻力的影响，因此在运行中可以作为 GGH 及除雾器是否堵塞的辅助判断手段，当同负荷、同烟气流量的情况下增压风机出口压力、电流同时增大很可能是 GGH 或除雾器出现了堵塞现象

实际运行经验：应记录增压风机出口压力及电流的初始运行参数，以便运行中进行对照及辅助判断 GGH 及除雾器的堵塞情况。

4. 增压风机电流

当增压风机电流上升时应及时分析原因，并加强对增压风机电动机线圈温度的监视。

实际运行经验：增压风机的电流上升通常与 GGH 的堵塞有关，要注意的是当增压风机电流上升较快或超限时，应根据增压风机出口压力及 GGH、除雾器压差情况，开启烟气旁

路挡板，以防止增压风机的失速与损坏。

5. 烟尘浓度

运行中应监视烟尘浓度在300mg/m³（标准状态）以下。烟尘浓度对GGH系统的影响在前面已经分析过这里不再讲。烟尘浓度的控制包括控制煤种、调整燃烧、加强电除尘器管理。

为有效防止烟气中的粉尘含量过高，采用以下方法：

(1) 运行人员应关注煤种的尘化，调整好燃烧风量，特别是在锅炉吹灰时，应对各电场进行手动控制。

(2) 为避免除尘器连续振打所引起的二次飞扬，正常运行时振打应在PLC控制下运行，如需要检查振打运行情况时也应尽量缩短手动振打时间。

(3) 在增压风机启动调整动叶开度时，需缓慢增大，防止负压过高，带起烟道死角中的粉尘引起二次飞扬。

(4) 加强对电除尘器各电场一次电压、一次电流、二次电压、二次电流的闪频情况的监控，使闪络频率控制在10次/min以内。

(5) 尽可能抬高三、四电场的运行参数，确保除尘器的高效运行，以达到有效控制烟气中的粉尘含量的目的。

(6) 根据电除尘器伏安特性曲线及时调整电除尘器运行参数及振打方式，保证电除尘器的高效运行。

(7) 保证省煤器、SCR除灰系统的正常运行，避免过多的灰进入后级设备。

(8) 及时根据灰斗灰量调整干灰输送周期，保证干灰输送系统正常运行。

三、吸收塔系统的监视与调整

1. 吸收塔液位

FGD系统运行时，由于烟气携带、废水排放和石膏携带水而造成水损失，因此需要不断向吸收塔内补水，以维持吸收塔的水平衡。当吸收塔液位过高时，应确认排浆管阀门开关正确，控制系统无误，同时延长除雾器冲洗间隔，但为了防止除雾器的堵塞，必须保证除雾器冲洗水量大于最小冲洗水量，即冲洗时间间隔必须小于最大冲洗时间间隔，一般冲洗间隔不大于2h。当吸收塔液位高时，检查除雾器冲洗及吸收塔补水阀门无内漏；检查工艺水箱无溢流、所有冲洗水阀门无内漏。减少设备的启停，防止过多的冲洗水进入吸收塔。必要时，暂停除雾器冲洗但不超过2h。启动排出泵将吸收塔浆液部分排至事故浆液箱直到恢复正常液位。如果液位低，应确认除雾器冲洗压力、流量正常，冲洗管路无泄漏或堵塞，适当缩短除雾器冲洗间隔，必要时可开启吸收塔补水门。

实际运行经验：吸收塔液位的控制应从源头抓起，设计时便要求考虑最低负荷时的补水量，而非满负荷时的补水量，否则低负荷时吸收塔液位难以控制，将影响除雾器的正常冲洗。设计时对设备冷却水一定要采用闭式循环，冷却设备后的水回至工艺水箱，或将冷却水直接接至主机闭冷系统。制浆用水采用滤液水。

2. 除雾器差压

除雾器差压一般设计在200Pa之内，超过此值说明除雾器严重堵塞。平时差压很小，要经常对除雾器进行冲洗，冲洗时应观察冲洗压力及流量是否正常，并根据吸收塔液位调整除雾器冲洗时间及冲洗间隔，以使除雾器得到最大限度的冲洗。

实际运行经验：除雾器冲洗时间间隔最长不超过 2h，保持除雾器折板的湿润，避免液滴在折板被烘干，结垢形成硬垢，难以清洗。发现有增大趋势及时调整并延长单阀冲洗时间，尽可能缩短除雾器冲洗间隔时间。

除雾器差压的控制和 GGH 差压控制一样要有一个提前量，当发现电除尘器或除灰系统故障，进口烟尘浓度增高时，即应加大除雾器冲洗力度。

除雾器冲洗过程中，一次只开一个阀门。根据除雾器冲洗水流量、压力（压力大于 200kPa，流量 54～120m^3/h），判断除雾器冲洗水喷嘴无堵塞、无损坏或脱落现象。

3. 吸收塔浆液 pH 值

当吸收塔入口的烟气流量、烟气中 SO_2 浓度以及石灰石品质、石灰石浆液浓度变化时，吸收塔浆液 pH 值应作相应的调整，以保证 FGD 系统脱硫效率。通常 pH 值维持为 5.0～6.0，此时脱硫效率随 pH 值的增加而增加。吸收塔浆液 pH 值通过调节石灰石浆液流量来实现。增加石灰石浆液流量，可提高吸收塔浆液 pH 值；减小石灰石浆液流量，吸收塔浆液 pH 值随之降低。pH 值及石灰石浆液浓度降低、吸收塔出口 SO_2 浓度增加时，可加大石灰石浆液流量。若脱硫率太低，应根据 SO_2 入口浓度的设计要求及循环泵出口压力、电流等分析判断循环喷淋是否正常；同时适当加大给浆量。

实际运行经验，pH 最佳值为 5.5 左右，当烟气中 SO_2 浓度、烟气量超过设计值时，可适当提高 pH 值但不可超过 6.0。

4. 吸收塔浆液密度调整

吸收塔浆液密度对于整个 FGD 系统的运行十分重要，如果调整不当，就可能造成管道及泵的磨损、腐蚀及堵塞，从而影响 FGD 系统的正常运行。如果吸收塔浆液密度过低（达 1080kg/m^3），对石膏晶体生成不利，应停止吸收塔石膏的排出，增大石灰石浆液给浆量，减少进入吸收塔的工艺水量。如果吸收塔浆液密度高（达 1120kg/m^3），启动石膏排出泵排出石膏浆液，浆液密度过高容易造成管道的堵塞，加大泵、搅拌器和管道的磨损，而且影响氧化，从而使石膏品质下降。运行中应严格控制石膏浆液密度在一合适的范围内（1080～1120kg/m^3），这样有利于 FGD 系统的高效、经济运行。

5. 吸收剂利用率

吸收剂利用率指用于脱硫的吸收剂占加入 FGD 系统吸收剂总量的质量分数，即脱硫效率与 Ca/S 比。吸收剂的利用率与 Ca/S 比有密切关系，达到一定脱硫效率时所需要的 Ca/S 比越低，钙的利用率越高，所需吸收剂数量及产生脱硫产物的量也越少，可大大降低 FGD 系统的运行费用。

FGD 系统对吸收剂（$CaCO_3$）原料有一定的要求，首先是吸收剂的纯度，高纯度的吸收剂有利于脱硫并且能产生优质脱硫石膏；其次是吸收剂的粒度，粒度越小，单位体积的表面积越大，利用率相对较高。通常要求的吸收剂纯度在 90%以上，粒度控制为 300～400 目筛。

在保持吸收剂纯度和粒度，液气比不变的情况下，Ca/S 比增大，注入吸收塔内吸收剂的量增大，引起浆液 pH 值上升，可增大中和反应的速率，使 SO_2 吸收量增加，提高了脱硫效率。但由于吸收剂（$CaCO_3$）的溶解度较低，其供给量的增大将导致浆液浓度的提高，会引起吸收剂的过饱和凝聚，使反应的表面积相对减少，最终导致吸收剂利用率下降，增加

FGD系统的运行费用。运行实践也证明了这点，一般认为吸收塔的浆液浓度为20%～30%、Ca/S比为1.02～1.05时，吸收剂的利用率最高。

6. 脱硫率及石灰石浆液给浆量调整

吸收塔给浆量的大小对FGD系统影响很大。如果给浆量太小，就不能满足烟气负荷的脱硫要求，出口含硫量增加，从而降低了脱硫效率。如果给浆量太多，就会使吸收塔浆液和石膏中的石灰石含量增加，从而降低了石灰石利用率和石膏的纯度。应及时根据pH值、脱硫效率、入口SO_2浓度来调整吸收塔的进浆量。

7. 吸收塔浆液Cl^-浓度

过高的Cl^-浓度将增速设备的腐蚀，并使石膏品质下降。Cl^-浓度的升高与煤种及石灰石品质有关，运行中可通过增加废水排放量来控制Cl^-浓度。

8. 液气比

运行人员可根据FGD系统接收的烟气量和SO_2浓度的具体情况增减或调换循环泵，从而调节系统的液气比。在确保脱硫效率的同时，经济、有效地使用不同的循环泵组合方式，最终达到最佳的液气比。

四、制浆系统的监视与调整

制浆系统调整的主要任务是：保证合格的石灰石浆液品质，使制浆系统常在最佳出力下运行，以满足脱硫装置安全、经济运行的需要。

湿磨制浆系统时影响石灰石浆液密度的因素：给料量、钢球磨石机给料粒径、钢球磨石机入口进水量、钢球载量及钢球大小配比、旋流器投运台数、物料可磨性系数、钢球磨石机出口旋流器分离效果及系统是否有杂物堵塞。

运行中应严格控制石灰石给料和进入钢球磨石机滤液量的配比，若细度过大，应增加滤液量，反之则减少滤液量。运行中发现钢球磨石机电流变小，应及时补充合格的钢球。及时调整称重皮带机转速，以保证钢球磨石机容量合适。进入钢球磨石机的石灰石粒径应小于20mm。运行中若石灰石浆液品质不符合要求，且通过调整仍不合格时，应及时通知化学化验石灰石给料品质。

干粉制浆时影响石灰石浆液密度的因素为给粉量和浆液箱补水量，运行中应加强对给料机的检查防止应给机不正常而造成的密度异常。

五、石膏脱水系统的监视与调整

1. 旋流器底流浓度和细度

经常观察旋流器底流排料状态，并定期检查底流的浓度和细度。发生底流浓度波动或“底流夹细”时应及时调整。旋流器正常工作状态下，底流排料应呈伞状。如底流浓度过大，则底流呈状状或呈断续块状。

底流浓度过大可能是由于给料浆液浓度过大或底流过小造成的，此时可以先在进料处补充适当的水，若底流浓度仍大，则需更换较大的底流口。若底流呈伞状排出，但底流浓度小于生产要求浓度，则可能是进料浓度低造成的，应提高进料浓度。“底流夹细”可能是底流口径过大，溢流管直径过小、压力过高或过低，可以先调整好压力，再更换一个较小规格的底流口。

2. 真空度

真空泵的真空度直接影响了石膏中的含水量，真空度过高或过低均会影响石膏的含水量。当真空度过低时，因抽吸能力不足而无法除去石膏中的含水；当真空度过高时，细的石膏颗粒被吸入真空槽使石膏开裂，最终破坏真空而使石膏含水量增大。影响真空泵真空度的因素有工作水流量调节不当、真空系统有泄漏、气水分离器液位过高等。

3. 分离器液位

正常运行时分离器应处于低液位运行，当分离器出现高液位报警时，应及时检查分离器排水管道是否畅通。

实际运行经验：分离器高液位将使浊水进入真空泵，而造成真空泵的损坏。

4. 滤布及滤饼冲洗水流量

如滤布及滤饼冲洗水流量太大，将影响水平衡；如滤布冲洗水流量太小，将影响滤布冲洗效果。滤饼冲洗水流量小将影响石膏中的 Cl^- 含量。

5. 石膏品质调整

石膏品质包含了石膏的纯度和石膏的含水率。若石膏含水量大于10%，应及时调整真空皮带机给浆量或转速，保证真空皮带机真空度和石膏厚度在合格范围。若石膏中含粉尘过大，应及时调整电除尘器的运行方式，降低入口烟气的含量尘量，并加大废水排放量，增加粉尘的排出，减少粉尘在系统内的累积。若石膏中 $CaCO_3$ 过多，应及时检查系统情况，分析石灰石给浆量变化原因，及时调整给浆量，并联系化学化验石灰石浆液品质及石灰石原料品质。如果石灰石浆液粒径过粗，应调整磨石机运行状态。如果石灰石原料中杂质过多，应通知有关部门，保证石灰石原料品质在合格范围。若石膏中 $CaSO_3$ 过多，应检查氧化风管是否堵塞、氧化风机进口滤网有无堵塞并及时调整氧化空气量，以保证吸收塔浆液池中 $CaSO_3$ 充分氧化。运行人员在真空皮带机的运行维护中，必须准确调节皮带滑动水、真空盒密封水、真空泵密封工作水以及滤布的冲洗水量，水量过大或过小都会影响皮带机的运行状况及真空度。同时，要检查滤布冲洗喷嘴的出水量及出水角度，以保证冲洗效果。

第四节 FGD 系统的检查与维护

一、DGD 系统设备日常运行维护的原则

(1) 按时抄录有关参数，字迹清晰、准确。注意各运行参数并与设计值比较，发现偏差及时查明原因，发现异常情况及时采取相应措施并做好记录，汇报班长。

(2) 严密监视所有运行设备的电流、压力、温度、振动值、声音等是否正常。

(3) 脱硫系统中浆液管道、箱罐、泵体停用后必须进行冲洗。

(4) 运行人员必须随时注意运行中的设备情况，做好事故预想。FGD 系统内的备用设备必须保证处于良好备用状态，所有联锁根据需要全部投入，运行设备故障后，能正常启动，发现缺陷及时通知相关人员。每月进行两次备用设备的切换运行，有启动的设备进行自启动校验。

(5) FGD 系统的入口烟道及旁路烟道可能形成积灰，一般的积灰不影响 FGD 系统的正常运行，当在烟气挡板的运动部件上发生严重积灰时，对烟气挡板的正常开关有影响，因此应当定期对烟气旁路挡板进行快开试验以除灰，记录快开时间并进行分析。当 FGD 系统和

锅炉停运时，要检查烟气挡板并清理积灰。

(6) 运行中，如有报警，应根据弹出的报警画面，了解报警信息，并采取相应的措施。

(7) 启动搅拌器前必须使浆液浸过搅拌器叶片，避免搅拌器的损坏。

(8) 离心泵启动时必须有足够的液位，其进口门应全开。若滤网被石膏浆液或其他杂物堵塞，应停止该泵运行并清洗滤网。另外，不允许泵出口门未开而长时间运行。

(9) 泵的循环回路，若不能维持正常运行的压力和流量时，必须对管道进行冲洗；冲洗无效时只能停运检修，定期对设备按时进行现场检查与维护并做好相应的记录，确保设备运行正常，对有缺陷的设备应增加检查次数。

(10) 现场检查时，把检查设备和运行分析相结合，并采用眼看、耳听、手摸、鼻嗅、作比较等方法对设备进行检查。

(11) 没有必需的润滑剂，严禁启动转动机械。运行中应经常检查油位正常，注意运行设备的压力、振动、声音、温度及严密性等。

(12) 对运行的电动机、风机、压缩气泵、泵等设备的冷却状况经常检查以防过热。

(13) 经常检查所有浆液泵的密封水正常，密封水压力、流量正常，防止浆液泵机械密封损坏。

(14) 经常检查箱体人孔、管道法兰等处的泄漏情况，发现泄漏及时处理。

(15) 经常检查旋流器进口压力及排料状态，当排料不正常时及时调整旋流器运行数量及进口压力，当旋流器堵塞时应及时冲洗，冲洗无效应联系检修清理。

(16) 运行中浆液密度计、pH 计、液位计等应定期进行清洗及校验。

(17) 对压缩气泵、储气筒等需要疏水的设备定期进行疏水。

(18) FGD 系统停运后，应监视各箱、罐、地坑液位正常，长期停运时应清空各箱罐。

二、FGD 系统设备的检查项目及内容

FGD 系统设备的检查项目及内容见表 6-1。

表 6-1　　FGD 系统设备的检查项目及内容

项　目	检查内容
FGD 烟道	承压部件不泄漏。 管道连接良好，膨胀节、保温完整，人孔门关闭严密，支吊牢固，不振动。 烟道、膨胀节无泄漏，无滴水，无异常气味。 烟道上各表计安装牢固，测量管道无堵塞、无泄漏，就地显示清晰，正确，照明良好
烟气挡板及其附属设备	挡板执行机构连接良好，挡板开关位置符合要求。 电动执行机构电动机振动、声音、温度正常，无异味。 每个密封部件、管道无泄漏，挡板密封风门连杆连接牢固，密封风压力高于烟气压力。 气控挡板控制气压力正常，气控装置正常，无泄漏。 检查挡板密封风机出口压力，密封风管道无泄漏，密封系统正确投入，且密封气压力应高于烟气压力 500Pa。检查挡板密封风加热器运行正常。挡板密封风机加热器温度设定正常，加热器动作正常，密封风温度符合要求。就地控制面板，选择开关位置正确，开关位置符合要求，表计、指示灯显示正常

续表

项　目	检　查　内　容
增压风机及其附属设备	电动机：外壳及轴承温度、线圈温度、振动正常，无异声，无焦味。 风机：轴承温度、振动正常，无漏油。动叶及执行机构正常，位置符合要求。 油泵、冷却油泵运行正常。出口油压、油温、油位正常，油质良好，系统无泄漏。滤油器前后压差不超过规定值。油泵及电动机振动符合要求，无异声。 控制油、润滑油系统无泄漏，系统回油正常。 冷却水畅通、压力正常，冷油器出口油温符合要求，系统无泄漏。油箱加热器动作正常。 密封风机运行正常，无异声，振动正常，系统无泄漏
GGH 及其附属设备	检查 GGH 各承压部件无泄漏。烟道连接良好，保温完整，不振动。 检查 GGH 电动机温度、振动、电流、轴承转动声音正常。 检查减速箱温度、振动、齿轮声音、轴承转动声音、油位正常，无漏油现象。 检查上、下轴承油位正常，油质良好，无漏油；轴承转动声音正常；尘封环位置正常。 GGH 内部无摩擦声等异声，GGH 围带传动正常。 吹灰器外视完整，不运行时应在退足位置。 运行时吹灰器密封风压力，吹灰器高压水或蒸汽压力正常，吹灰器无漏烟、漏汽、漏水现象。 检查低泄漏风机、GGH 密封风机出口压力高于增压风机出口烟压。 GGH 密封风机及其加热器运行正常，密封风机进口滤网无堵塞，密封风系统无泄漏，密封风机出口压力、温度正常。 GGH 密封风机加热器温度设定正常，加热器动作正常，密封风温度符合要求
高压冲洗泵	电动机：外壳及轴承温度、振动正常，无异声、无焦味。 泵体：轴承温度、振动正常，轧兰滴水符合要求。 阀门位置符合要求，出口压力正常。选择开关位置正确，指示灯显示正确，电流正常。 滤水器压差正常，泵体及管道无泄漏。 高压冲洗泵蓄能器完整无泄漏。 高压冲洗泵释放门、安全门完整，位置正常，无泄漏
FGD 管道	管道连接良好，支吊牢固，不振动，管道无泄漏、无堵塞。 系统阀门位置正确，电动门、调节门切换手柄位置符合要求，执行机构良好。 管道上各表计安装牢固，测量管道无堵塞、无泄漏，就地显示清晰、正确，照明良好
吸收塔	吸收塔外部是否有腐蚀和泄漏，各检查门、人孔门、烟道不泄漏。 阀门位置符合要求。 吸收塔液位计安装良好，显示准确，液位计冲洗系统正常。吸收塔液位正常。 吸收塔溢流管无烟气或溢流溢出，溢流管透气管畅通。 除雾器压差正常，无堵塞，除雾效率良好，吸收塔出口湿度正常。 除雾冲洗阀门管道无堵塞及泄漏，冲洗水压力、流量正常，冲洗时阀门动作正常。 pH 计、密度计显示准确，仪表冲洗系统正常，pH 值、吸收塔浆液密度在正常规定范围内。 吸收塔振动和声音正常。 吸收塔搅拌器运行正常。 吸收塔排空门位置符合要求，关闭时无泄漏

续表

项　目	检查内容
循环泵	电动机：外壳及轴承温度、振动正常，无异声、无焦味。 泵体：轴承温度、振动正常，轧兰滴水符合要求。 阀门位置符合要求，出口压力正常。选择开关位置正确，指示灯显示正确，电流正常。 检查各轴承、减速箱润滑油箱油位正常，油质良好。 循环泵油泵运行正常，油温、油压、冷却水正常，滤油器压差正常。 泵体及管道无泄漏
水环式真空泵	电动机：外壳及轴承温度、振动正常，无异声、无焦味。 泵：轴承温度、振动正常。 阀门位置符合要求。 系统无泄漏。 真空泵出口压力正常，密封水流量、压力正常。 皮带和滑轮的振动及磨损情况正常
真空皮带脱水机	电动机：外壳及轴承温度、振动正常，无异声，无焦味。 检查滤布是否跑偏，皱折，滤布是否损坏或堵塞。 检查胶带及摩擦带的损伤情况。 检查滚筒旋转状态和衬里磨损情况。 检查滤饼厚度、水分、杂质情况，保证石膏质量。 检查滤布及滤饼冲洗喷嘴是否堵塞或泄漏。 检查真空箱密封良好，所有润滑装置，包括驱动装置、胶带润滑密封水正常。 检查气控装置三联体中的油位正常。 检查真空皮带机驱动装置运行正常
旋流器	检查系统运行正常，阀门位置符合要求。 旋流站进口压力、流量正常，排料状态正常。 旋流器振动正常。 旋流器及其管道、集液箱无堵塞，无泄漏。 旋流器底流和溢流喷嘴磨损正常，底流和溢流正常
气水分离器	筒体、管道、法兰等连接良好，无堵塞、无泄漏。 液位、压力正常无报警，压力整定值符合要求
石灰石粉仓	检查石灰石粉仓筒体外观完整，无泄漏，阀门位置符合要求。 检查石灰石粉仓料位仪安装良好，显示准确。 检查石灰石粉仓布袋除尘器运行正常，除尘器不堵塞。 石灰石粉仓释放门正常，无泄漏。 石灰石粉仓流化风系统压力、温度正常，系统无泄漏、无堵塞
振动给料机、输送机（称重给料皮带、皮带输送机、斗式提升机）	给料机电流、振动、声音、温度正常，无异味。 润滑油油位正常，油质良好，无漏油。 皮带滑轮的振动和磨损正常。 出口无堵塞、无沉积物、无杂物。 给料机本体无堵塞、无渗漏。 检查皮带完整，无裂缝，无跑偏。 清扫机运行正常。 检查闸板门位置符合要求，关闭时无内漏

续表

项　目	检 查 内 容
湿式磨石机	检查滚筒、工艺水、给料、润滑油、泵类轴封渗漏情况。 检查齿轮啮合声音、振动、温升正常。 给料固定螺栓、轴承安装牢固。 钢球磨石机衬板固定螺栓无松动。 钢球磨石机外壳密封件无泄漏。 检查磨石机润滑油站低压油泵电动机、油位、油管、油压正常，油系统无漏油现象，滤网压差正常。 大齿轮喷淋装置喷油正常，压缩空气及油管道连接牢固，不漏油，不漏气。 检查减速机油位正常，油质良好；冷却水管路畅通，冷却水量合适
各地坑	检查地坑液位正常、液位计显示准确。 地坑防腐良好，地坑内无杂物，浆液不沉积，无异味。 搅拌器运行正常
地沟	地沟防腐良好，无损坏。 地沟液位正常，地沟内无杂物，无浆液沉积。 地沟至地坑滤网完整，无损坏、无堵塞。 盖板齐全，牢固且与地坪齐平
各浆液箱	外视完整，管道及箱体无泄漏、腐蚀。 液位计安装良好，显示准确。 液位正常，溢流管畅通，无堵塞，无溢流。 搅拌器运行正常。 阀门位置符合要求。 箱体振动和声音正常
搅拌器	搅拌器电流、振动、温度正常，无异声，无焦味，无泄漏。 搅拌器密封水正常。 润滑油油质良好，油位正常。 搅拌器密封良好，无泄漏
罗茨风机	电动机：电流、外壳及轴承温度、振动正常，无异声，无焦味。 风机：轴承温度、振动正常。 润滑油油位正常、油质良好，系统无泄漏。 传动皮带张紧及磨损情况正常。 出、入口压力正常。 轴承冷却水流量正常，管道无泄漏。 检查进口滤网清洁，压差正常。 检查释放门完整，开关位置符合要求，无泄漏。 检查出口风温度正常，氧化风减温水流量正常，减后温度正常。 流化风机温度整定值符合要求，加热器动作正常。 各就地控制柜选择开关位置正确，开关位置符合要求，指示灯显示正常。 检查消声器、安全门完整，不泄漏
离心风机	电动机：电流、壳及轴承温度、振动正常，无异声，无焦味。 泵体：轴承温度、出口压力、振动正常。 承压部件无泄漏，无堵塞

续表

项　目	检 查 内 容
离心泵和柱塞泵	电动机：外壳及轴承温度、振动、电流正常，无异声，无焦味。 泵体：轴承温度，振动正常，油位符合要求，油质良好。 压力、流量正常。 阀门位置符合要求，管道支吊完整，无泄漏
各水箱	外视完整，管道及箱体无泄漏、腐蚀。 液位计安装良好，显示准确。 液位正常，溢流管畅通，无堵塞、无溢流。 阀门位置符合要求。 箱体振动和声音正常。 滤布冲洗水箱浮球进水门运行正常
压缩气泵及其附属设备	电动机：外壳及轴承温度、振动正常，电流正常，无异声，无焦味。 泵体：传动机构工作正常，润滑良好；排汽压力、温度正常；轴承温度、振动正常，油位符合要求，油质良好，轴承冷却水流正常。 气泵冷却水压力符合要求，各冷却器的冷却水畅通、水温正常，水流正常。 各操作面板：开关位置符合要求，选择开关位置正确，指示灯显示正常。自动疏水阀动作正常。 系统阀门位置符合要求，气压正常。筒体、管道、法兰等连接良好，无泄漏。 安全门、减荷阀及压力调节器完整工作正常。 各压力、温度整定值符合要求。 就地显示屏显示参数正常，无报警和保养信号。 过滤器压力、温度正常，无堵塞、泄漏、过滤器自动疏水正常。 气泵干燥装置正常，压力显示正常。 冷干机冷媒高压、低压正常，冷却水压力、温度正常。自动疏水门动作正常。就地控制柜无报警，各压力、温度整定值符合要求。选择开关位置正确，指示灯显示正常。 储气筒筒体、管道、法兰等连接良好，无泄漏。 储气筒安全门：阀门完整，不漏汽

第五节　FGD系统运行的常见问题及处理

FGD系统的工艺控制是一个复杂而易变的过程，运行中存在着许多共性的问题，有些问题可以通过人为干预和调整来预防或解决。下面罗列了一些运行中常见的问题及处理方法。

1. 脱硫效率低

脱硫效率低的原因、现象及处理见表6-2。

表6-2　　脱硫效率低的原因、现象及处理

原　因	现　象	处　理
吸收塔石灰石不足	吸收塔内固体组分中碳酸根含量低	提高pH值设定点
pH计不准确	pH计标定检查不符	冲洗pH计，联系热工处理
循环泵出力下降	循环浆液流量低或泵电流偏低，出口压力偏低	冲洗循环泵进口滤网，如无效停泵处理

续表

原　　因	现　　象	处　　理
循环喷淋管或喷嘴堵塞	循环浆液流量低或泵电流偏低，出口压力偏高	停泵冲洗，如无效停运期间清理
喷淋管破损	循环浆液流量高或泵电流偏高，出口压力偏低	停运期间处理
烟气流量增大	烟气在线测量显示流量大，烟气系统各阻力上升	如有备用循环泵，投入备用泵，或者适当降低锅炉负荷
烟气中 SO_2 浓度增大	烟气在线测量显示二氧化硫浓度升高，燃煤含硫量增加	如有备用循环泵，投入备用泵，或者适当降低锅炉负荷
浆液 pH 值太低	在线测量显示 pH 值低于 5.0	检查石灰石的投配系统； 增加石灰的投配量； 检查石灰石的反应性能； 提高石灰石的细度
亚硫酸盐“包裹”	石灰石利用率降低，可溶性亚硫酸盐偏高	检查氧化风系统的运行情况，如氧化风管堵塞，对氧化风管进行冲洗
氧化铝络合物“包裹”	石灰石利用率降低，氧化铝浓度偏高	提高吸收塔上游的除尘，加强废水排放
石灰石品质差或细度不够	石灰石活性低，粒度偏大	更换石灰石或改进研磨回路
除尘效率下降，浆液中含尘量、重金属杂质过多，影响石灰石的溶解，导致浆液 pH 值降低，脱硫效率下降	GGH 两侧差压上升加快；石灰石添加量持续增加，pH 值却不断下降，脱硫效率下降，石膏中碳酸钙含量增加	适当降低 pH 值，加大废水排放量。启动脱水系统，连续排除浆液中的杂质，对吸收塔内浆液的净化，能使脱硫效率恢复正常。需注意“净化”期间需保证 pH 值和浆液密度不可过低。pH 值的调整要波段进行
浆液中 Cl^- 浓度过高	化学实测浆液 Cl^- 浓度高	加大废水排放量

2. 石膏品质差

石膏品质差主要包括酸不溶物含量高、石膏中碳酸钙含量高、石膏中亚硫酸盐含量高、石膏中含水量高。

(1) 石膏中酸不溶物含量高的原因及处理见表 6-3。

表 6-3　　石膏中酸不溶物含量高的原因及处理

原　　因	处　　理
燃煤飞灰含量高	加强配煤，调整燃烧煤种
除尘器故障或除尘效率下降，烟气中含尘量增加	调整除尘器运行参数，提高除尘效率，加强废水排放
废水排放量太少，浆液中酸不溶物浓缩	加强废水排放

(2) 石膏中碳酸钙含量高的原因及处理见表 6-4。

表 6-4 石膏中碳酸钙含量高的原因及处理

原　因	处　理
石灰石纯度低	更换石灰石品种
石膏浆液在吸收塔浆池的停留时间不足	适当提高吸收塔液位和吸收塔浆液密度
吸收塔浆液氧化不足	加强氧化
旋流器分离效果差	定期检测旋流器底流和溢流浓度，加强对旋流器排料状态及堵塞情况的检查，必要时更换旋流器喷嘴
FGD 系统入口含尘量增加	调整除尘器运行状态，及时调整干灰输送周期，防止因干灰输送不及时造成的电除尘器故障
循环浆液 pH 值偏高	控制合理的 pH 值，避免 pH 值的大幅波动
石灰石浆液浓度波动大或粒径大	加强磨石机运行参数调整，及时添加钢球，减小石灰石浆液浓度波动，提高石灰石细度
石灰石浆液流量计、密度计测量值不准确	校验石灰石浆液流量计、密度计
石灰石浆液被“包裹”	控制吸收塔浆液浓度，控制合理的浆液密度

（3）石膏中含水量高的原因及处理见表 6-5。

表 6-5 石膏中含水量高的原因及处理

原　因	处　理
真空泵出力下降	检查真空泵运行状况 ，联系检修停泵处理
真空系统有漏气	检查并隔绝泄漏点
真空密封水量不足	调整真空密封水流量
滤布有破损，造成真空度低	进行修补或更换
真空皮带机带速异常，使滤饼厚度不正常	检查厚度检测仪正常，滤布调速装置工作正常
进浆料不足，使石膏无法布满滤布	检查旋流子底流是否堵塞，调整旋流器运行数量，调整旋流器进口压力
石膏浆液含石灰石或飞灰等细颗粒物较多	加强废水排放，调整旋流器工作压力
真空皮带机跑偏	检查纠偏装置动作正常，必要时进行手动纠偏
滤布冲洗效果太差，滤布阻塞	检查滤布冲洗喷嘴是否堵塞，覆盖是否全面，适当提高滤布冲洗压力
抗磨损带有磨损，使真空槽盒密封不良	更换抗磨损带
石膏晶体太小，石膏饼出现开裂	控制合理的吸收塔浆液密度
石膏浆液中 Cl^- 含量高	加强废水排放

（4）石膏中亚硫酸钙含量高的原因及处理见表 6-6。

表 6-6 石膏中亚硫酸钙含量高的原因及处理

原　因	处　理
氧化风机故障	检查氧化风机故障原因，启动备用氧化风机，联系检修处理
氧化风管堵塞或结垢	检查氧化风机出口压力、流量是否正常，氧化风机释放门、安全门是否动作；开大氧化风减温水阀门，必要时对氧化风管进行冲洗
氧化风机出力下降，氧化风流量不足	检查出力下降的原因，启动备用氧化风机
烟气处理量超过设计值	启动备用氧化风机

3. 吸收塔严重溢流

运行中除因防止吸收塔的过度溢流外，还应经常检查溢流管、溢流透气管是否畅通，如溢流管堵塞，吸收塔不再溢流但会使浆液进入烟道，而溢流透气管的堵塞是吸收塔溢流管出现虹吸的原因及处理见表 6-7。

表 6-7　　吸收塔溢流管出现虹吸的原因及处理

原　　因	现　　象	处　　理
吸收塔液位控制太高	吸收塔液位计显示超过溢流液位	适当降低液位。调整除雾器冲洗时间与冲洗间隔，必要时暂停除雾器冲洗。检查是否有冲洗阀门内漏。运行中因控制设备的启停，避免频繁启停导致的吸收塔液位失控，尤其在低负荷的情况下
吸收塔内泡沫严重或浆液密度低（如果液位计中计算密度用固定值时更容易出现此情况）	吸收塔液位计显示未超过溢流液位，吸收塔溢流且吸收塔溢流多为泡沫或呈黑色	适当降低液位，适当提高浆液密度。加强废水排放，加强电除尘器和除灰系统的管理，防止飞灰在浆液中的富集，使浆液容易出现鼓泡。必要时使用消泡剂
吸收塔出现虹吸，吸收塔溢流管透气管太细或堵塞	吸收塔液位高溢流严重，溢流直至吸收塔液位降至低液位才停止溢流	迅速降低液位，可采用向事故浆液箱排浆的方法。检查吸收塔溢流管透气管是否堵塞，如堵塞立即疏通，待吸收塔溢流正常后恢复吸收塔正常液位。 防止虹吸发生的措施：在安装吸收塔溢流管时应注意避免水平段的出现，因为经常吸收塔小量浆液溢流将使溢流管慢慢沉积通流量变小，也容易出现透气管堵塞而造成虹吸；使用较粗的透气管并经常检查透气管的通畅

4. 吸收塔浆液鼓泡

吸收塔内浆液出现鼓泡现象主要是因为氧化风的鼓入及浆液的再循环使气泡产生，浆液中有机物和细灰含量高使浆液的表面张力增加，使浆液鼓泡严重。因此，要改善浆液鼓泡问题，首先应减少浆液中的有机物和细灰的含量。可以从两个方面来减少浆液中的有机物和细灰的含量：一是来源，二是出路。

有机物主要来自工艺水，因此控制工艺水系统的有机物含量是改善吸收塔鼓泡的方法之一。

细灰主要来自烟气，因此一切控制吸收塔入口含尘量的方法均是改善吸收塔鼓泡的方法，对于控制吸收塔入口含尘量的方法前面的章节中已经讲述，这里不再累述。

加强废水排放是从出路上解决吸收塔浆液鼓泡问题，实际运行中，吸收塔浆液的严重鼓泡常常是因为吸收塔入口含尘量超过设计值，单纯的废水排放已无法细灰排放的要求，可通过系统的优化将细灰排出系统。

5. 吸收塔两端压降异常

吸收塔两端压降异常的原因及处理见表 6-8。

表 6-8 吸收塔两端压降异常的原因及处理

原因	现象	处理
除雾器局部堵塞	压降不断上升	加强除雾器冲洗，检查除雾器冲洗压力流量正常
循环浆液流量增加		
通过吸收塔的烟气流量增加		
循环浆液流量下降	压降下降	检查循环泵进口滤网是否堵塞；调整循环浆液流量；检查循环喷嘴是否堵塞
烟气流量下降		
循环喷嘴局部堵塞，使循环浆液经过吸收塔时便产生沟流		

6. 循环浆液压力或流量发生改变

循环浆液压力或流量改变的原因及处理见表 6-9。

表 6-9 循环浆液压力或流量改变的原因及处理

原因	现象	处理
出口管道或喷嘴堵塞	循环泵出口压力表压力升高、电流下降	检查并清理
吸收塔内部循环喷淋管道破裂；喷嘴脱落	循环泵出口压力表压力下降、电流增加	检查、清理并修复
喷嘴松动或已经腐蚀、磨损； 管道堵塞，尤其是进口滤网易被杂物堵塞； 泵叶轮磨损严重； 泵进口阀门未全开	循环泵出口压力表压力下降、电流下降	检查清理，如进口滤网堵塞进行反冲洗； 对泵进行解体检修； 检查进口阀门并开足

7. 吸收塔出口液滴携带量过大

吸收塔出口液滴携带量大的主要原因是：除雾器的局部堵塞，产生沟流，被收集的液流的二次携带；吸收塔烟气流量超过设计值，导致二次携带；吸收塔烟气流速已经下降到不能有效进行吸收，分离效率低；除雾器冲洗压力高，导致二次携带。运行中应调整除雾器冲洗压力、流量，保证除雾器的正常冲洗时间，防止除雾器的堵塞。

8. 除雾器冲洗异常

除雾器冲洗异常包括除雾器冲洗频率低，长期的除雾器不冲洗，除雾器无法达到有效冲洗即除雾器冲洗喷嘴堵塞或脱落，除雾器冲洗压力、流量异常。除雾器冲洗频率的降低和冲洗间隔的延长，主要原因是水平衡的失衡，这样的情况常常出现在机组负荷低或 GGH 堵塞或烟气旁路挡板开启运行时；也有时因为冲洗阀门内漏，设备启停频繁，设备轴封水开启太大，脱水系统滤布、滤饼冲洗水调节不当，地面保洁冲洗过度等引起吸收塔液位不正常上升，除雾器冲洗无法正常进行。出现这种情况应立即停止地面冲洗，及时调整设备密封水及滤布、滤饼冲洗水量，减少设备的启停，检查有无冲洗阀门内漏。为保证除雾器的正常冲洗避免除雾器的损坏，应关闭烟气旁路挡板，必要时将吸收塔浆液打至事故浆液箱以保证除雾器冲洗。

当除雾器冲洗压力和流量异常时，首先应判断压力、流量异常的原因，如工艺水系统压力情况，若工艺水系统压力正常，除雾器冲洗压力上升，流量下降时，应考虑冲洗喷嘴可能堵塞，若工艺水系统压力正常，除雾器冲洗压力下降、流量增大时，可能除雾器冲洗管道或喷嘴脱落或开裂。

9. 石灰石浆液密度异常

(1) 采用干式制浆时，石灰石浆液密度异常的原因。

1) 密度计显示不准；

2) 粉仓内的石灰石粉受潮板结或有搭桥现象；

3) 石灰石粉给料机机械卡涩或跳闸；

4) 石灰石浆液箱补水流量异常。

(2) 用干式制浆时，石灰石浆液密度异常的处理。

1) 应检查密度计电源是否正常、石灰石浆液流量是否过低，如无异常，应人工测量石灰石浆液密度，并联系热工人员校准密度计。

2) 检查流化风机和流化风管，是否堵塞。

3) 清理给料机内杂物，当给料机故障，短时间内无法修复时，可利用吸收区地坑，通过地坑加粉的方式配制一定浓度的石灰石浆液来维持 FGD 的运行，在加粉时应根据地坑液位控制加入的粉量，以控制浆液的浓度，避免吸收塔 pH 值难以维持。

4) 检查石灰石浆液箱补水调整门动作正常，调整调整门开度。

(3) 采用湿式制浆时，石灰石浆液密度异常的原因。

1) 密度计显示不准；

2) 钢球磨石机内钢球磨损严重；

3) 石灰石称重给料机故障；

4) 磨石机补水调整门故障；

5) 石灰石浆液旋流器故障；

6) 石灰石浆液分配器故障。

(4) 采用湿式制浆时，石灰石浆液密度异常的处理。

1) 应检查密度计电源是否正常、石灰石浆液流量是否过低，如无异常，应人工测量石灰石浆液密度，并联系热工人员校准密度计。

2) 定期添加钢球，检查钢球磨石机电流是否正常。

3) 检查石灰石称重给料机是否堵塞，给料机转速是否正常，确认称重仪正常。

4) 检查磨石机补水调整门是否堵塞或故障，补水流量是否正常，如故障联系检修修复或更换。

5) 检查石灰石浆液旋流器是否有堵塞，排料状态是否正常，如堵塞及时进行清理，如排料状态不正常及时分析原因，调整旋流器进口压力和投运数量，定期检查底流口及溢流口磨损情况，必要时更换。

6) 检查石灰石浆液分配器推拉杆动作正常。

10. FGD 系统的结垢与堵塞

在石灰石—石膏湿法烟气脱硫装置中，设备、管道和管件普遍存在不同程度的磨损、腐蚀和结垢现象，对 FGD 系统的安全经济运行构成了威胁。

(1) 结垢的类型。

1) 灰垢。在吸收塔入口干湿交界处十分明显，粉尘和浆液易在此积累，$CaSO_3 \cdot 1/2H_2O$ 软垢会逐渐氧化成 $CaSO_4 \cdot 2H_2O$，再加上热烟气的蒸发作用，迅速形成硬垢。当烟气中粉尘较多时，干湿交界处的结垢极为严重。

2) 石膏垢。在浆液中，当石膏的过饱和度达到一定程度时，才能维持石膏从液相中结晶析出。但是，当吸收塔的石膏浆液中的 $CaSO_4$ 过饱和度大于或等于 1.4 时，Ca^{2+}、SO_4^{2-} 构晶离子聚集速度很高，将迅速地聚集，生成数目极其众多的微小晶核。这些数目众多的微小晶核可能黏附在石膏晶种或石灰石颗粒表面，也可能黏附在装置构件的内表面。当浆液中没有足够的石膏晶种时，晶核就更趋向于在设备粗糙表面上析出，并逐渐长大成石膏垢。石膏垢主要分布在吸收塔壁面及循环泵入口、排出泵入口滤网的两侧，以及水力旋流器溢流的盖子和底部分流器管子上。另外，在上层除雾器的叶片上，由于冲洗不彻底，也有明显的浆液黏积现象。$CaSO_4 \cdot 2H_2O$ 的结垢非常坚硬，这种硬垢不能用降低 pH 值的方法溶解掉，必须用机械方法清除。更为严重的是，$CaSO_4 \cdot 2H_2O$ 结垢一旦形成，将以此结垢处为“据点”，继续扩大，即使将相对饱和度降至正常工况也无法避免。要使过饱和度小于 1.4，运行人员要严格控制吸收塔内石膏浆液浓度、液气比，并提高氧化率。

3) CSS 垢。它是 $CaSO_3 \cdot 1/2H_2O$ 和 $CaSO_4 \cdot 2H_2O$ 两种物质的混合结晶。CSS 垢在吸收塔内各组件表面逐渐长大形成片状的垢层，其生长速度低于石膏垢。CSS 垢主要分布在吸收塔底数台搅拌器的“死区”内。$CaSO_3 \cdot 1/2H_2O$ 的结垢较软，相对易处理一些，降低运行的 pH 值是有效的方法之一。若 $CaSO_3 \cdot 1/2H_2O$ 未及时清理，也会逐渐氧化为 $CaSO_4 \cdot 2H_2O$，由软垢变成硬垢。

(2) 结垢、堵塞的原因。

1) 系统设计不合理。如设计流速过低、浆液浓度过大、管道坡度不合理、管路及箱罐的冲洗和排空系统不完善等。

2) 浆液中有机械异物（包括衬橡胶管损坏后脱落的胶片）或垢片造成管路堵塞。

3) 系统中泵的出力严重下降，使向高位输送的管道堵塞。

4) 系统中有阀门内漏，泄漏的浆液沉淀在管道中造成堵塞。

5) 系统停运后，未及时排空管道中剩余的浆液，未及时对浆液的管路及系统进行水冲洗。

6) 管内结垢造成通流截面变小。

7) 氧化风机故障后，循环浆液倒灌入氧化空气分配管并很快沉淀，造成堵塞。

8) 工艺参数控制不当，如 L/G 太小、石膏过饱和度超过 1.4，从而导致结垢的发生。

(3) 防止结垢与堵塞的方法。

1) 在工艺设计上，控制石灰石浆液中水分的蒸发速度和蒸发量。注意管道的斜度，减少管道的转折，注意管道冲洗设计的合理。

2) 提高电除尘器的效率和可靠性，严格控制 FGD 系统入口烟气的含尘量。

3) 选择合理稳定的浆液的 pH 值运行，尤其避免 pH 值的急剧变化。

4) 控制吸收塔浆液石膏过饱和最大不超过 1.4。

5) 保持浆液有一定的晶种。

6) 保证吸收塔浆液氧化时间。

7）设备结构作特殊设计，或选用不易结垢和堵塞的吸收设备。

8）对接触浆液的管道在停运时及时排放并冲洗干净。

9）定期检查，及时发现潜在问题。

11. 旋流器堵塞

检查所有运行旋流器溢流和底流排料是否畅通，如果旋流器溢流和底流流量减少或底流断流，则表明旋流器发生堵塞；若溢流和底流流量均减小，则可能是旋流器进料口堵塞，此时应关闭堵塞旋流器的进料阀门，将其拆下，清除堵塞物；若是底流流量减小或断流，则是底流口堵塞，此时可将螺母拧下，清除底流口中的杂物。

第六节 FGD系统及设备的事故与处理

一、脱硫系统事故处理原则

（1）脱硫所有运行人员应熟悉自己的生产范围。

（2）发生事故时，班长应在值长的直接指挥下，领导全班人员迅速果断地按照现行规程处理事故。运行人员应综合参数的变化及设备异常现象，正确判断和处理事故，防止事故扩大，限制事故范围或消除事故，在保证设备安全的前提下迅速恢复机组运行，满足机组脱硫的需要。在机组确已不具备运行条件或继续运行对人身、设备有直接危害时，应停运脱流装置，并迅速将情况向值长或有关领导汇报，按照规程的规定和领导的指示进行处理，在紧急情况下应迅速处理事故，然后尽快向领导汇报。

（3）当发生规程列举的事故时，运行人员应根据自己的经验与判断，主动采取对策，迅速处理。

（4）事故处理结束后，值班人员应实事求是地将事故发生和处理的详细情况记入交班记录簿内，记录的内容应有事故前的运行状况、事故现场描述、保护动作、事故处理时间、顺序和结果，如有设备损坏应描述损坏情况，并汇报有关领导。

（5）值班中发生的事故，应召集有关人员，对事故现象的特征、经过及采取的措施认真分析，并用书面材料报有关运行部门、安监处以便分析事故发生的原因，吸取教训，总结经验，落实责任。

二、FGD系统的紧急停用

（1）当发生下列情况下，FGD系统保护将动作，FGD事故联锁跳闸。

1）浆液循环泵全停止，延时1s。

2）GGH停运，延时30s。

3）GGH主报警，延时3s。

4）锅炉跳闸MFT信号。

5）FGD原烟气温度高于180℃，延时10s。

6）FGD原烟气温度高于150℃且吸收塔出口净烟气温度高于75℃，延时5s。

7）增压风机停止，延时1s。

8）6kV脱硫电汇失电。

（2）当FGD系统事故联锁停机程序启动时，一般按以下步骤来关闭FGD系统。

1）打开FGD烟气旁路挡板。

2）关增压风机动叶。

3）停增压风机。

4）关闭FGD烟气进口挡板、打开吸收塔排空门、关闭FGD出口烟气挡板。

（3）当FGD发生事故停机的条件但未跳闸时，运行人员应立即停止FGD系统的运行。当FGD运行中出现下列非联锁停机事故时虽不跳闸，但出于对设备的保护，运行人员应尽快停止FGD系统的运行。

1）当GGH差压大于报警值时，运行人员处理无效，且压差有继续增大时，运行人员应停机。

2）当FGD浆液制备及输送系统故障，不能配浆且无法维持pH值时，运行人员应停机。

3）当运行中的FGD控制系统故障无法对系统进行正常监控时，应立即停机，以避免损坏设备。

4）生产现场或控制室发生意外情况危及人身或设备安全时，运行人员应停机。

5）仪用空气系统故障，压力无法维持，不能满足脱硫系统需要时，运行人员应停机。

6）当脱硫系统参数严重恶化不能维持正常运行时应停机，并对系统进行检查。

7）氧化风机均跳闸，且备用氧化风机在检修状态，短时间无法内恢复时，脱硫效率出现下降趋势且浆液恶化时，运行人员应停机。

8）当悬浮泵跳闸，且备用悬浮泵在检修状态，短时间内无法恢复时，运行人员应停机。

（4）事故停用后的处理。

1）运行人员必须就地检查并确认：FGD烟气旁路挡板是打开的，FGD烟气进口挡板、出口挡板是关闭的，吸收塔排空门打开。

2）FGD事故停用后汇报值长，运行人员应尽快查明事故原因和范围，并通知检修人员共同进行恢复工作。

3）根据恢复所需时间的长短，确定FGD进入短时停用或长时停用状态。

4）在处理过程中应首先考虑出现管道堵塞和箱体、泵体内浆液沉积的可能性，尽快排放这些管道和容器中的浆液并进行水冲洗。

5）若失电引起FGD保护动作，按厂用电失去处理。

6）故障排除后作好进烟气准备，做好FGD启动的准备工作。

三、发生火灾时的处理

1. 现象

（1）火警系统发出报警信号。

（2）运行现场发现设备冒烟、着火或有焦味。

（3）电缆着火时，相关设备可能跳闸，监控显示失真。

2. 处理

（1）运行人员在生产现场有设备或其他物品着火时，尽快向班长报告火情。

（2）班长在接到有关火灾报告或发现火灾报警时，应迅速调配人员查实火情，并将情况向值长和有关领导汇报。

（3）正确判断灭火工作是否有危险性，按照相关规定，根据火灾的地点及性质选用正确的灭火器材，迅速灭火，必要时应停止设备或母线的工作电源和控制电源。

（4）灭火工作结束后，运行人员应对各部分设备进行检查，对设备的受损情况进行确认，并向有关领导汇报。

四、6kV电源中断的现象、原因及处理

1. 现象

（1）DCS上报警，6kV母线电压消失，相应的380V电源跳闸，声光报警信号发出，交流照明灯灭。

（2）运行中的脱硫系统跳闸，对应母线所带6kV电动机停转。

（3）对应380V母线自动投入备用电源，否则380V负荷也会失电跳闸。

2. 原因

（1）全厂停电。

（2）发电机跳闸，6kV工作段切换至高压备用变压器自投不成功。

（3）脱硫变压器故障，备用电源未投入。

（4）6kV脱硫段母线或电缆故障。

（5）电气保护误动作或电气人员误操作。

3. 处理

（1）立即确认脱硫联锁跳闸动作是否完成，若各烟道挡板动作不良，应立即将自动切为手动操作。

（2）尽快联系值长及电气维修人员，查明故障原因，尽快确认柴油发电机启动供电，运行人员应立即确认380V保安段通电，并马上恢复380V保安段的运行设备。

（3）若给料系统联锁未动作时，应手动停止给料。

（4）注意监视烟气系统内各点温度变化，必要时应手动开启除雾器冲洗阀门。

（5）将增压风机动叶关至最小位置，做好重新启动脱硫装置的准备。

（6）6kV电源短时间不能恢复，按停机相关规定处理，并尽快将管道和泵体内的浆液排出，以免沉淀。

（7）若造成380V电源中断，按相应规定处理。

五、380V电源中断现象、原因及处理

1. 现象

（1）80V电源中断声光报警信号发出。

（2）80V电压指示到零，低电压跳闸。

（3）工作照明跳闸，事故照明自动投入。

2. 原因

（1）脱硫主电源故障，备用电源未自动投入。

（2）脱硫低压变压器跳闸，备用电源未自动投入。

（3）380V母线故障。

3. 处理

（1）若是6kV电源故障引起，按短时停机处理。

（2）若是380V单段故障，应查明故障原因及设备动作情况，并将情况向值长及有关领导汇报。

(3) 当 380V 电源全部中断，在短时内不能恢复时，应将所有泵、管道的浆液排净并及时冲洗。

(4) 电气保护动作引起的电源中断，严禁盲目强行送电。

六、增压风机跳闸的现象、原因及处理

1. 现象

(1) DCS 画面上增压风机电流到零，电动机画面由红色变为绿色，入口压力变正，发出报警信号。

(2) FGD 系统保护动作，烟气旁路挡板自动打开，FGD 进、出口挡板自动关闭，锅炉炉膛压力可能出现短时间正压。

2. 原因

增压风机故障，即下列任一条件满足时，联锁跳闸：

(1) 增压风机电动机定子温度过高，延时 3s。

(2) 增压风机轴承温度过高，延时 3s。

(3) 增压风机轴承振动过大 2s。

(4) 循环泵全停，延时 1s。

(5) 增压风机运行 60s 后，烟气进口挡板仍关，延时 1s。

(6) 增压风机运行时，烟气出口挡板仍关，延时 1s。

(7) FGD 进口原烟气压力低于－1800Pa，延时 2s。

(8) 油站油系统故障，延时 10s。

(9) 两台电动机油泵均未运行或油泵均未运行，延时 10s。

3. 处理

(1) 按 FGD 保护动作，紧急停用 FGD。

(2) 若因电气故障跳闸，按厂用电失电处理。

(3) 确认烟气旁路挡板已打开，若未打开应及时手动打开烟气旁路挡板，并及时通知机组单元长及值班员，防止烟道压力变化过快引起锅炉 MFT 保护动作。

(4) 检查增压风机轴承油温、电动机轴承温度、风机振动情况是否正常，分析查找跳闸原因。若属风机设备故障造成，应及时汇报值长及有关领导，联系检修人员处理，在故障未查实处理完毕之前，严禁重新启动增压风机。

(5) 检查电气、热控保护动作情况，对照现场设备运行状态和异常情况，联系检修人员检查保护动作的正确性，若由联锁动作造成，应待系统恢复正常，方可重新启动。

(6) 测量增压风机电动机绝缘。检查增压风机本体和油站正常，查明原因故障消除后，根据需要启动 FGD。

七、GGH 跳闸

1. 原因

(1) GGH 主报警，延时 3s。

(2) 电动机损坏。

(3) 驱动装置齿轮箱、小齿轮损坏。

(4) 机械卡死。

(5) 围带损坏。

2. 处理

(1) GGH 跳闸后，FGD 将联锁停用，按 FGD 紧急停用处理。

(2) 如因机械卡死，不可强行手动盘车，以防驱动装置和防腐涂料损坏。待自然冷却后手动盘车 2 周以上，根据需要启动 GGH。

(3) 如非机械卡死故障跳闸，电动机无法启动，则进行手动盘车，直至 GGH 进出口烟温差小于 20℃。

(4) 如围带损坏联系检修更换。

八、吸收塔浆液循环泵全停

1. 现象

(1) 循环泵跳闸，声光报警信号发出。

(2) 循环泵指示灯红灯熄、绿灯亮，电动机停止转动。

(3) 联锁开启旁路挡板、停运增压风机，关闭 FGD 烟气进、出口挡板。

2. 原因

(1) 6kV 电源中断。

(2) 吸收塔液位过低。

(3) 吸收塔液位控制回路故障。

3. 处理

(1) 确认联锁动作正常，烟气旁路挡板自动开启，增压风机跳闸，烟气进口、出口挡板自动关闭，若增压风机未跳闸，挡板动作不良，应手动处理。

(2) 查明循环泵跳闸原因，并按相关规定处理。

(3) 及时汇报值长，必要时通知相关检修人员处理。

(4) 若短时间内不能恢复运行，按短时停运处理。

(5) 视吸收塔内烟温情况，开启除雾器冲洗水，以防止吸收塔防腐及除雾器损坏。

(6) 做好 FGD 启动准备工作，待故障消除后，根据需要投入 FGD 运行。

九、工艺水中断

1. 现象

(1) 工艺水压力低报警信号发出。

(2) 生产现场各处用水中断。

(3) 相关浆液箱液位下降。

(4) 泵的密封水、冷却水中断。

2. 原因

(1) 运行工艺水泵故障，备用水泵联动不成功。

(2) 工艺水泵出口门故障关闭或工艺水泵进、出口门误关。

(3) 工艺水箱液位太低，工艺水泵跳闸。

(4) 工艺水管破裂等。

3. 处理

(1) 启动备用工艺水泵，维持工艺水压力正常。

(2) 检查工艺水泵运行正常，进、出口门位置正常。如不正常，进行调整，停用故障工艺水泵。

(3) 检查工艺水箱水位正常，检查工艺水箱进水门动作正常。

(4) 如工艺水管道有泄漏，设法隔绝泄漏点。

(5) 若短时间无法恢复工艺水系统运行时，应汇报值长。按短时停运处理。

十、氧化风机跳闸

1. 现象

(1) 氧化风机跳闸，声光报警信号发出。

(2) 氧化风机电流到零，电动机停止转动。

2. 原因

(1) 氧化风机轴承温度高。

(2) 氧化风机电动机轴承温度高。

(3) 氧化风机线圈温度高。

(4) 氧化风机轴承振动大。

(5) 氧化风机出口门已关且氧化风机排空门已关。

3. 处理

(1) 确认备用氧化风机自启动正常，若不自启动，手动启动备用氧化风机，维持FGD系统运行正常。

(2) 检查氧化风机冷却水系统是否正常，若不正常，设法恢复。

(3) 检查跳闸氧化风机的轴承温度、电动机轴承温度、线圈温度是否正常。若不正常联系检修隔绝处理。

十一、循环泵跳闸

1. 现象

(1) 循环泵故障报警。

(2) 循环泵指示灯红变绿，电流到零。

2. 原因

(1) 循环泵轴承温度高。

(2) 循环泵电动机轴承温度高。

(3) 循环泵电动机线圈温度高。

(4) 循环泵轴承振动大。

(5) 循环泵进口门关。

(6) 吸收塔液位低。

3. 处理

(1) 启动备用循环泵，维持FGD正常运行。

(2) 查找故障原因，联系检修处理。

(3) 若循环泵均跳闸，确认FGD紧急停机保护动作。

(4) 检查吸收塔液位计工作是否正常，低液位报警和跳闸值设定是否正常，视情况对液位计进行冲洗或校验，若仍无效联系检修处理。

(5) 检查吸收塔底部排放门有无异常。

(6) 若属6kV母线失电引起跳闸按厂用电失电处理。

十二、增压风机及电动机轴承温度高

1. 原因

(1) 轴承损坏。

(2) 两台轴承密封风机均故障。

(3) 冷却水中断，造成油温过高。

(4) 油质恶化或油位过低。

2. 处理

(1) 若轴承密封风机故障，联系检修尽快修复。

(2) 检查油冷泵运行正常。

(3) 检查冷却水运行正常。

(4) 若油位过低或恶化，加油或换油。

(5) 视轴承温度升高情况，要求降低锅炉负荷或开启烟气旁路挡板，降低增压风机的负荷，仍不能控制轴承温度停用增压风机。

十三、增压风机失速

1. 现象

(1) 增压风机失速报警。

(2) 电流发生大幅度变化。

(3) 风机噪声明显增加，严重时机壳，烟道发生振动。

2. 原因

(1) 风机在不稳定工况区域运行。

(2) GGH或除雾器积灰严重，或烟气挡板操作不当，烟气系统阻力增加。

3. 处理

(1) 立即将增压风机动叶控制置于手动并关小动叶。

(2) 如因烟气进、出口挡板误关所至应立即打开，同时调整动叶开度。

(3) 必要时开启旁路挡板，关小增压风机动叶。

(4) 如经上述处理无效，联系值长，要求降低机组负荷。

(5) 经处理失速消失，则稳定运行工况，进一步查找原因并采取相应的措施后，方可逐步增加风机的负荷，关闭烟气旁路挡板。

(6) 经处理后无效或已严重威胁设备的安全时，应立即停止该风机运行。

十四、增压风机振动异常

1. 原因

(1) FGD进、出口挡板位置不正常。

(2) 风机叶片上有积灰。

(3) 叶片磨损造成不平衡。

(4) 轴承异常。

2. 处理

(1) 检查FGD的进、出口挡板位置。

(2) 联系值长，要求降低机组负荷或开启烟气旁路挡板，降低增压风机的负荷。

(3) 降低增压风机负荷无效时，振动仍大于4.6mm/s时，调停处理。

十五、增压风机动叶调节装置故障

1. 原因

(1) 动叶油压不正常下降。

(2) 运行油泵跳闸，备用油泵未自启动。

(3) 滤油器堵塞。

(4) 油箱油位低，造成打空泵。

(5) 增压风机液压缸有缺陷。

(6) 动叶调节伺服机执行机构故障。

2. 处理

(1) 如动叶油压不正常，应立即启动备用油泵设法恢复油压正常。

(2) 如动叶油系统漏油应及时联系检修处理并加油维持油位正常，维持增压风机正常运行。如泄漏严重或爆破，无法维持动叶开度，动叶自行开大或关小，增压风机出口压力无法维持时，应立即开启烟气旁路挡板，必要时停用增压风机。

(3) 增压风机动叶油泵全部故障，或液压油系统无法向液压缸供油时，严禁操作风机动叶，开启烟气旁路挡板，汇报值长，联系停运FGD。

(4) 由于液压缸卡涩，伺服机构等原因造成风机动叶无法操作时，禁止操作该风机的动叶，维持风机原开度运行，开启烟气旁路挡板，汇报值长，联系检修处理。

十六、增压风机油站油温过高

1. 原因

(1) 加热器运行不正常或设定过高。

(2) 冷却水量太小或未开。

(3) 冷却水温度高。

(4) 冷却器污染或质量差。

(5) 环境温度高。

2. 处理

(1) 检查调温器，关掉加热器。

(2) 增加冷却水量。

(3) 联系检修处理。

(4) 隔离外界热源。

十七、增压风机油站油压异常

1. 原因

(1) 滤油器污染或堵塞。

(2) 油管道泄漏。

(3) 阀门失调或堵塞。

（4）压力阀故障，油温高，油位低。

（5）油泵故障。

（6）调压门失调。

（7）蓄能器不起作用。

2. 处理

（1）切换至备用滤油器运行，并联系检修清洗或更换滤油器。

（2）检查泄漏点并联系检修处理。

（3）联系检修处理。

（4）联系检修调节调压门。

（5）联系检查重新充氮或更换。

十八、GGH 差压大

1. 现象

（1）GGH 差压大报警（大于初始值的 1.5 倍）。

（2）增压风机电流增大、出口压力增大。

2. 原因

（1）电除尘器故障使除尘效率下降，烟气含尘量太大。

（2）进入 GGH 净烟气侧的烟气携带有大量的含有石膏浆液的颗粒。

（3）除雾器严重结垢或者除雾效率低，导致烟气中含有大量的大颗粒的雾滴，这些水分与烟气中的 SO_3 发生反应产生硫酸，黏附在传热元件表面，与烟气中的灰尘、石膏结合形成难以去除的硬垢，尤其在除雾器进行冲洗时更会加剧恶化。

（4）吹灰装置工作不正常。

（5）吹灰器的介质参数没有满足要求，如过热蒸汽压力不够、过热度不够、疏水不够导致蒸汽带水等。

（6）除雾器冲选过频、冲洗压力过高，使烟气二次带水，造成飞灰的黏结。

3. 处理

（1）检查电除尘器运行情况，尽快恢复电除尘器正常运行。

（2）经常检查除雾器的压降，定期对除雾器进行冲洗，确保除雾器的除雾效率达到要求。

（3）控制吸收塔内的浆液液位正常，防止发生烟气携带的液体、固体颗粒增多。

（4）控制吸收塔内的 pH 值正常。

（5）增加吹灰次数，缩短吹灰间隔，提高 GGH 吹灰蒸气温度（不低于 300℃）。

（6）处理无效进行高压水在线冲洗。

（7）当处理无效时，联系机组值长要求锅炉降低负荷或开启烟气旁路挡板，降低增压风机的负荷，防止增压风机失速。

（8）及时调整除雾器冲洗频率和压力，避免烟气二次带水。

十九、吸收塔液位异常

1. 原因

（1）工艺水中断。

（2）液位计故障。

(3) 吸收塔、浆液循环管泄漏。

(4) 吸收塔液位控制系统故障（吸收塔补水门、除雾器冲洗系统、溢流泵出口门等控制）。

(5) 吸收塔补水门、除雾器冲洗门等内漏，大量工艺水进入吸收塔。

2. 处理

(1) 恢复工艺水系统正常运行。

(2) 检查并校验液位计。

(3) 检查并修补循环浆液管路。

(4) 检查吸收塔及底部排放门位置并调整至正常位置。

(5) 检查吸收塔补水门、除雾器冲洗系统，溢流泵出口门动作正常，若不正常切手动，并联系热工处理。

(6) 若吸收塔补水门、除雾器冲洗门等内漏，手动关闭并联系检修处理。

二十、氧化空气流量异常

1. 原因

(1) 氧化管道或氧化风机进口滤网堵塞。

(2) 氧化风机故障或管道泄漏。

2. 处理

(1) 启动备用氧化风机，停用故障氧化风机。

(2) 检查氧化风机进口滤网，若有堵塞进行清洗。

(3) 检查管道是否泄漏，设法隔绝泄漏点。

二十一、石灰石浆液流量降低

1. 原因

(1) 浆液泵故障。

(2) 石灰石浆液管道堵塞。

(3) 吸收塔进浆调整门故障，调节失常。

(4) 流量计故障，指示失常。

2. 处理

(1) 启动备用浆液泵，停用故障浆液泵。隔绝交检修处理。

(2) 冲洗石灰石浆液管道。

(3) 检查调整吸收塔进浆调整门。如无效，开启旁路门手动调节浆液流量。隔绝吸收塔进浆调整门交检修处理。

(4) 检查处理石灰石浆液流量计。

二十二、除雾器差压高

1. 原因

(1) 除雾器冲洗不正常，除雾器结垢。

(2) 除雾器设计不合理。

(3) 吸收塔烟气流速过高或流速分布不均匀，局部偏高。

(4) 冲洗系统设计不合理或运行中冲洗不正常。

(5) 除雾器差压传压管路堵塞或表计故障。

2. 处理

(1) 控制合理的 pH 值，在能保证脱硫效率的情况下尽量能控制的较低 pH 值，当然也不可低于 4.5。

(2) 当除雾器压差不正常升高，或压差较大时，调整冲洗方式延长单阀冲洗的时间，以提高冲洗的效果。

(3) 检查修复除雾器差压表。

二十三、pH 计指示异常

1. 原因

(1) pH 计流量过小、堵塞。

(2) pH 计冲洗水泄漏。

(3) pH 计电极污染、损坏、老化。

2. 处理

(1) 检查冲洗 pH 计管路。

(2) 检查调整 pH 计冲洗门，消除泄漏。

(3) 冲洗 pH 计，检查 pH 计的电极并校验表计。

二十四、真空泵启动困难、跳闸或电流超限

1. 原因

(1) 启动时泵体内水位过高。

(2) 填料压盖上得太紧。

(3) 皮带拉得过紧。

(4) 内部机件生锈。

(5) 电控柜电流保护调整不当。

2. 处理

(1) 按规定水位启动（泵的中心线以下）。

(2) 联系检修处理。

二十五、真空泵吸气量或真空度明显下降

1. 原因

(1) 皮带打滑而引起转速下降。

(2) 供水量不足或温度过高。

(3) 真空系统有泄漏。

(4) 介质有腐蚀或带入物料磨蚀，使机内容机件间隙加大。

(5) 填料密封泄漏。

(6) 泵内结垢严重。

2. 处理

(1) 联系统检修处理。

(2) 调节供水量，检查供水管路是否堵塞。

(3) 检查管路连接的密封性。

(4) 净化介质，防止固体物料吸入泵体内。

第七章

660MW 机组脱硫工程实例

第一节　660MW 机组烟气脱硫概述

望亭电厂 2×660MW 超超临界燃煤机组整个烟气脱硫工程采用石灰石—石膏湿法烟气脱硫工艺，脱硫岛采用一炉一塔布置，每套脱硫装置的烟气处理能力为相对应的一台机组 BMCR 工况时的烟气量，其设计脱硫效率不小于 95%。能适应锅炉的启停，并能适应锅炉负荷的变动，脱硫装置运行负荷范围为 30%～100%BMCR。烟气通过回转式换热器加热，燃用设计煤种 BMCR 工况时，烟囱入口烟温大于或等于 80℃。烟气脱硫系统的整体使用寿命不低于 30 年，可利用率为机组正常发电时间的 95%以上。采用湿式钢球磨石机制浆系统，入厂石灰石块粒径小于或等于 20mm。设置二级石膏脱水系统，脱硫装置石膏浆液系统 Cl^- 含量小于 20 000ppm。副产品石膏含水率不大于 10%（质量百分比），石膏中 Cl^- 含量小于 100ppm，纯度大于 90%。设置单独的废水处理装置，脱硫废水经过处理达标后，泥饼运到太湖灰场填埋，达标废水作为煤场喷淋及排放到电厂工业废水道或灰渣系统。对于烟气脱硫系统中的设备、管道、烟风道、箱罐、坑等，考虑防磨和防腐措施。脱硫设备年利用小时为 5500h。

一、FGD 设计条件

煤质分析见表 7-1，灰成分分析见表 7-2，FGD 入口烟气参数见表 7-3，石灰石成分分析参数见表 7-4，脱硫用水水质参数见表 7-5，石膏品质见表 7-6。

表 7-1　　煤质分析表

项　目	符　号	单　位	设计煤种	偏差值
全水分	M_t	%	7.0	
挥发分	V_{ar}	%	28.5	−9.5
挥发分	V_{daf}	%	42.5	−14
灰分	A_{ar}	%	26.0	+2
低位发热量	$Q_{net,ar}$	MJ/kg	21.30	
碳	C_{ar}	%	54.73	
氢	H_{ar}	%	3.74	
氧	O_{ar}	%	7.12	
氮	N_{ar}	%	1.04	
硫	S_{ar}	%	0.37	+0.63
哈氏可磨系数	HGI		55	

注　校核煤种定义为含硫量 1.3%，其他条件不变（即 FGD 入口 SO_2 浓度增加 30%）。

表 7-2 灰成分分析表

项目	单位	设计煤种	项目	单位	设计煤种
SiO_2	%	54.00	SO_3	%	1.20
Al_2O_3	%	33.00	K_2O	%	1.00
Fe_2O_3	%	3.20	Na_2O	%	0.70
CaO	%	2.00	TiO_2	%	1.40
MgO	%	1.20			

表 7-3 FGD入口烟气参数表

项目	单位	设计煤种	备注
烟气成分（标准状态，湿基，实际氧）			
CO_2	%（体积）	12.561	
O_2	%（体积）	5.233	
N_2	%（体积）	74.509	
SO_2	%（体积）	0.032	
H_2O	%（体积）	7.665	
烟气成分（标准状态，干基，实际氧）			
CO_2	%（体积）	13.604	
O_2	%（体积）	5.667	
N_2	%（体积）	80.695	
SO_2	%（体积）	0.034	
烟气参数			
脱硫装置入口烟气量	m^3/h	2 129 040	标准状态，湿基，实际氧
	m^3/h	1 965 600	标准状态，干基，实际氧
	m^3/h	2 009 160	标准状态，干基，6%O_2
脱硫装置入口烟气温度	℃	127	设计值
		170	最高连续运行温度（20min）
		127（长期）/200（短期）	旁路烟气温度
脱硫装置入口烟气压力	Pa	0	BMCR工况
烟气中污染物成分（标准状态，干基，6%O_2）			
SO_2	mg/m^3	2346	
SO_3	mg/m^3	58.63	
Cl（HCl）	mg/m^3	50	
F（HF）	mg/m^3	20	
烟尘浓度	mg/m^3	83.3	

表 7-4 石灰石成分分析参数表

石灰石材料组成分析	单位	数值
CaO	%（质量）	>50%
MgO	%（质量）	1.29
SiO_2	%（质量）	1.33
Al_2O_3	%（质量）	0.49
Fe_2O_3	%（质量）	0.12
颗粒大小	mm	<20

表 7-5 脱硫用水水质参数表

检测项目	单位	循环泵进水	循环泵出水
全固形物	mg/L	438.95	319.6
浊度		49.95	24
悬浮物	mg/L	10.25	20.1
pH（25℃）		7.64	7.53
全碱度	mmol/L	2.28	2.03
CO_3^{2-}	mmol/L	0	0
总硬度	mmol/L	3.55	2.86
永久硬度	mmol/L	1.27	0.83
腐植酸盐	mmol/L	0.56	0.29
钙	mg/L	52.11	43.97
铁	mg/L	0.027	0.025
钠	mg/L	75	40
镁	mg/L	11.20	8.25
钾	mg/L	—	—
硫酸盐	mg/L	108.49	73.30
氯化物	mg/L	79.16	43.33
溶解固形物	mg/L	428.70	299.5
二氧化硅	mg/L	6.55	8.1
电导率	μS/cm	874	603
OH^-	mmol/L	0	0
HCO_3^-	mmol/L	2.28	2.03
暂时硬度	mmol/L	2.28	2.03
负硬度	mmol/L	0	0
化学耗氧量	mg/L	19.60	15.6

表 7-6 石膏品质表

项目	单位	数值	项目	单位	数值
游离水含量	%（质量）	＜10	气味		无特殊气味
纯度	%	≥90	平均粒径	μm	80%＞25
$CaCO_3$ 含量	%（质量）	＜3	Mg^{2+}（水溶性）	ppm	＜150
pH 值		6～8	Cl^-（水溶性）	ppm	＜100
颜色		黄褐色	F^-（水溶性）	ppm	＜100

二、FGD 系统性能保证

FGD 系统的性能指标（锅炉燃用设计煤种，BMCR 工况时）见表 7-7。

表 7-7 FGD 系统的性能指标

指标名称	单位	设计煤种
FGD 处理烟气量（湿基，标准状态，5.233%O_2）	m^3/h	2 129 040
FGD 处理烟气量（干基，标准状态，5.667%O_2）	m^3/h	1 965 600
FGD 进口 SO_2 浓度（6%O_2，标准状态，干基）	mg/m^3	2346
FGD 出口 SO_2 浓度（6%O_2，标准状态，干基）	mg/m^3	117
FGD 进口含尘浓度（6%O_2，标准状态，干基）	mg/m^3	83.3

续表

指标名称	单位	设计煤种
FGD出口含尘浓度（干基，标准状态，6%O_2）	mg/m^3	<50
吸收塔出口携带水滴含量（干基，标准状态）	mg/m^3	≤75
FGD进口烟气温度	℃	127
FGD出口烟气温度	℃	≥80
系统脱硫效率	%	≥95
年运行时间	h	5500
FGD使用年限	年	30
FGD可利用率	%	>95
负荷变化范围	%	30～100
反应石灰石粒径要求	mm	0.044
石灰石浆浓度	%	20～30
吸收塔浆池氯浓度	ppm	20 000
故障烟温	℃	200
石膏含水率	wt%	≤10
石灰石消耗	t/h	≤16
工艺水消耗	t/h	142
冷却水	t/h	30
石膏纯度	%	>90
钙硫比（Ca/S）		1.028
脱硫装置电耗	kW/h	15 642
耗电量	%	1.185（占总发电量）
仪用压缩空气耗量	m^3/h	720
蒸汽耗量	t/h	5×2
脱硫废水排放量	t/h	9.34
石膏产量	t/h	28
锅炉额定蒸发量	t/h	2024

(1) 脱硫效率。FGD装置脱硫效率大于95%，脱硫装置出口SO_2浓度不超过117.3mg/m^3（标准状态），粉尘浓度不超过50mg/m^3（标准状态）。

在校核工况（锅炉BMCR），当FGD入口SO_2浓度增加30%时，FGD装置SO_2脱除率大于92%，且达标排放；当FGD入口SO_2浓度增加50%时，FGD装置能安全运行，当粉尘浓度为200mg/m^3（标准状态）时，脱硫装置仍能安全、可靠运行。脱硫效率计算式为

$$脱硫效率=(c_1-c_2)/c_1\times100\% \qquad (7\text{-}1)$$

式中 c_1——脱硫前烟气中SO_2的折算浓度（过量空气系数=1.4），mg/m^3；

c_2——脱硫后烟气中SO_2的折算浓度（过量空气系数=1.4），mg/m^3。

(2) 石灰石耗量：石灰石平均耗量不超过16t/h（两套装置）。

(3) 水耗：最大工艺水耗量不超过142t/h，冷却水量不超过30t/h（两套装置）。

(4) 电耗：FGD系统的电耗在保证SO_2脱除率的条件下，平均值不超过13576kWh/h（两套装置）。

(5) 蒸汽耗量13.4 t/h（300～320℃，0.8～1.3MPa）。

(6) 仪用压缩空气耗量 $10m^3/min$（标准状态）。

(7) 厂用压缩空气耗量 $3m^3/min$（标准状态）。

(8) Ca/S 为 1.028。

(9) 液气比为 $14.6L/m^3$（干基，标准状态）。

(10) 石膏品质。

1) 自由水分低于 10%；

2) $CaSO_4 \cdot 2H_2O$ 含量高于 90%；

3) $CaCO_3 + MgCO_3 < 3\%$（以无游离水分的石膏作为基准）；

4) $CaSO_3 \cdot 1/2H_2O$ 含量低于 1%（以无游离水分的石膏作为基准）；

5) 溶解于石膏中的 Cl^- 含量低于 0.01%（质量百分比，以无游离水分的石膏作为基准）；

6) 溶解于石膏中的 F^- 含量低于 0.01%（质量百分比，以无游离水分的石膏作为基准）；

7) 溶解于石膏中的 MgO 含量低于 0.021%（质量百分比，以无游离水分的石膏作为基准）；

8) 溶解于石膏中的 K_2O 含量低于 0.07%（质量百分比，以无游离水分的石膏作为基准）；

9) 溶解于石膏中的 Na_2O 含量低于 0.035%（质量百分比，以无游离水分的石膏作为基准）；

10) pH 值为 6～8。

(11) 在任何正常运行工况下，除雾器出口烟气携带的水滴含量应低于 $75mg/m^3$（干基，标准状态）。

(12) 烟囱入口烟气温度不低于 80℃。

(13) FGD 整套装置的可用率大于 95%。可用率计算公式为

$$\text{可用率} = \frac{A-B}{A} \times 100\% \tag{7-2}$$

式中 A——发电机组每年的总运行小时；

B——脱硫装置每年因脱硫系统故障导致的停运时间。

三、运行主要指标

(1) 全烟气脱硫效率：BMCR 工况为不小于 95%。

(2) 脱硫设备年利用小时为 5500h。

(3) 石灰石总消耗量：锅炉燃用设计煤种，BMCR 工况为 16t/h。

(4) 石膏总产量：锅炉燃用设计煤种，BMCR 工况为 28t/h。

(5) 总电耗：脱硫岛电耗：15642kWh，占总发电容量 1.185%。

(6) 总水耗：

1) 工艺水：锅炉燃用设计煤种，BMCR 工况为 142t/h。

2) 设备冷却水：30t/h（冷却水循环使用）。

(7) 压缩空气及蒸汽消耗：

1）吸收区仪用空气消耗：$5m^3/min$（0.4～0.7MPa，常温，干燥，无油，无尘，标准状态）。

2）辅助区仪用空气消耗：$5m^3/min$（0.4～0.7MPa，常温，干燥，无油，无尘，标准状态）。

3）吸收区厂用空气消耗：$2m^3/min$（0.4～0.7MPa，常温，无油，无尘，标准状态）。

4）辅助区厂用空气消耗：$2m^3/min$（0.4～0.7MPa，常温，无油，无尘，标准状态）。

5）单个GGH吹扫蒸汽消耗：5t/h（0.8～1.3MPa，300～320℃，无油，无尘，标准状态）。

第二节 660MW机组FGD工艺系统

一、系统描述

烟气脱硫装置采用石灰石—石膏湿法工艺，处理2×660MW超超临界凝汽式汽轮发电机组脱硫工程100%的烟气量。脱硫装置分吸收区与辅助区两个区域布置。两台机组的吸收区以烟囱为中心对称布置，公用设备集中系统布置；辅助区在厂区外，辅助区内包括两套湿磨系统和两套脱水系统以及两台机组的脱硫废水处理系统。

整套系统由以下子系统组成：石灰石储存及浆液制备系统、供浆系统、烟气系统、SO_2吸收系统、石膏脱水系统、工艺水系统、压缩空气系统、浆液排空系统、废水处理系统、其他辅助系统。

二、石灰石储存及浆液制备系统

石灰石储存及浆液制备系统布置与辅助区，新建石灰石卸船系统，设置一个地上石灰石卸料斗，为钢制地上料斗，其有效容积为$20m^3$。卸料斗上部设有钢制箅子，箅孔大小为50mm×50mm，以防止较大的石灰石或杂物进入卸料斗。石灰石从卸船机运至码头卸料斗，经振动给料机、皮带输送机将石灰石输送至两座石灰石仓，在皮带输送机上设置犁式卸料器用于切换两座石灰石仓储存。在码头合适区域设置石灰石堆场用于临时堆放石灰石，堆场中的石灰石经石灰石装载机装推至码头卸船机作业范围内由卸船机抓运至码头卸料斗，再经皮带输送机运至石灰石仓。在皮带输送机上方合适位置设置除铁器去除块石中的铁质。

石灰石储存及浆液制备系统由下列设备组成：两座石灰石仓，每座仓的有效容积约$350m^3$，分别对应两套湿磨浆液制备系统；仓顶部设有紧急排气阀；储仓设有除尘器设备及雷达料位计。

从石灰石仓排出的石灰石，由皮带称重给料机输送到湿式溢流型钢球磨石机，湿磨系统为配置单级液力石灰石旋流器分级装置的闭路循环系统。

新加入的石灰石、石灰石旋流器底流的浆液和研磨水在钢球磨石机的腔体内被粉碎；浆液通过装在钢球磨石机出口的浆液卸料筛进入磨石机浆液箱。

湿磨系统包括每两台湿式钢球磨石机，每台磨石机一套皮带称重给料机。每台磨石机的出力为16t/h，磨石机入口石灰石粒径小于或等于20mm，湿式磨石机磨制的成品浆液粒径达到小于或等于0.044mm，满足两台炉燃用校核煤种时的石灰石耗量，并满足两台炉石灰石耗量的75%。每台磨石机配置一个磨石机浆液箱，包括一台搅拌器。每台磨石机浆液箱设两台100%容量磨石机浆液泵（一台备用），循环输送石灰石浆液至旋流器，每台磨石机配一套旋流器，旋流器下部安装了浆液分配器，两套电动推拉装置，将浆液输送至不同的设备。

通过浆液分配器电动推拉杆的作用，旋流器底流返回至磨石机或磨石机浆液箱，旋流器溢流进入供浆箱或磨石机浆液箱。在辅助区另设置了一座供浆箱其有效容积为600m^3；配置两台供浆泵用于将供浆箱浆液输送至吸收区浆液箱。供浆箱上方安装了一座石灰石粉仓，有效容积为300m^3，接受石灰石粉作为湿磨系统故障时紧急备用，仓底出口设置一台螺旋输送机，出力为32t/h，用于输送石灰石粉至供浆箱制浆。粉仓的流化采用流化板，气源由辅助区压缩气泵提供。

石灰石浆液制备系统为两台660MW机组公用，并可与另两台300MW机组的浆液供给系统互为备用。

吸收区公用区域设置了一座吸收区石灰石浆液箱，湿磨成品浆液经供浆泵输送至吸收区石灰石浆液箱，吸收区浆液箱分别向2×660MW机组吸收塔和另两台300MW机组浆液箱供浆，两台660MW机组每台设置两台浆液泵将石灰石浆液分别输送至2×660MW机组吸收塔，另设置两台浆液泵将石灰石浆液输送至两台300MW机组脱硫浆液箱。

三、烟气系统

烟气系统的设计应考虑系统的正常运行及紧急情况的操作，包括由于上游锅炉的突然变化引起的短时间烟气温度变化过大的情况。

每套脱硫装置烟气系统包括一台增压风机、一台回转式换热器GGH、一个烟气旁路挡板、一个烟气进口挡板、一个烟气出口挡板及相应的烟道和膨胀节等。

烟气系统按一台炉配备一个脱硫塔设计，从锅炉来的原烟气分别由烟道引至各自的烟气脱硫系统。烟气通过烟气进口挡板经过增压风机升压后进入GGH，原烟气的热量在GGH中被交换，在设计工况下，其温度降至98℃左右，冷却了的原烟气进入吸收塔进行脱硫反应。在吸收塔内原烟气与石灰石浆液充分接触反应脱除其中的SO_2，原烟气温度进一步降低至饱和温度48℃左右。脱硫后的净烟气经除雾器除去雾滴后返回GGH，加热后温度升至80℃以上，经过净烟气烟道、烟气出口挡板和烟囱排放到大气中。

每台锅炉配置一台100%负荷的动叶可调轴流式增压风机，增压风机用于克服FGD装置造成的烟气压降，增压风机布置于吸收塔上游的干烟区，避免受到低温烟气腐蚀。增压风机的性能将保证能在锅炉负荷范围内不同工况下正常运行，并留有一定裕度。

选用的换热器为回转式烟气换热器（GGH），是利用热烟气所带的热量加热吸收塔出来的冷的净烟气。在设计条件下且没有补充热源，GGH可将净烟气的温度提高到75℃以上。在热烟气的进口与GGH相连的烟道出口安置一套可伸缩的清洗设备，用来进行常规吹灰和在线水冲洗。清洗装置都有单独的、可伸缩的矛状管和带有单独的蒸汽和水喷嘴的驱动机械。GGH配一台高压冲洗泵，该泵为在线清洗提供高压冲洗水。吹灰器自动控制，自动吹灰系统可保证GGH的受热面不受堵塞，保持一定的净烟气出口温度。

当GGH停机后，换热元件可用低压水清洗装置进行清洗。此低压水清洗装置每年使用两次。每台GGH上有两个固定的水冲洗装置用来进行离线冲洗。每一个固定的水清洗装置配有带喷嘴的直管，从有一定间隔的喷嘴中均匀地向换热面喷冲洗水。

设置一套密封空气系统和防低泄漏系统，保证GGH漏风率不大于1%。

烟道采用普通钢制矩形烟道，增压风机入口前的原烟气段烟道由于烟气温度较高，无防腐处理，增压风机出口后的原烟气段烟道进行了防腐处理。GGH出口后的原烟气烟道由于烟气温度已降至98℃左右，低于酸露点，因此采用玻璃鳞片树脂涂层。GGH本身静态部件内侧和吸收塔出口后的全部净烟气烟道，也采用玻璃鳞片树脂涂层。为避免需防腐保护的烟道发生颤动和振动，导致玻璃鳞片脱落，烟道应进行充分的加固和支撑，烟道加固采用加强筋和支撑杆相结合的方式。

为了将烟气脱硫系统与锅炉分离开来，烟道上设有烟气挡板系统，以便于烟气脱硫系统正常运行和事故时旁路运行。每套烟气脱硫装置的挡板系统包括一个烟气进口挡板，一个烟气出口挡板和一个烟气旁路挡板，挡板为双百叶窗式；所有烟气挡板均采用上、下两层分别驱动的双层百叶窗式挡板，烟气旁路挡板具有快开功能。当脱硫系统正常运行时，烟气旁路挡板关闭，烟气进口挡板和烟气出口挡板开启，原烟气通过烟气进口挡板后进入烟气脱硫装置进行脱硫反应。在要求停运烟气脱硫系统的紧急状态下，烟气旁路挡板自动快速开启，烟气进口挡板和烟气出口挡板自动关闭，烟气通过旁路烟道绕过烟气脱硫系统直接排到烟囱。

为防止烟气在挡板门中的泄漏，所有烟气挡板都配有挡板密封空气系统，以保证“零”泄漏。该系统包括两台挡板密封风机及对应的一台电加热器，密封风用于烟气脱硫装置烟气进口挡板、烟气出口挡板和烟气旁路挡板的密封。

在BMCR工况下，烟道内任意位置的烟气流速不大于15m/s。

四、二氧化硫吸收系统

二氧化硫吸收系统设置主要用于脱除烟气中SO_2、SO_3、HCl、HF等污染物及烟气中的飞灰等物质。

FGD的二氧化硫吸收系统包括以下几个子系统：吸收塔系统、浆液再循环系统、氧化空气系统。主要设备包括1台吸收塔（含二级除雾器、四层喷淋层及喷嘴、氧化空气管）、2台悬浮泵、4台循环泵、3台氧化风机（两台运行一台备用）及相应的管道阀门等。

1. 吸收塔系统

吸收塔采用悬浮脉冲/池分离器吸收塔，自上而下可分为四个主要的功能区：除雾区、雾化喷淋吸收区、氧化区、中和结晶区。①除雾区，该区包括两级除雾器，用于分离烟气中夹带的雾滴，降低对下游设备的腐蚀、减少结垢和降低吸收剂及水的损耗；②吸收区，该区包括吸收塔入口及其以上的4层喷淋层，其主要功能是吸收烟气中的酸性污染物及飞灰等物质；③氧化区，该区为吸收塔浆液池分离器上部区域，主要功能是亚硫酸钙的氧化；④结晶区，该区为吸收塔浆液池分离器下部区域，主要功能是石灰石溶解和石膏结晶。

烟气通过吸收塔入口从吸收塔浆液池上部进入吸收区。在吸收塔内，热烟气与自上而下浆液4层喷淋层接触发生化学吸收反应，并被冷却。吸收塔上部吸收区pH值较高，有利于SO_2等酸性物质的吸收。浆液［含碳酸钙（镁）、亚硫酸钙（镁）、硫酸钙（镁）、氯化物、氟化物及惰性物质、飞灰和各种溶质］从烟气中吸收硫的氧化物（SO_x）以及其他酸性物质。在液相中，硫的氧化物（SO_x）与碳酸钙反应，形成亚硫酸钙和硫酸钙。

脱硫后的烟气依次经过除雾器除去雾滴，再经换热器升温加热后由烟囱排入大气。

氧化和结晶反应发生在吸收塔浆液池中，吸收塔浆液池中的pH值控制为5.5±0.2，吸收塔浆液池的尺寸保证能提供足够的浆液停留时间完成亚硫酸钙向硫酸钙的氧化和石膏（$CaSO_4 \cdot 2H_2O$）的结晶。

吸收塔浆液和喷淋到吸收塔中的除雾器冲洗水流入吸收塔底部，即吸收塔浆液池。新鲜的石灰石浆液从底部加入吸收塔浆液池中，继而经循环泵送至喷淋层的喷嘴进入吸收区，吸收塔浆液池液深5m左右（相对罐底）处，布置了数根粗管作为池分离器将浆液池其分为独立的上、下两部分，分离器由几根外衬橡胶的碳钢管构成，这几根分隔管均布置在罐体同一高度上。在分隔管的间隔中布置了氧化空气管提供了氧化空气，分隔管再加上氧化气管使吸收塔浆液池横断面面积减少了70%，这使得该处浆液向下的流速较大，避免了中和区浆液向氧化区反流，吸收塔浆液池上、下两部分的浆液不会发生混合。整个浆液池可分为氧化区和结晶区两部分。氧化区位于反应池上部，在低pH值下运行，有利于石灰石的溶解，为氧化反应提供适宜的氧化条件，有利于副产品石膏的生成反应。池分离器下方为结晶区，部分浆液从结晶区排出至石膏脱水系统。从吸收塔排出的石膏浆液含固浓度15%左右（质量百分比），经浓缩、脱水、使其含水量小于10%，然后落至石膏库房堆放。

吸收塔内不安装搅拌器，而是采用了几根带有朝向吸收塔底的喷嘴的管子，利用吸收塔外部的悬浮泵提供浆液脉冲能量。在停机后重新投运时，通过脉冲泵将液体从吸收塔反应池上部抽出，经管路重新输送回反应池内，当液体从喷嘴中冲出时就产生了脉冲依靠该脉冲作用可以搅拌起塔底固体物，进而防止产生沉淀使浆液中的固体颗粒保持悬浮状态。

吸收塔浆液池设置溢流管道，用于吸收塔液位高时溢流避免吸收塔浆液进入烟道，溢流管上设备透气管，用于破坏真空，防止吸收塔溢流时出现虹吸现象。

吸收塔顶部设有排空门，在正常运行时排空门关闭。当FGD装置停运时，排空门开启，以消除在吸收塔氧化风机还在运行时或停运后冷却下来时产生的与大气的压差。

2. 氧化空气系统

烟气中本身含氧量不足以氧化反应生成的亚硫酸钙。因此，需提供强制氧化系统为吸收塔浆液提供氧化空气。氧化系统将把脱硫反应中生成的半水亚硫酸钙（$CaSO_3 \cdot 1/2H_2O$）氧化为二水硫酸钙（$CaSO_4 \cdot 2H_2O$）即石膏。氧化空气系统将为这一过程提供氧化空气。

每台吸收塔的氧化空气系统由3台氧化风机（2运1备）、5根管网及相应的管道、阀门组成。其主要特点为氧化空气分布均匀、氧化空气用量较少、氧化效率高。

5根管网布置在分离器间隔中，氧化空气通过氧化空气管网均匀地分布在吸收塔底部反应浆液池中，管网位于吸收塔浆液池液深5m左右（相对罐底）处。此氧化方式需要氧化空气管网有一定的浸没深度，当浸没深度不足时将影响氧化，因此运行中应控制吸收塔液位正常，当吸收塔液位过低时，将影响吸收塔浆液氧化的正常进行。

3. 浆液再循环系统

浆液再循环系统由循环泵、喷淋层、喷嘴及其相应管道、阀门组成。循环泵的作用是将吸收塔浆液池中的浆液经喷嘴循环，并为产生颗粒细小、反应活性高的浆液雾滴提供能量。吸收塔系统配置4台浆液循环泵和四层喷淋层。

吸收塔浆液最佳pH值为5.5±0.2，pH值是由吸收塔中补充的石灰石浆液的量决定的。而加入吸收塔的石灰石浆液的量的大小将取决于预计的锅炉负荷、SO_2含量以及实际的吸收塔浆液的pH值。设置在悬浮泵的测量管道中的在线pH值探头将测量吸收塔浆液的

pH 值。

五、石膏脱水系统

石膏脱水系统分为两个子系统，即一级脱水系统和二级脱水系统。为 3、4 号机组公用的系统。一级脱水系统包括一个缓冲箱、两台缓冲泵（一运一备）、两台石膏旋流站；二级脱水包括两台真空皮带机及相应的泵、箱体、管道、阀门等。

从吸收塔排出的含固浓度 15%（质量比）左右的石膏浆液，由石膏排出泵泵入缓冲箱，再由缓冲泵泵入旋流器中。旋流器具有双重作用，即石膏浆液预脱水和石膏晶体分级。进入旋流器的石膏悬浮切向流动产生离心运动，细小的微粒从旋流器的中心向上流动形成溢流。石膏旋流器溢流进入溢流水箱。石膏旋流器的底流经石膏浆液分配器进入二级脱水系统。

二级脱水系统包括真空皮带机脱水系统、真空系统及冲洗系统。每台真空皮带脱水机出力为两台锅炉 BMCR 工况的 75%。石膏被脱水后含水量降到 10%以下，并对石膏滤饼进行冲洗以去除氯化物，从而保证石膏的品质，冲洗水排至溢流箱。

从真空皮带脱水机滤出的滤液流至溢流箱，溢流箱上安装了两台溢流泵和两台废水泵，正常时均一台运行一台备用。溢流箱内的浆液由溢流泵送至吸收塔及石灰石浆液制备系统循环使用。脱硫装置浆液内的水在不断循环的过程中，会富集 Cl、F 和重金属元素 V、Ni、Mg等，一方面加速脱硫设备的腐蚀，另一方面影响石膏的品质，为了维持整个吸收塔系统的氯离子平衡，将 FGD 系统中含飞灰和氯离子的废水排出，使系统内氯离子不会累积过高，部分溢流水箱中的水将通过废水泵将一部分溢流泵入废水旋流器分离，底流返溢流箱，溢流废水去化学废水处理系统处理。

真空系统由真空皮带机下真空槽盒、气水分离器、真空泵及相应的管道阀门组成，每台真空皮带脱水机对应设置了一台真空泵用于真空泵皮带脱水机真空的形成，气水分离器用于将抽出的水排出，气水分离器的液体排至溢流箱，要注意气水分离器的排水管要有一定的深度，以免漏真空，气水分离器的气体被真空泵吸收入并不断排出，使系统形成真空，对滤布上的石膏饼脱水。

为防止滤布堵塞及降低石膏中的氯离子含量，设置了滤布冲洗系统（包括一个滤布冲洗水箱、三台滤布冲洗水泵），用工艺水对滤布及滤饼进行冲洗。

石膏脱水系统设备轴封水、排放、冲洗水、箱罐溢流等均进入石膏脱水区地沟，最终进入石膏脱水区地坑。地坑内的水经地坑泵返回到溢流箱。

六、公用系统

1. 工艺水系统

工艺水来自电厂工业水系统，经过化学工业水泵进入工艺水箱，两台脱硫装置共用一个工艺水箱，工艺水箱有效容积为 160m^3，工艺水箱的液位通过进口电动门自动控制。在工艺水箱进口接有一旁路至工艺水泵出口处，用于工艺水泵全部故障时的紧急备用。工艺水箱配置了 3 台工艺水泵（2 运 1 备）。

工艺水主要用于：吸收塔蒸发水、吸收剂制备用水、石膏结晶水、石膏带走水分的补充水；烟气换热器 GGH 的冲洗水、除雾器冲洗水、真空泵冷却水、真空皮带脱水系统用水及所有浆液输送设备、输送管路冲洗水、储存箱的补水、各设备的密封、冷却水。

2. 设备冷却水

设备冷却水直接从工艺水管道接出，增压风机冷却水冷却设备后，返回工艺水箱，循环使用。吸收区其他设备冷却水冷却设备后，排至地坑作为吸收塔补充水。磨石机冷却水冷却设备后，排至制浆区地坑，最终进入供浆箱，制浆区气泵冷却水冷却设备后排至脱水区地坑，最终进入溢流箱，设备冷却水水量 30t/h。使用设备冷却水的设备包括增压风机油站、氧化风机、循环泵、悬浮泵、制浆区气泵、磨石机等。

3. 压缩空气

吸收区硫控气系统气源来自 3、4 号机组控制气系统接入单独储气筒，吸收区杂用气系统气源直接从 3、4 号机组杂用气系统接入单独储气筒。吸收区硫控气系统提供热控仪用吹扫用压缩空气。杂用空气系统提供给检修临时用气。

制浆区安装了 3 台杂用气泵，每台杂用气泵安装了一套干燥装置，经过干燥的压缩空气进入制浆区储气筒。制浆杂用气提供石灰石仓空气炮、石灰石仓布袋除尘器、石灰粉仓流化风、石灰粉仓布袋除尘器、真空皮带机纠偏及化学用气。

4. 事故排空系统

事故排空系统为两套脱硫系统公用包括：一个事故浆液箱（包括一台顶进式搅拌器）、两台事故浆液泵、一个石膏脱水区地坑、一个制浆区地坑、一个箱罐区地坑，每台锅炉一个吸收塔区地坑，每个地坑设置一台搅拌器和一台地坑泵。

地坑用来收集脱硫系统正常运行、清洗和检修中产生的排出物。地坑至高液位时，地坑泵自动，制浆区地坑液体打至磨石机浆液箱，脱水区地坑液体打至溢流箱，吸收区地坑可打至吸收塔或事故浆液箱，箱罐区地坑可打至事故浆液箱、渣仓（渣仓调湿）或脱水仓（灰库调湿）。

事故浆液箱用于储存吸收塔检修，既可以储存吸收塔检修排空时的浆液，又可作为吸收塔重新启动时的石膏晶种的储存库，小修、停运或事故情况下排放的浆液，通过排出泵将吸收塔中的浆液输送到事故浆液箱中。通过事故浆液泵，浆液可从事故浆液箱输送回到吸收塔。事故浆液箱储存能力按 BMCR 工况单台吸收塔系统检修时全部排放的浆液量考虑。

七、脱硫控制系统

整套脱硫控制系统由以下部分组成：分散控制系统（DCS）、废水处理控制系统（PLC）、就地仪表和控制设备、烟气连续监测系统、控制及仪表电源系统、火灾报警控制系统、闭路电视监视系统。

锅炉送至脱硫的信号有锅炉 MFT 信号、吸风机状态信号、锅炉负荷信号等。脱硫岛送至锅炉的信号有原烟气、净烟气及旁路挡板状态信号等。

1. 分散控制系统（DCS）的功能

分散控制系统（DCS）的功能包括脱硫 DAS、MCS、SCS、ECS。分散控制系统由操作员站、工程师站、冗余配置的数据高速公路及控制器等所组成，实现对本工程整个脱硫系统的数据采集、控制、调节、报警、计算、报表等功能。

2. 数据采集与处理系统（DAS）

数据采集与处理系统（DAS）连续采集和处理所有与脱硫工艺系统有关的重要测点信号及设备状态信号，以便及时向操作人员提供有关的实时信息。基本功能如下：过程变量输入扫描处理、固定限值报警处理，并可报警切除，LCD 显示、打印制表、历史数据存储和检索（HSR）、性能计算。

3. 主要模拟量控制系统（MCS）

主要模拟量控制系统（MCS）的功能：增压风机入口压力控制、石灰石浆液浓度控制、吸收塔pH值及塔出口SO_2浓度控制、吸收塔液位控制、石膏浆排出量控制，除主要闭环控制回路外，还将设置石灰石浆液池液位控制、工业水池液位控制等。

增压风机入口压力控制：为保证锅炉的安全稳定运行，通过调节增压风机导向叶片的开度进行压力控制，保持增压风机入口压力的稳定。在FGD烟气系统投入过程中，需协调控制烟气旁路挡板门及增压风机动叶的开度，保证增压风机入口压力稳定；在烟气旁路挡板关闭到一定程度后，压力控制闭环投入，关闭烟气旁路挡板。

（1）石灰石浆液浓度控制。石灰石浆液制备系统必须保证连续向吸收塔供应浓度一定的足够浆液。湿式磨石机磨制出的浓度很高的石灰石浆液（75%左右），在磨石机浆液箱内通过加水调节其浓度，磨石机浆液泵出口密度测量作为浆液浓度调节的反馈信号修正磨石机浆液箱进水量，使进入石灰石浆液旋流站的浆液浓度控制在一定范围内（50%左右）。从而最后得到合适的石灰石浆液浓度。

（2）吸收塔pH值及塔出口SO_2浓度控制。测量吸收塔前未净化和塔后净化后的烟气中SO_2浓度、烟气温度、压力和烟气量，通过这些测量可计算进入吸收塔中SO_2总量和SO_2脱除效率。根据SO_2总量，控制加入到吸收塔中的石灰石浆液量。通过改变石灰石浆液量调节阀的开度来实现石灰石量的调节。而吸收塔排出浆液的pH值作为SO_2吸收过程的校正值参与调节。

（3）吸收塔液位控制。吸收塔石灰石浆液供应量、石膏浆排出量及烟气进入量等因素的变化造成吸收塔的液位波动。根据测量的液位值，调节加入的溢流水及除雾器冲洗时间间隔，实现液位的稳定。

4. 主要顺序控制（SCS）功能组

主要顺序控制（SCS）功能组包括脱硫系统启动、停止顺序控制，除雾器清洗、石灰石制浆系统顺序控制，石膏脱水系统以及浆液管道冲洗顺序控制功能组等。

电气控制系统（ECS）：电气控制部分进入DCS有脱硫岛6kV进线、脱硫岛6kV馈线（电动机）、脱硫变压器、脱硫岛0.4kV PC及MCC、脱硫岛DC220V系统、脱硫岛UPS系统、6kV进线断路器、6kV高压电动机断路器、6.3kV/0.4kV高低压侧断路器、0.4kV PC段母联断路器及0.4kV电动机。

以控制系统监控电脑和键盘作为脱硫监视和控制中心，不设置常规仪表盘。但当控制系统的电源消失、通信中断、全部操作员站失去功能以及控制站失去控制和保护能力时，为确保脱硫系统紧急停运，为此在操作员控制台上设置独立于DCS的常规操作项目——FGD旁路挡板快开控制。

5. 烟气成分监测

每台锅炉在脱硫塔原烟气侧、净烟气侧和烟囱入口各设置一套CEMS，用于脱硫实时在线监控。CEMS的数据采集处理系统（DAS）每炉设置一套，满足环保和电力监督部门的在线监督要求。CEMS终端设备布置在带有空调的分析小间。

烟囱入口每套烟气监测装置检测项目至少包括SO_2、NO、NO_2、CO、烟尘浓度、含氧量、烟气温度、湿度、压力、流速和各成分排放总量等，FGD入口每套烟气监测装置检测项目至少包括SO_2、烟尘浓度、含氧量、烟气温度、压力、流速和各成分排放总量等，FGD出口每套烟气监测装置检测项目至少包括SO_2、烟尘浓度、含氧量、湿度、烟气温度、压力、流速和各成分排放总量等。CEMS系统的各监测项目全部进入FGD DCS中进行监控与记录。烟气连续在线监测装置有满足环保局、电监会监测要求的通信接口。

八、脱硫废水处理系统

脱硫装置浆液内的水在不断循环的过程中，会富集Cl、F和重金属元素V、Ni、Mg等，一方面加速脱硫设备的腐蚀，另一方面影响石膏的品质，因此，脱硫装置要排放一定量的废水，进入脱硫废水处理系统，经中和、絮凝、沉淀和过滤等处理过程，经处理的脱硫废水达标后排放。

在保证石膏品质情况下，经物料平衡计算，烟气脱硫排放废水量约为10.2t/h（24h平均）。废水处理系统按150%容量设计，装置出力不低于15t/h。

脱硫废水经废水处理系统处理后，其出水的各项指标均将符合国家《污水综合排放标准》(GB 8978—1996）的一级排放标准。

废水处理工艺包括以下三个分系统：脱硫装置废水处理系统、化学加药系统和污泥脱水系统。

1. 脱硫装置废水处理系统

脱硫装置废水处理流程为：

石灰乳（↓中和箱）　有机硫（↓反应箱）　聚铁、助凝剂（↓絮凝箱）　盐酸（↓清水箱）

脱硫废水→废水缓冲池→中和箱→反应箱→絮凝箱→澄清/浓缩箱→清水箱→排放

澄清/浓缩箱↓板框压滤机→储泥斗→外运

烟气净化期间产生的废水呈酸性，含有一些固体物。在化学—物理处理装置中，废水中的悬浮物、杂质、重金属等得到了去除，废水得到了澄清，洁净水被排放。脱硫装置的废水连续排至废水处理系统，通过以下处理步骤单流程连续处理。

首先，来自FGD的废水进入废水处理系统的废水缓冲池中。废水池中配置多孔UPVC布气管，作为曝气及搅拌用，由罗茨风机产生的压缩空气对水进行曝气以降低COD值，再由废水泵送至反应槽中和箱中。

在中和箱中，废水的pH值采用加石灰乳的方式调升至9～9.5的范围，此过程中大部分重金属形成微溶的氢氧化物从废水中沉淀出来。同时，石灰浆液中的Ca^{2+}还能与废水中的部分F^-反应生成难溶的CaF_2，与As^{3+}络合生成$Ca_3(AsO_3)_2$等难溶物质。

不能以氢氧化物形式沉淀的重金属，在反应箱中采用加入有机硫药液，使残余的重金属与有机硫化物形成微溶的化合物，以固体的形式沉淀出来。

经加石灰乳和有机硫进行化学沉淀反应后，废水中还含有许多细小而分散的颗粒和胶体物质，所以在絮凝箱中，加入一定比例的聚铁药剂，使它们凝集成大颗粒而沉积下来。在絮凝箱的出口加入阳离子高分子聚合电解质作为助凝剂，来降低颗粒的表面张力，强化颗粒的长大过程，进一步促进氢氧化物和硫化物的沉淀，使细小的絮凝物慢慢变成更大、更易沉积的絮状物，同时使废水中的悬浮物也沉降下来。

$Ca(OH)_2$ 加药量通过 pH 值控制调节，有机硫、絮凝剂和助凝剂等的加药量根据废水流量按比例加入。

加药后的废水溢流进入澄清/浓缩器。在澄清/浓缩器中，絮凝物和水得到分离。絮凝物沉降在底部，在重力浓缩作用下形成浓缩污泥，浓缩污泥通过刮泥装置排除（刮泥装置在澄清/浓缩池的底部中心圆锥上有中心驱动装置）。污泥通过澄清/浓缩器底部管道由泵抽走送至板框式压滤机进行污泥脱水。澄清水由周边溢出箱体，自流至下一级清水箱中。

从澄清/浓缩器上部集水箱中出来的澄清水自流入清水箱，连续检测清水箱排放水的 pH 值，pH 值超过最高限 9 时，排放水返回清水箱，向水中加入盐酸，调节 pH 值到 7～9 范围后排放。若出水浊度或 COD 超标，则排放至废水缓冲池重新处理。

2. 化学加药系统

化学加药系统包括石灰乳加药系统、絮凝剂加药系统、有机硫化物加药系统、助凝剂加药系统及盐酸加药系统。

(1) 石灰乳加药系统。整个系统包括石灰浆卸料泵、石灰浆储存箱、石灰浆循环泵（1＋1备用)、石灰乳制备箱和石灰乳泵（1＋1 备用)。

石灰浆由卡车或槽车供应，用卸料泵卸至石灰浆储存箱中。石灰浆储存箱有阻止粗物料通过的一套筛网和筛网的冲洗装置。在卸料结束后，用工艺水冲洗管路。

在石灰乳制备箱中调配使浆液浓度为 5%～10%，用石灰乳泵送入中和箱。石灰乳制备箱的液位决定何时从石灰浆储存箱开始新一轮的给料循环。

停运石灰浆循环泵或石灰乳泵后，石灰浆液管路必须彻底清洗。

(2) 絮凝剂加药系统。絮凝剂加药系统由絮凝剂加药单元组成，加药单元设备安装在一个整体框架上。安装在框架上的设备包括一个容积为 1.5m^3 溶液箱、两台 0～50L/h 的液压隔膜计量泵（进口)、平台扶梯及相应的管路、管件、电缆管、电缆、阀门等配件。聚铁溶液由人工加入溶液箱，再由隔膜计量泵（1＋1 备用）加入到反应槽反应箱中。最佳加药量视现场调试而定。

(3) 助凝剂加药系统。助凝剂加药系统由助凝剂加药单元组成，加药单元设备安装在一个整体框架上。安装在框架上的设备包括两个容积为 1.5m^3 溶液箱、三台 0～50L/h 的液压隔膜计量泵（进口)、平台扶梯及相应的管路、管件、电缆管、电缆、阀门等配件。助凝剂由人工加入溶液箱，再由隔膜计量泵（2＋1 备用）分别加入到反应槽反应箱和板框式压滤机中。最佳加药量视现场调试而定。

(4) 有机硫化物加药系统。有机硫加药系统由有机硫加药单元组成，加药单元设备安装在一个整体框架上。安装在框架上的设备包括一个容积为 1.5m^3 溶液箱、两台 0～50L/h 的液压隔膜计量泵（进口)、平台扶梯及相应的管路、管件、电缆管、电缆、阀门等配件。有机硫化物由人工加入溶液箱，再由隔膜计量泵（1＋1 备用）加入到反应槽反应箱中。最佳加药量视现场调试而定。

(5) 盐酸加药系统。盐酸加药系统由盐酸加药单元组成。加药单元设备包括一个 5m^3 的盐酸储存箱、一台卸酸泵、两台流量为 0～50L/h 的液压隔膜计量泵、一台酸雾吸收器等设备。为防止泄漏腐蚀，盐酸储存箱地面采取防腐措施。来料由槽车提供，为防止环境受到污染，设置酸雾吸收器吸收由盐酸储存箱内挥发出的酸雾，并在盐酸储存箱附近设有一台安全沐浴器。

3. 污泥脱水系统

浓缩污泥→压滤机→滤饼→堆场
↓（压滤机）
滤液→废水缓冲池

污泥脱水系统包括污泥输送泵、压滤机、电动储泥斗等设备。

在废水澄清过程中，澄清/浓缩器底部沉淀的污泥通过污泥输送泵送至板框式压滤机中进行脱水，脱水后的污泥储存在板框式压滤机下方的电动储泥斗内，再由汽车运至指定的废弃物场。

污泥脱水系统产生的滤液自流至废水缓冲池中。

用污泥泵将浓缩污泥从澄清器送至板框式压滤机。压滤机间断运行。板框压滤机的给料程序由污泥输送泵启动开始，经过一段时间的加料后，由于滤框内的“滤饼堆积”，滤板上的压力降增加，压力增加导致压滤机的流量减少，当压力达到上限值或至压滤机的流量降低到最低值时，过滤过程即停止。

当给料和压饼阶段完成后，液压液体密封装置打开，滤框的板也张开，滤饼经泥斗掉入储泥斗中，此容器位于压滤机下方。干污泥用卡车处运至指定堆放场地。

在给料和挤压中产生的滤液自流进入废水缓冲池。

第三节　FGD 系统主要设备选型

一、烟气系统设备选型

烟气系统主要设备包括增压风机、烟气换热器、烟气挡板、膨胀节等。

1. 增压风机

增压风机用于烟气增压，以克服 FGD 系统烟气阻力。增压风机选用动叶可调轴流式风机，选取风机的流量富裕量 10%，另加 10℃的温度裕量和 20%的压力富裕量。

增压风机设置在热烟气侧，避免了低温烟气的腐蚀，从而减轻了风机制造和材料选型的难度。风机叶片材质主要考虑防止叶片磨损，以保证长寿命运行；在结构上考虑叶轮和叶片的检修和更换的方便性。

FGD 装置烟气各部分阻力如下：

烟道阻力 850Pa；

脱硫后烟囱增加阻力 120Pa；

吸收塔阻力 1250Pa；

换热器阻力 1000Pa。

每台炉设一台 100%烟气量增压风机，每台增压风机的运行参数如下（BMCR）：

流量 2129040m^3/h（标准状态）；

压升 3220Pa；

效率 83.9%。

材料为：

叶片 Q345D；

轴 35GrMo；

轮毂 42GrMo。

电动机：

额定功率 4800kW；

电压 6000V。

2. 烟气换热器（GGH）

GGH 选用回转式烟气换热器、搪瓷换热元件。GGH 利用锅炉出来的原烟气来加热经脱硫之后的净烟气，使净烟气在烟囱进口的最低温度达到 80℃以上。

GGH 转子可采用围带驱动方式。每台 GGH 设两台双变频电动驱动装置，电动机均采用空气冷却形式，两台电动机同时驱动 GGH。通常两台电动机同时带动 GGH 运行，一台驱动装置或电动机故障停用，修复后不能立即启动，只有等 GGH 下次停机后才可以再次将驱动投入，GGH 转动时不可启动驱动。

GGH 采取主轴垂直布置，即气流方向为原烟气向上（去吸收塔），净烟气向下（去烟囱排放）。因为原烟气中含有一定浓度的飞灰，飞灰可能会沉积在装置的内侧，随着时间的推移，热传递的效率可能会降低。为防止 GGH 传热面间的沉积结垢而影响传热效率，增大阻力和漏风率，减小寿命，需要通过吹灰器使用压缩空气清洗或用高压水进行定时清洗，吹灰器配有一根可伸缩的喷枪。视烟气中飞灰含量情况，决定每班或每隔数小数冲洗一次 GGH，或当压降超过给定最大值时，说明有一定程度的固体颗粒沉积，需启动高压水泵冲洗。高压水泵冲洗在运行时进行（根据装置的运行情况）在线冲洗。当 FGD 装置停运时，可用低压水冲洗换热器（离线冲洗）。

GGH 的防腐主要有以下措施：对接触烟气的静态部件采取玻璃鳞片树脂涂层保护，对转子格仓、箱条等回转部件采用 20mm 厚板考登钢，密封片采用高级不锈钢 AVESTA254，换热元件采用喷涂搪瓷的低碳钢（或去碳钢）片。

GGH 的技术性能参数如下（设计工况下）：

原烟气侧进/出口温度 131/98℃；

净烟气侧进/出口温度 48/80℃；

总泄漏率<1%（未处理烟气至处理后烟气）；

转子直径 12.8m；

加热面积（涂搪瓷钢）10 514m^2（单面，取决于换热元件波形和传热系数）；

换热元件为涂搪瓷钢板，换热元件厚度 0.8mm，镀搪瓷厚度 0.2mm×2mm。

3. 烟气挡板

每台炉 FGD 烟道系统设有 3 个烟气挡板。所有烟道挡板采用上、下两层分别驱动的双挡板的形式，而且具有 100%的气密性。烟道旁路挡板要求采用进口调节型电动执行机构，开度信号接入 FGD-DCS。旁路挡板还具有快速开启的功能，全关到全开的开启时间应小于 25s。

烟气挡板能够在最大的压差下操作，并且关闭严密，不会有变形或卡涩现象，而且挡板在全开和全闭位置与锁紧装置要能匹配，烟道挡板的结构设计和布置要使挡板内的积灰减至最小。

每个烟气挡板的操作应灵活方便和可靠。驱动挡板的电动执行机构应可进行就地配电箱（控制箱）操作和FGD-DCS远方操作，挡板位置和开、关状态现场有指示和反馈进入FGD-DCS系统。

执行器应配备两端的位置定位开关，两个方向的转动开关，事故手轮和维修用的机械联锁。

所有挡板、执行器的全开全关位应配有四开四闭行程开关，接点容量至少为220VAC、3A。

执行器的速度应满足锅炉和FGD增压风机的运行要求。

挡板（包括旁路挡板）打开/关闭位置的信号用于增压风机和锅炉的联锁保护。

每个挡板全套包括框架、挡板本体、电动执行器、挡板密封系统及所有必需的密封件和控制件等。

烟道挡板框架的安装应是法兰螺栓连接，挡板按水平主轴布置。

挡板密封空气系统包括密封风机（每炉两台，2×100%容量，一运一备）。密封风压力至少维持比烟气最高压力高500Pa。密封风机出口设有可控晶闸管调温电加热器，加热密封风。

二、二氧化硫吸收系统设备选型

1. 吸收塔

吸收塔采用脉冲悬浮/池分离塔，内有氧化空气管、喷淋层、喷嘴、除雾器及玻璃鳞片防腐内衬，每炉一台。其有关技术参数如下（单台）：

吸收塔进口烟气量2 131 142m^3/h（湿基，标准状态）；

吸收塔出口烟气量2 218 798m^3/h（湿基，标准状态）；

设计压力－2000～5000kPa；

浆液循环停留时间3.75min；

液气比（L/G）11.2L/m^3；

Ca/S（mol）1.028；

烟气流速3.8m/s；

烟气在吸收塔内停留时间4.42s；

浆池固体含量，最小为8%，最大为18%；

吸收塔直径15.5m；

吸收塔总高度40.69m；

吸收塔吸收区高度12.5m；

吸收塔浆池高度9.5m；

吸收塔浆池容积180m^3；

喷淋层数量4层；

每层喷嘴数110个；

喷嘴形式，上层单空心锥型，其他双空心锥型；

氧化空气入口支管5个；

除雾器 2 级；

除雾器冲洗喷嘴 600 个。

2. 循环泵

循环泵的技术参数如下；

泵的形式：离心；

数量：每炉 4 台；

流量：7200m^3/h；

扬程：分别为 22、24、26、28m；

材质：叶轮 Cr30A；

密封：机械密封。

3. 氧化风机

氧化风机是提供氧化空气使亚硫酸钙在浆液池中氧化成石膏的设备。每台机组 BMCR 工况下 3×50%配置，2 运 1 备。

其技术参数如下：

数量：每炉 3 台（2 运 1 备）；

类型：罗茨风机；

风量：5300m^3/h（湿态，标准状态）；

压升：82kPa；

出口温度：102℃。

4. 排出泵

排出泵通过管道将石膏浆液从吸收塔中输送到石膏浆液缓冲箱，再由缓冲泵送到石膏旋流站，还可用来将吸收塔浆液池排空到事故浆液箱中。

数量：每炉两台（一运一备）；

形式：离心式；

流量：Q=110m^3/h；

扬程：H=52m；

密封：机械密封。

三、石膏脱水系统设备

1. 旋流站

旋流器将石膏浆液一级脱水，使残留含水量约 40%～50%。

数量：共两套；

出力：100m^3/h；

底流含固量：40%～50%；

材质：PU/碳钢衬胶。

2. 真空皮带机

真空皮带机共两台，每台出力按两台炉设计煤种 BMCR 工况下 75%石膏产量设计。

数量：2 台；

处理石膏量（单台）：21t/h；

脱水面积（单台）：24m^2。

3. 真空泵

数量：2台；

形式：水环式；

额定排气量：6300m^3/h；

吸气压力：400～600mbar（1bar＝0.1MPa）；

电动机功率：132kW。

4. 滤布冲洗水泵

数量：3台（2运1备）；

形式：离心式；

流量：10m^3/h；

扬程：60m；

额定功率：7.5kW。

四、吸收剂储存和制浆系统

1. 振动给料机

数量：1台；

出力：150t/h；

功率：2kW；

电动机转速：1500r/min。

2. 皮带输送机

数量：1台；

出力：150t/h；

带宽：800mm；

拉紧装置：重锤拉紧；

电动机功率：30kW；

输送距离：85m。

3. 除铁器

数量：1台；

型号：RCYD-6。

4. 布袋除尘器

数量：3台；

处理风量：2000m^3/h；

除尘效率：99.95%。

5. 皮带称重给料机

数量：1台；

出力：0～16t/h；

形式：变频调速；

输送距离：8.5m；

给料/计量精度：±0.5%。

6. 湿式钢球磨石机

数量：2 台；

系统出力：16t/h；

配润滑油系统等辅助系统。

7. 石灰石旋流器

数量：2 台；

系统出力：16t/h；

溢流重量浓度：25%～30%；

溢流细度：90%过 325 目。

8. 湿式磨石机浆液泵

数量：4 台（2 运 2 备）；

处理流量：95m^3/h，扬程 30mH_2O。

9. 磨石机浆液箱

数量：2 个；

有效容积：6m^3。

10. 磨石机浆液箱搅拌器

数量：2 台；

形式：顶进式；

功率：2.2kW。

11. 螺旋输送机

数量：1 台；

输送距离：10m；

处理量：32t/h。

五、公用系统

1. 工艺水泵

数量：3 台（2 运 1 备）；

形式：离心式；

出力：120m^3/h；

扬程：60m；

电动机功率：45kW；

材质：外壳为碳钢，叶轮为碳钢；

密封：机械密封。

2. 事故浆液箱

在事故情况和维修工作中，事故浆液箱用于收集吸收塔浆液池、石灰石浆液箱和排放地坑中的浆液。

事故浆液箱为圆形，采用钢结构，内衬防腐材料。为了便于检修，还设有人孔。事故浆液箱配有 1 台顶进式搅拌器。搅拌器安装在浆液箱顶，垂直安装。搅拌器用来防止池内浆液中固体颗粒的沉积。

3. 事故浆液泵

事故浆液泵用来排放事故浆液储存池中的浆液。

其技术参数为：

数量：2台（1运1备，间断运行）；

形式：离心式；

出力：230m³/h；

扬程：25m；

电动机功率：45kW；

材质：全金属泵。

4. 地坑

各区域地坑用于收集正常运行，清洗和维修时该区域管道的排放物。

地坑为方形，内衬防腐材料。坑本体和坑顶是用混凝土制成，为了便于检修，还设有人孔。各地坑均配有一台搅拌器及一台液下泵。搅拌器为顶进式，安装在地坑顶，垂直安放。搅拌器用来防止坑内浆液中固体颗粒的沉积，采用防腐耐磨的全金属结构。主要参数见表7-8。

表7-8 各地坑主要参数

名称	设备规格型号	单位	数量
吸收区地坑	3000mm×3000mm×3000mm，搅拌器功率7.5kW	个	2
脱水区地坑	3000mm×3000mm×3000mm，搅拌器功率7.5kW	个	1
制浆区地坑	3000mm×3000mm×3000mm，搅拌器功率7.5kW	个	1
箱罐区地坑	3000mm×3000mm×3000mm，搅拌器功率7.5kW	个	1

5. 地坑泵

地坑泵安装在地坑内，用于将浆液从地坑中输送到吸收塔或事故浆液箱。地坑泵为液下泵，其材质为碳钢衬胶。技术参数见表7-9。

表7-9 各地坑泵技术参数

名称	设备规格型号	单位	数量
吸收区地坑泵	Q=30m³/h，0.4MPa	台	2
脱区地坑泵	Q=30m³/h，0.4MPa	台	1
制浆区地坑泵	Q=30m³/h，0.4MPa	台	1
箱罐区地坑泵	Q=30m³/h，0.4MPa	台	1

六、废水处理系统

1. 废水缓冲池

废水缓冲池设有带多孔UPVC管曝气搅拌系统、水位指示器和所有其他需要的设备，具有调节废水水量和水质的作用，设计水力停留时间16h，数量1台。

2. 反应箱

废水系统设有3个分开的反应箱用作中和、反应、絮凝用，内设搅拌器设备。反应箱中分别投加石灰乳、有机硫、复合铁盐发生系列氧化还原反应主要将废水中的重金属污染物转化为铵化物；絮凝箱中投加絮凝剂使废水中的悬浮固体经过絮凝作用生成絮凝体。3 个箱体的设计水力停留时间均为 1h。

3. 澄清/浓缩池

澄清/浓缩池具有凝聚、澄清、污泥浓缩的综合作用，配带有搅拌器、刮泥机。经过絮凝后的废水在进入澄清/浓缩池后进一步絮凝并充分沉淀，上清液溢流至清水箱，产生的底部污泥周期性地排出并进行脱水处理。池体的设计水力停留时间为 4h，数量 1 台。

4. 清水箱

清水箱用于接纳经过处理后的废水，并在此进行最终的 pH 值调节。设计水力停留时间 5h，数量 1 台。

设备清单见表 7-10。

表 7-10　　设 备 清 单

名　称	设备规格型号	单位	数量	备注
废水缓冲池	有效 $V=240m^3$，7000mm×7000mm×5000mm，混凝土衬鳞片，带多孔 UPVC 管曝气搅拌系统	个	1	
废水泵	$Q=15m^3/h$，$p=3bar$，电动机功率 4kW	台	2	自吸泵/液下泵
中和箱	有效 $V=15m^3$，2500mm×2500mm×2500mm，钢衬胶	个	1	
中和箱搅拌器	轴及叶片钢衬胶，电动机功率 2.2kW	台	1	
反应箱	有效 $V=15m^3$，2500mm×2500mm×2500mm，钢衬胶	个	1	
反应箱搅拌器	轴及叶片钢衬胶，电动机功率 2.2kW	台	1	
絮凝箱	有效 $V=15m^3$，2500mm×2500mm×2500mm，钢衬胶	个	1	
絮凝箱搅拌器	轴及叶片钢衬胶，电动机功率 2.2kW	台	1	
澄清/浓缩器	有效 $V=60m^3$，ϕ4200，钢衬胶	个	1	
澄清/浓缩器刮泥机	轴及叶片钢衬胶，电动机功率 0.75kW	台	1	
清水箱	有效 $V=80m^3$，ϕ4500，钢衬胶	个	1	
清水箱搅拌器	轴及叶片钢衬胶，电动机功率 5.5kW	台	1	
清水泵	$Q=40m^3/h$，$p=3bar$，电动机功率 7.5kW	台	2	离心泵
板框式脱水机	过滤面积 $180m^2$，电动机功率 5.5kW	台	1	
污泥输送泵	$Q=25m^3/h$，$p=6bar$，电动机功率 11kW	台	2	螺杆泵
电动污泥斗	$V=8m^3$，钢衬胶，电动机功率 0.75kW	个	1	
罗茨风机	$Q=5m^3/min$，$p=40kPa$，电动机功率 7.5kW	台	2	
卸石灰浆泵	$Q=5m^3/h$，$p=3bar$，电动机功率 3kW	台	1	螺杆泵
石灰浆储存箱	$V=15m^3$，ϕ2800，钢衬胶	个	1	
石灰浆储存箱搅拌器	轴及叶片钢衬胶，电动机功率 5.5kW	台	1	
石灰浆循环泵	$Q=5m^3/h$，$p=3bar$，电动机功率 3kW	台	2	螺杆泵

续表

名　称	设备规格型号	单位	数量	备注
石灰乳制备箱	V=5m^3，ϕ2000 钢衬胶	个	1	
石灰乳制备箱搅拌器	轴及叶片钢衬胶，电动机功率 1.5kW	台	1	
石灰乳泵	Q=0.5m^3/h，p=2bar，电动机功率 0.75kW	台	2	螺杆泵
有机硫溶液箱	V=1.5m^3，ϕ1200，钢衬胶	个	1	
有机硫溶液箱搅拌器	轴及叶片钢衬胶，电动机功率 0.75kW	台	1	
有机硫计量泵	Q=0～50L/h，p=6.9bar，电动机功率 0.25kW	台	2	液压隔膜计量泵
聚铁溶液箱	V=1.5m^3，ϕ1200，钢衬胶	个	1	
聚铁溶液箱搅拌器	轴及叶片钢衬胶，电动机功率 0.75kW	台	1	
聚铁计量泵	Q=0～50L/h，p=6.9bar，电动机功率 0.25kW	台	2	液压隔膜计量泵
助凝剂溶液箱	V=1.5m^3，ϕ1200，钢衬胶	个	2	
助凝剂溶液箱搅拌器	轴及叶片钢衬胶，电动机功率 0.75kW	台	2	
助凝剂计量泵	Q=0～50L/h，p=6.9bar，电动机功率 0.25kW	台	3	液压隔膜计量泵
盐酸卸料泵	Q=5m^3/h，p=0.3MPa，电动机功率 4kW	台	1	
盐酸储存箱	V=5m^3，ϕ2000 钢衬胶	个	1	
盐酸计量泵	Q=0～50L/h，p=6.9bar，电动机功率 0.25kW	台	2	液压隔膜计量泵
酸雾吸收器	ϕ350，PVC	台	1	
安全淋浴器	不锈钢	台	1	

第四节　FGD 系统的优化

电厂 FGD 系统的投资和运行维护费用都十分高，FGD 技术在国内运用时间不长，在设计、运行上存在许多不合理之处，使得 FGD 系统投资和运行费用增高。这需要根据各电厂的具体情况，优先选用适宜的 FGD 工艺，对选定的 FGD 系统配置进行设计优化，同时对各运行参数进行优化以取得最佳的运行效果，保证设备更安全经济的运行。

对于已选定的 FGD 系统工艺来说优化可以从系统设计优化、控制逻辑优化、运行优化三方面来考虑。

一、系统设计优化

系统设计的合理性影响了设备的投资成本，并直接影响 FGD 系统的安全及经济运行。初始运行时或多或少会发现一些设计不合理之处并对之进行优化，当然每个电厂由于选择工艺和设计单位的不同，优化的内容与范围也不会相同，在这里只是对系统的一系列优化经验进行说明，以供参考。

1. 工艺水系统的优化改进

原工艺水系统设计由电厂工业水泵向工艺水箱提供水源，工艺水进口管道直径 250mm，工艺水箱进水有进水电动门根据液位联锁开关来实现，电动门前有一手动阀门。运行中发现当工艺水箱进水手动阀门开足水箱进水时，工艺水进水流量高达 300t/h 以上，使工业水系统压力骤降，备用工业水泵自启动，随着工艺水箱的进水，工业水系统压力出现周期性变化而且备用工业水泵频繁启动，影响了主机冷却水的供给，严重影响安全运行。试验关小手动阀门，关小至还有两圈时，工艺水进水流量仍有200t/h左右。

调试中发现工艺水泵与系统用水量不符，工艺水泵电流超限，一方面对工艺水泵进行了更换，另一方面对系统进行了改进。考虑到工业水泵有足够的余量，在工业水母管上直接接一路至工艺水泵出口处由工业水泵直接提供工艺水，工艺水系统压力依靠工业水泵的调频和备用泵启停进行调节，这样虽然增加了工业水泵的用电，但是省去了工艺水泵的电耗及运行费用，而且使工业水压力变化减至最小，当工业水泵直接供水时，引起压力波动的是除雾器冲洗和设备冲洗用水，其他均为固定流量的用水，而除雾器冲洗时瞬间流量在50～80t/h左右，远远小于原来的200t/h。

工艺水泵功率为45kW，一天1080kW/h，可见节电是非常明显的，且减少了备用工业水泵的频繁启动。

工艺水系统的设计中还经常出现一种情况，就是忽略了各管道分段隔绝门的设置，以至于有时因为一个阀门的泄漏无法隔绝，需待整个系统停运才能进行处理，因此应注意这方面的问题。

2. 冷却水系统优化

原设计增压风机、循环泵、氧化风机、悬浮泵、磨石机等设备的冷却水均由工艺水泵提供并在冷却设备后进入地坑，最终作为吸收塔补水，由此带来的是当机组负荷较低时，系统补水量超过消耗量，使除雾器无法及时冲洗，影响了系统的水平衡，为此对系统进行了优化，由主机闭冷水系统供给增压风机、循环泵、氧化风机冷却水，冷却设备后回水也回至闭冷水系统，这样就解决了低负荷时的水平衡问题。

3. 事故排空系统的优化

由于该系统事故排空系统及工艺水、供浆系统为公用系统且集中布置，因此，在事故浆液箱、工艺水箱、石灰石浆液箱集中布置，在箱罐区设置地坑，原设计箱罐区地坑内液体打至事故浆液箱，而正常运行时地坑内最多的是浆液泵的轴封水，这些水不断地进入事故浆液箱，使事故浆液箱无法保持常空状态而失去了本原设置的意义，而且一旦事故浆液箱内液位高势必要打回吸收塔，大量的液体进入吸收塔内使吸收塔液位难以控制，且增加了事故浆液泵的电耗及运行成本。因箱罐区地坑内储存的大部分为箱罐区设备的轴封水基本为清水，对系统进行了优化改造，将箱罐区地坑浆液排至除渣系统，这样即节约了运行成本，又有利于脱硫系统的水平衡。

4. 浆液制备系统的优化

制浆区地坑内液体直接打至供浆箱，对供浆箱浆液起到了一个稀释的作用，当磨石机出口浆液密度达1550kg/m^{3}以上时，浆液箱密度依然低于1200kg/m^3，要提高供浆箱的密度必须靠提高磨石机出口的密度来维持，这样加速了湿磨系统的磨损。针对此情况进行了系统优化，考虑到制浆区地坑内除了轴封水还有设备排放及溢流时的石灰石浆液，将地坑出口改接至磨石机出口石灰石浆液箱，用于磨石机出口浆液的补给水，这样减少了磨石机后部设备的磨损并有利于提高石灰石浆液密度，以利于高负荷时脱硫效率的维持。

5. pH计、密度计测量回路的优化

一般设计中pH计、密度计设置于石膏排出泵出口循环回路中，因此必须保持排出泵常运行，增加了排出泵的电耗及运行成本，经过优化将pH计、密度计测量回路设置在悬浮泵出口母管上，如不采用悬浮泵而使用搅拌器时可在循环泵出口管道上设置一旁路安装pH计、密度计测量。660MW机组FGD系统排出泵功率为55kW，脱水系统运行时间在12h左右，pH计、密度计测量回路不在排出泵出口上每年可节约用电24万kWh。还可省去排出泵的运行维护成本。

二、控制逻辑优化

控制逻辑是否完善对设备正常运行和设备事故时的保护均极为重要，虽然石灰石—石膏湿法脱硫的工艺不同，设计和设备选型不同，但对设备的保护原则是相同的，下面提供一些逻辑优化经验以供参考。

1. 烟气旁路挡板控制优化

为了将FGD系统对主机的影响减至最小，确保FGD本身的安全，防止烟FGD系统运行及调整的不正常引起对主机的影响，对烟气旁路挡板的保护开和允许关条件进行了优化，除了常规的烟气旁路保护条件外增加了一系列的保护条件。为减小FGD系统压力对主机炉膛压力的影响，设置了增压风机进口烟气压力高于800Pa或低于－1000Pa保护开的条件。为防止FGD系统启动时增压风机动叶因动叶开度开启太小，关闭旁路时操作不当引起锅炉炉膛压力的波动，增加了增压风机动叶开度大于20％时允许烟气旁路挡板关的条件。

为防止高温引起了吸收塔内部设备损坏，设置了增压风机出口温度高于150℃保护开。为防止因浆液喷淋不足和浆液喷淋无法全面覆盖而出现烟气通道，造成吸收塔内局部高温，使除雾器出现损坏，设置了浆液循环泵少于2台运行时保护开及浆液循环泵至少2台运行允许关。

2. 增压风机动叶调节控制优化

为防止运行中因增压风机动叶调节不当造成锅炉炉膛压力波动，设置了增压风机入口压力小于－650Pa动叶闭锁增，增压风机入口压力大于50Pa动叶闭锁减。增压风机失速报警时延时1s自动动叶开度自动减至30％以下，增压风机已停运时延时1s动叶开度自动减至0％。

3. 循环泵控制优化

除了一般的循环泵保护逻辑，为了防止因循环泵的误停而造成烟气旁路挡板自动打开，设置了增压风机已停运或至少两台循环泵在运行时允许停运循环泵。

为防止FGD系统运行时，停运循环泵出口管道的腐蚀，设置了循环泵停用后的注水程序，循环泵停用冲洗结束，进口门关闭后，开启冲洗门注水600s，注水时间可根据调试情况进行调整。

4. 浆液泵浦的控制优化

浆液泵浦进出口阀门泄漏很常见，由于进出口阀门的泄漏容易造成泵及管道的堵塞，使设备无法启动或损坏设备，因此在浆液泵浦顺序控制停运的逻辑中设置了注水逻辑，防止因阀门内漏而且出现的设备损坏，并且设置防冻按钮，以便冬季时取消注水，防止因设备注水而造成的结冰冻裂设备及管道。

三、运行优化

尽管设计时根据设计工况优化了各种参数，但实际运行中，锅炉煤种、负荷和烟气量、烟气温度、烟尘浓度、吸收剂品质等是经常变化的，若仅根据原设计参数运行，可能会对主机和FGD系统本身的安全运行均造成威胁。因此应根据具体情况对运行方式、参数控制等进行优化，使FGD系统处于最佳运行状态，提高FGD系统的可靠性和安全性，并降低运行与维护成本。

1. 脱水系统与制浆系统同时运行

制液系统为湿磨系统，湿磨制浆用水主要用脱水系统溢流及滤液，因此运行中发现脱水系统进行脱水时，同时运行湿式磨石机进行制浆，不但可以节约工艺水补水，而且可以减少回到吸收塔的溢流及滤液的量。

经验表明：当单台机组运行时每天脱水系统和制浆系统同时运行机12h已能满足石膏排出和石灰石浆液供给的需要，这样既节约用水又解决了水平衡问题。

2. 循环泵的经济运行

循环泵的投用数量关系着脱硫效率和运行的经济性，循环泵的运行台数及运行组合可通过试验来得到。由于脱硫系统最高一层喷淋层为单向喷嘴，而其余三层均为双向喷嘴，运行中为防止浆液的携带且最高层对脱硫效率的影响最大，因此，建议不停最高喷淋层循环泵。

运行中可以根据机组负荷及烟气中SO_2浓度，对循环泵的运行数量及组合进行调整，以实现循环泵的经济运行。但需注意的是不能长期停运一台循环泵，否则容易造成循环喷嘴的结垢与堵塞。

3. 石灰石浆液密度的优化控制

在湿磨系统中，石灰石浆液密度的控制取决于石灰石旋流器的运行压力和磨石机内的钢球装载量及装载情况。石灰石旋流器运行压力越高，旋流效果越好，底流密度越高，而溢流密度越低，颗粒越细。系统中石灰石旋流器底流重新进入磨石机或磨石机浆液箱，溢流进入石灰石浆液箱供吸收塔用浆，因此，石灰石旋流器运行压力高，使石灰石浆液的内固体物质细度变细，有利于石灰石浆液的溶解。但石灰浆液密度低，而且返回磨石机重新磨制的浆液量增加，增加了磨石机的电耗及磨石机出口管道的磨损。因此，选择一个合理的石灰石旋流器运行压力对控制石灰石浆液内石灰石细度和石灰石浆液密度均十分重要。

磨石机内钢球的装载量及钢球的大小直接决定了石灰石磨制的效果及石灰石的细度，磨石机内钢球装载量的减少使磨石机电流下降，表面看电耗下降，实际上钢球装载量的减少将使石灰石细度下降，经过石灰石旋流器分离后返回至磨石机的浆液量增加，而能供使用的浆液量减少，需磨制的时间增加，电耗增加，而且增加了管道和设备的磨损。钢球大小的不合理同样影响石灰石的磨制质量，磨石机中应有不同大小的钢球，考虑到磨石机内钢球的磨损，装载球时采用每天定量装载的效果要优于一次性大量装载。

实际运行中可以通过试验，根据磨石机电流的变化及石灰石浆液密度的变化来判断每天应加入的钢球数量。一般控制石灰石浆液密度在$1200mg/m^3$已能满足脱硫的需要。

第八章

燃烧中 NO_x 控制技术

第一节　NO_x 的生成与控制机理

NO_x 包括 NO、N_2O、NO_2、N_2O_5 等，化石燃料燃烧过程生成的氮氧化物主要是 NO 和 NO_2，一般把这两种物质称为 NO_x，其中以 NO 为主。NO_x 的来源包括燃料中的氮化合物和空气中氮气的氧化过程，因此可分为燃料型 NO_x（源于燃料氮的氧化物）和热力型 NO_x（源于空气中的氮气）。根据燃料中含氮量的不同以及氮元素在燃料中存在形态的不同和燃烧方式的不同，这两种氮氧化物的比例有很大区别，特别是对煤的燃烧过程，燃料型 NO_x 占主要。

一、燃烧过程中 NO_x 生成机理

煤燃烧过程所排放出的 NO_x 一般是指 NO 和 NO_2，其中绝大部分是 NO，在火焰带的下游或排放后一部分 NO 转化为 NO_2。按其生成理论，NO_x 可分为热力型 NO_x 和燃料型 NO_x 两类，其中热力型 NO_x 又何分为捷里德维奇 NO_x 和快速型 NO_x。

1. 热力型 NO_x

热力型 NO_x 源于在燃烧过程中空气中的氮气 N_2 被氧化成 NO，空气中的氮在燃烧室的高温下被氧化成 NO 的机理是相当复杂的，一般认为按以下连锁反应进行

$$O_2 \longrightarrow 2O \tag{8-1}$$

$t>1538℃$
$$N_2+O \longrightarrow NO+N \tag{8-2}$$

$t>816℃$
$$O_2+N \longrightarrow NO+O \tag{8-3}$$

反应是在高温炉膛环境下空气中氧分子被离解成自由原子的过程，它是连锁反应的开始，所产生的氧原子在高温下（$t>1538℃$）与空气中的氮反应形成 NO，同时释放出氮原子。所释出的氮原子又与空气中的氧反应生成 NO。从式（8-2）和式（8-3）可看出，热力型 NO_x 的浓度随温度和氧浓度、氮浓度的增大而增加。热力型 NO_x 的生成速度比较慢，主要是在火焰带下游的高温区生成。

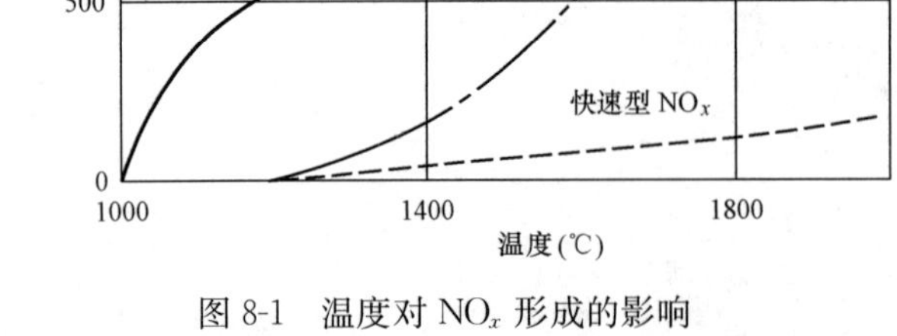

图 8-1　温度对 NO_x 形成的影响

热力型 NO_x 的主要影响因素是温度和氧浓度，如图 8-1 所示，随温

度和氧浓度的增加，热力型 NO_x 的浓度增加。因此，降低热力型 NO_x 的基本原理就是降低氧的浓度、降低火焰温度以及缩短高温区的停留时间等。在停留时间较短时，热力型 NO_x 随停留时间的增加而增加，但超过一定时间后，热力型 NO_x 不再受停留时间的影响。在工程实践中，采用烟气再循环、浓淡燃烧、水蒸气喷射以及新发展起来的高温空气燃烧技术等都是利用上述原理来控制热力型 NO_x 生成的措施。

2. 快速型 NO_x

快速型 NO_x 是炭类燃料在过量空气系数小于 1 的富燃料条件下，在火焰面内快速生成的 NO_x，其生成过程经过了空气中的 N_2 和碳氢类燃料分解的 HCN、NH、N 等中间产物等的一系列复杂的化学反应。快速型 NO_x 的生成机理十分复杂，中间反应过程存在时间十分短暂，其总体生成过程如图 8-2 所示。

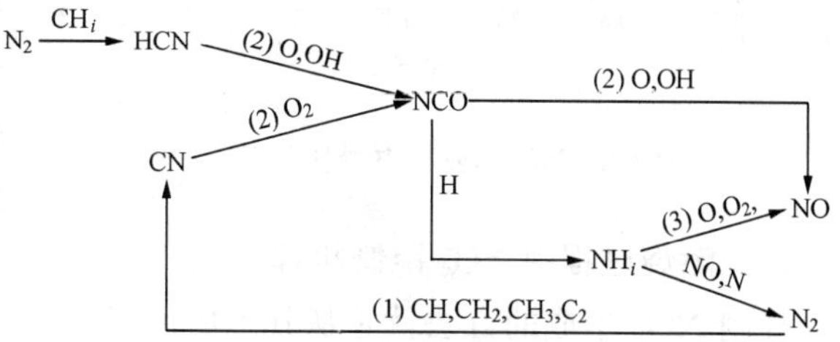

图 8-2　快速型 NO_x 生成过程

Hayhurst 等把快速型 NO_x 反应过程简化为下面的两个反应

$$CH+N_2 = HCN+N \tag{8-4}$$

$$CH_2+N_2 = HCN+NH \tag{8-5}$$

热力型 NO_x 和快速型 NO_x 虽然都是由空气中的 N_2 经过系列化学反应而生成，但它们的生成机理不同，影响因素也不同。快速型 NO_x 对温度的依赖性很低，而过量空气系数对热力型 NO_x 影响较大。快速型 NO_x 是碳氢类燃料在富燃料条件下快速反应生成的，其生成条件是碳氢类燃料分解产生比较多的活性 CH_i 自由基，与 N_2 反应生成中间产物 HCN。过量空气系数的变化较大时快速型 NO_x 较少，而过量空气系数达到 1.4 时快速型 NO_x 的量达到最大值。

煤在燃烧过程中生成的主要是燃料型 NO_x。由于煤燃烧时首先是挥发分的析出，挥发分中的氮主要以 HCN、NH_3 等形式存在，因此，在挥发分的燃烧过程中将产生快速型的 NO_x，这部分数量很少，一般不予以考虑。

3. 燃料型 NO_x

燃料型 NO_x 是指燃料中的氮在燃烧过程中，经过一系列的氧化—还原反应而生成的，NO_x 的形成更复杂，是煤燃烧过程 NO_x 生成的主要来源，约占总 NO_x 生成量的 80%～90%。根据煤种的不同，煤中的含氮量大约在 0.4%～4%变化，煤燃烧过程生成的挥发分 HCN、NH_i 与自由基 O、OH、O_2 等的氧化反应以及焦炭 N 的氧化反应生成燃料型 NO_x（主要是 NO），同时生成的 NO 又与挥发分 HCN、NH_i 等发生还原反应生成 N_2。燃料型 NO_x 既受燃烧温度、过量空气系数、煤种、煤中水分、煤颗粒大小等的影响，同时也受燃烧过程中燃料与空气混合条件的影响。

燃料氮转换成 NO_x 的量主要取决于空气—燃料混合比（简称空燃比），较少依赖于反应温度。在缺氧状态下，燃料中挥发出来的氮与碳、氢竞争不足的氧气，由于氮缺乏竞争能力，因而减少了 NO_x 的形成。然而，氮却可以相互作用而形成无害的氮分子 N_2。图 8-3 表示了 NO 排放量与空燃比关系的实验结果。空燃比定义为实际供应的空气量与燃料所需的理

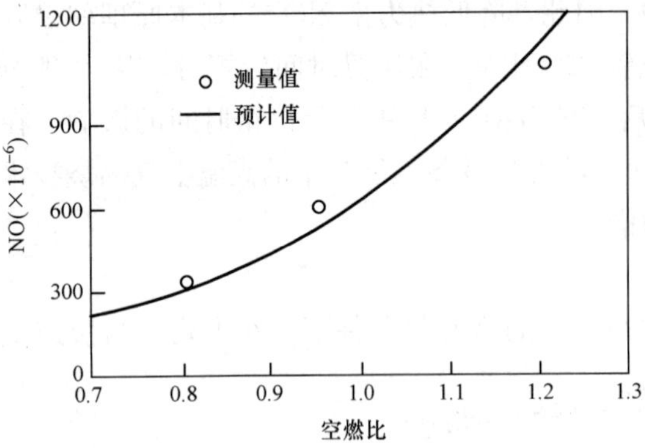

图 8-3 NO 排放与空燃比的关系

论空气量之比。

燃烧过程中在低过量空气系数的运行能在一定程度上限制反应区内的氧量，因而对热力型 NO_x 和燃料型 NO_x 的产生起着一定的控制作用。一般来说，这种方法可降低 NO_x 的排放 15%～20%。不过这种方法有局限性，当在很低的过量空气系数下运行时，一氧化碳和烟气的排放将增加，燃烧效率将降低. 并且有可能出现结渣、堵塞和其他的问题。因此，最低的过量空气系数受限制于上述因素。

二、燃烧过程中 NO_x 控制机理

控制 NO_x 生成的方法就是从其生成过程中改变燃烧条件减少它的生成进行控制或者对已生成的 NO_x 进行处理两大类。

NO_x 按其生成机理分为热力型、快速型、燃料型三类。煤在燃烧过程中主要是燃料型 NO_x，而燃烧初期挥发分 HCN、NH_3 等也会生成一定的快速型 NO_x，而热力型 NO_x 相对数量很少。因此，这里主要介绍燃料型 NO_x 的控制原理，对热力型和快速型 NO_x 的控制原理只简单介绍。

1. 热力型 NO_x 的控制

高温和高的氧浓度是产生热力 NO_x 的根源，因此，控制热力型 NO_x 生成的措施有以下几方面：

（1）降低燃烧温度，避免其生成所需的高温条件。

（2）降低氧气浓度，降低燃烧的过量空气系数，使燃烧在远离 $\alpha=1$ 的条件下进行。

（3）降低氮气的浓度。

（4）减少燃料最高温度区域范围，缩短在热力型 NO_x 生成区的停留时间。

（5）一般来说，工业燃烧过程中以空气为氧化剂时控制 N_2 的浓度不容易实现，而富氧燃烧或纯氧燃烧技术就是以减少 N_2 从而减少热力型 NO_x 和一种方法。降低燃烧温度在工程实践中是通过向火焰喷射水/水蒸气来实现的，降低氧浓度可通过烟气循环来实现。

2. 快速型 NO_x 的控制

快速型 NO_x 主要是由 CH_i 自由基和 N_2 分子在火焰带前反应生成 HCN，然后 HCN 又经过一系列复杂的反应而生成的，它的生成速度快，对温度的依赖程度较低。HCN 的氧化过程与燃料型 NO_x 的生成类似，而快速型 NO_x 生成的关键是式（8-4）和式（8-5），抑制这两个反应的方法包括：①添加水或水蒸气，CH_i 自由基和 OH 基的反应能抑制它与 N_2 的反应，从而减少快速型 NO_x 的生成；②纯氧燃烧，理论上讲由于没有 N_2，不会生成快速型 NO_x，但要注意燃烧器的耐高温性能以及少量 N_2 混入时产生的热力型 NO_x；③预混（稀薄）燃烧，扩散火焰中局部的过量空气系数分布不均匀，局部区域存在适合于快速型 NO_x 生成的条件（过量空气系数为 1.0～1.4）。采用预混稀薄燃烧由于在燃烧前燃料和氧化剂已经预先混合好，可以有效地降低快速型 NO_x 和热力型 NO_x。

3. 燃料型 NO_x 的控制

燃料型 NO_x 的产生是由于燃料中的氮在燃烧过程中生成离子析出，与含氧物质反应而形成 NO_x。燃料中的氮并非全部转化成 NO_x，依据燃料和燃烧方式的不同而存在一个转化率，一般为15%～30%。因此，控制燃料 NO_x 的产生的措施有以下几方面：

（1）燃用N含量低的燃料。

（2）减少过量空气系数。

（3）扩散燃烧时，抑制燃料和空气的混合。

（4）提高入炉的局部燃烧浓度。

（5）利用中间生成物反应降低 NO_x 产量。

控制燃料型 NO_x 的方法可以归为两大类：一是通过改变煤或其他化石燃料的燃烧条件，从而减少燃料型 NO_x 的生成量，即燃烧过程中 NO_x 的脱除，如分级燃烧、再燃烧以及各种类型的浓淡燃烧器等都是在燃烧过程中控制 NO_x 生成；二是对燃烧后的含 NO_x 的烟气进行处理以减少 NO_x 的排放量，即燃烧后 NO_x 的脱除，如选择性催化还原法（SCR）、选择性非催化还原法、热力脱硝等。

第二节　低 NO_x 燃烧技术

根据 NO_x 的生成机理可知，燃料燃烧过程中影响 NO_x 生成的主要因素有：

（1）煤种特性，如煤的含氮量、挥发分含量、燃料中固定碳/挥发分之比以及挥发分中含H量/含N量之比等。

（2）燃烧区域的温度值。

（3）反应区中氧、氮、一氧化氮和烃根等的含量。

（4）可燃物在反应区中的停留时间。

由此，对应的低 NO_x 燃烧技术的主要途径如下：

（1）减少燃料周围的氧浓度。包括：减少炉内过量空气系数，以减少炉内空气总量；减少一次风量和挥发分燃尽前燃料与二次风的掺混，以减少着火区段的氧浓度。

（2）在氧浓度较少的条件下，维持足够的停留时间，使燃料中的N不易生成 NO_x，而且使生成的 NO_x 经过均相或多相反应而被还原分解。

（3）在过剩空气的条件下，降低温度峰值，以减少热力型 NO_x 的生成，如采用降低热风温度和烟气再循环等。

（4）加入还原剂，使还原剂生成CO、NH_3、HCN，它们可将 NO_x 还原分解。

具体方法有空气分级燃烧、燃料分级燃烧、低 NO_x 燃烧器、低氧燃烧和烟气再循环等。

一、空气分级燃烧

1. 空气分级燃烧技术原理

传统的燃烧方式是将所有的煤粉和空气都通过燃烧器送入炉膛一起燃烧，这样煤粉与空气充分混合，燃烧强度大，燃烧温度高，并在过量空气下进行燃烧，由此产生的 NO_x 排放量也很高。空气分级燃烧技术是通过控制空气和煤粉的混合过程，将燃烧所需要空气由原来的一股分为两股或多股，分别送入燃烧火焰中，在燃烧开始阶段只加部分空气，造成一次气流燃烧区域的富燃料状态，燃烧区内过量空气系数在0.8左右，燃料先在缺氧的富燃料条件下燃烧，使得燃烧速度和温度降低，因而抑制了热力型NO_x的形成。同时燃烧生成的CO与NO进行还原反应，以及燃料N分解成中间产物（如NH、CN、HCN和NH_3等）相互作用分解，在还原性气氛中降低了生成NO_x的反应率，抑制了燃料型NO_x在这一区域的生成。

在燃尽燃烧区内，将燃烧用空气的剩余部分以二次空气喷射到主燃区（富燃区域）的下游，成为富氧燃烧区，在这个区域内完成燃烧。此外，由于主燃区的燃烧产物进入燃尽区，同时降低了氧浓度和火焰温度，于是燃尽区内NO_x的形成受到了限制。空气分级以此实现煤粉颗粒在燃烧初期的低氧燃烧，最终空气分级燃烧可使NO_x生成量减少30%～40%，达到降低NO_x排放的目的。

空气分级燃烧可以分成两类，一类是燃烧室（炉内）中的分级燃烧，另一类是单个燃烧器的分级燃烧。

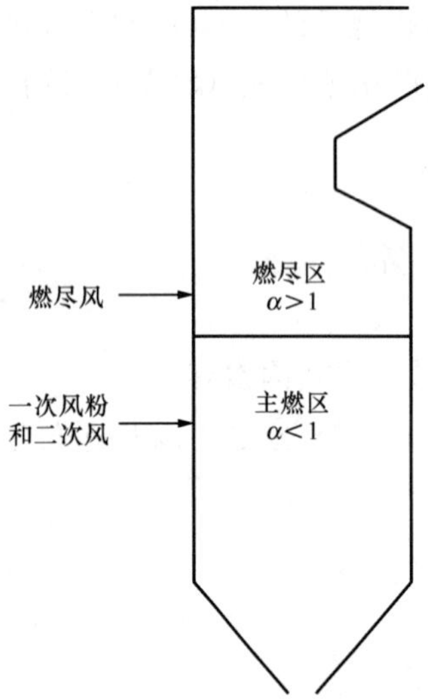

图8-4 燃烧室分级燃烧示意

图8-4为燃烧室分级燃烧示意图。燃烧室分级是将一部分燃烧空气从主燃烧器中分离出来，从燃烧器上部送入炉膛，这股燃烧空气被称为上火风（Over Fire Air，也称燃尽风）。根据燃尽风安装位置的不同，又分为紧凑型和分隔型。燃尽风的量一般占总空气量的10%～20%，具体的量根据分级程度的不同而不同。由于燃尽风的存在，主燃烧区的氧量下降了，空气量也减少了，燃料在此区域缺氧燃烧，燃料型NO_x的生成减少；烟气上行至燃尽区域，与燃尽风混合燃烧，此时由于燃烧温度低，热力型NO_x的生成也减少了，因此，总的NO_x排放量降低了。

单个燃烧器的分级燃烧有两种形式，分别为内分级混合的方式和外分级混合的方式。前者的一、二次风均从燃烧器送入。

根据空气分级燃烧技术降低NO_x的机理送入，但二次风被分成两股送入，由内通道送入的称内二次风，而由外通道送入的称外二次风；后者的部分二次风是从主火嘴周围的一些空气喷口送入。在上述两种方式下，二次风都是逐渐送入，因而首先在燃烧器出口附近形成富氧区，抑制了燃料型NO_x的生成；然后二次风逐渐全部混入，使燃料燃尽，形成了燃尽区。由于二次风延迟与燃料混合，燃烧速度降低，使火焰温度降低，因此也抑制了热力型NO_x的生成。

使用空气分级燃烧技术对老机组实施改造较为方便，改动量小，改动费用相对较低，比较适合于高挥发分的煤种。在燃用挥发分较高烟煤时，采用低NO_x燃烧器加燃尽风系统的改造可使锅炉NO_x的排放降低20%～50%；改造后，锅炉排烟温度和飞灰含量有所增加，锅炉效率有所降低。

由于空气分级燃烧降低了主燃烧区的空气系数容易导致炉壁附近还原性气氛增加，从而引起炉膛内的结渣和腐蚀问题，因此，在设计时必须考虑到这一点，以减少这方面的影响。不过也由于分级燃烧降低了炉膛内燃烧温度的水平，这又对缓解炉膛结渣有好处。

2. 空气分级降低NO_x排放的影响因素

（1）主燃区内的过量空气系数α。试验证明，当$\alpha\geqslant0.75$时，在总的气相含氮化合物中，NO 是主要的。因此，当 α 开始减少时，NO 减少，故通过燃尽区后 NO 的排放量也是减少的。在燃烧空气总量保持不变而主燃区内的过量空气系数降低时，NO_x 生成量降低。当过量空气系数为 0.8 时，NO_x 的生成量比过量空气系数 $\alpha=1.21$ 时降低 50%，而且此时燃烧工况稳定。

但若在主燃区内的过量空气系数过低，虽然可使主燃区内 NO_x 的生成量进一步减少，但也会使烟气中的 HCN、BH_3 和焦炭 N 增加。当主燃区内过量空气系数小于 0.6 时，烟气中 HCN 和 NH_3 的浓度将大大增加，并且超过 NO 的浓度。高浓度的 HCN 和 NH_3 除了有利于 NO 的还原，使主燃区内的 NO 浓度进一步降低外，还会有大量的 HCN 和 NH_3 进入上部 $\alpha>1$ 的燃尽区，并在这里又被氧化生成 NO_x。同时，焦炭 N 在主燃区中也随着过量空气系数的减少而显著增加。

由此可知，在主燃区内过量空气系数 α 减小的过程中，NO_x 的排放量先减少后增加。因而在某一 α 值时，NO_x 排放量最少。此外，在主燃区内过低的过量空气系数还会引起不完全燃烧损失不合理地增加，并引起燃烧稳定性问题。因此，在主燃烧区内过量空气系数一般不宜低于 0.7。对于具体的燃烧设备和煤种，最佳的过量空气系数要由试验确定。

(2) 温度的影响。温度是影响 NO_x 排放效果的又一重要因素。如图 8-1 所示，热力型 NO_x 的生成随温度的升高而剧增，同时各种生成和还原 NO_x 的反应也均受到温度的影响。

在 2000℃以上时几乎可以在瞬间氧化而成；在 1600～2000℃范围内，如果持续时间较长，也易生成 NO_x，若时间较短，则 NO_x 的生成速度就慢些；在 1500℃以下时，热力型 NO_x 的生成速度就显著减慢，但燃料型 NO_x 的生成并不变慢。

(3) 二次风喷口位置的影响。无论是贫煤还是烟煤，分级燃烧都能显著地降低 NO_x 的沿程排放浓度，而且随着分级风送入位置的下移，NO_x 的排放浓度逐渐下降。另外，从不同的煤种来看，采用分级配风以后，挥发分高的烟煤 NO_x 排放浓度降低程度比挥发分低的贫煤更显著。但进一步延长主燃区内的停留时间，NO_x 值并不会继续减少，而呈饱和状态，CO 等还原性气体和可燃物大大增加。二次风通常是在主燃区燃烧基本完成时送入，大致位置为不分级燃烧时的火焰尾部附近。

(4) 停留时间的影响。对于不同的煤种特性，要达到一定的 NO_x 降低率，烟气在主燃区内的含停留时间和对应过量空气系数是不相同的。烟气在主燃区内的停留时间取决于“火上风”喷口距主燃烧器的距离和布置。如果主燃区的距离（或停留时间）足够长，则可使在主燃区出口处烟气中的燃料 N 成分在燃尽区不可能再生成新的 NO_x，在“火上风”喷口位置之后 NO_x 基本上不再增加；而在主燃区内的停留时间不够时，在进入燃尽区后还会生成一定量的 NO_x。由此可见，“火上风”喷口的位置决定了在主燃区内的停留时间，它和 α 一起决定了在主燃区内 NO_x 能够降低的幅度。

“火上风”喷口的位置不仅与降低 NO_x 的排放量有关，而且直接关系到燃尽区内燃料的完全燃烧和炉膛出口的燃气温度。

分级燃烧时，增加 CO 等还原性气体，若没有燃尽，则产生化学不完全燃烧热损失。此外，由于分级燃烧时燃料与空气混合延缓，燃烧速率减慢，燃烧时间相应延长，在炉膛尺寸一定的条件下，炭燃尽率低，使机械不完全燃烧热损失增加，虽然在主燃区内燃料气化成 CO，然后在燃尽区燃烧，将燃料部分固相反应转变为气相反应，于燃料燃尽有利。但就总的情况而言，对于反应能力较低的燃料，机械不完全燃烧损失增加较多；而对于挥发分高的燃料，它增加不多或不增加。

实际上，“火上风”喷口的位置、喷口的形状、空气的流速和气流的射程，以及“火上风”气流在炉膛中的穿透性等，对于组织在燃尽区内的燃烧过程，保证高的炭燃尽率也十分重要。如果在燃尽区内的燃烧组织不好，将燃尽过程推迟，不仅会降低燃烧效率，还会引起炉膛出口烟气温度的增加，从而导致炉膛出口结渣以及过热器管壁超温等现象。对于不同燃烧方式、不同容量和燃烧不同煤种的煤粉炉，由于它们之间的差别很大，为了保证主燃区内必要的停留时间及良好的燃尽率，对于“火上风”喷口的设计、布置和运行参数，需要通过试验来确定。

（5）煤粉细度的影响。无论是烟煤还是贫煤，其细煤粉的 NO_x 排放浓度均高于粗煤粉，而在分级燃烧时，采用细煤粉能显著地降低 NO_x 的排放量。随着一次风空气系数的升高，不同细度的贫煤燃尽率逐渐增大，而不同细度的烟煤燃尽率基本上保持稳定；并且在相同的一次风空气系数下，无论是烟煤还是贫煤，其细煤粉的飞灰含量均比粗煤粉低。由此可见，采用细煤粉分级燃烧可实现高效低 NO_x 的目的。

（6）结渣和腐蚀的防止。在采用分级燃烧时，由于在主燃区内是富燃料燃烧，氧的浓度低，形成还原性气氛。而在还原性气氛中，煤的灰熔点会比在氧化性气氛中降低100～120℃，这时如果熔融灰粒与炉壁相接触，容易发生结渣，而且火焰拉长；如果燃烧组织不好，不会容易引起炉膛受热面结渣和过热器超温；同时还原性气氛不会导致受热面的腐蚀。腐蚀有两种类型：一种是硫化物型腐蚀，当煤粉黏附到水冷壁管受热面时，煤粉中黄铁矿分经解生成原子硫（S），它在还原性气氛下缓慢氧化生成 Fe_2O_3，使水冷壁管不断被腐蚀；另一种是硫酸盐型腐蚀，它是煤粉燃烧时挥发出的 Na_2O 和 K_2O，当凝结于管壁上时，与周围烟气中的 SO_3 反应生成 Na_2SO_4 和 K_2SO_4，在管壁上分解产生 SO_3，与烟气中的 SO_3 一起通过灰层向管壁扩散，与氧化保护层 Fe_2O_3 反应，氧化层被破坏，使金属不断腐蚀。

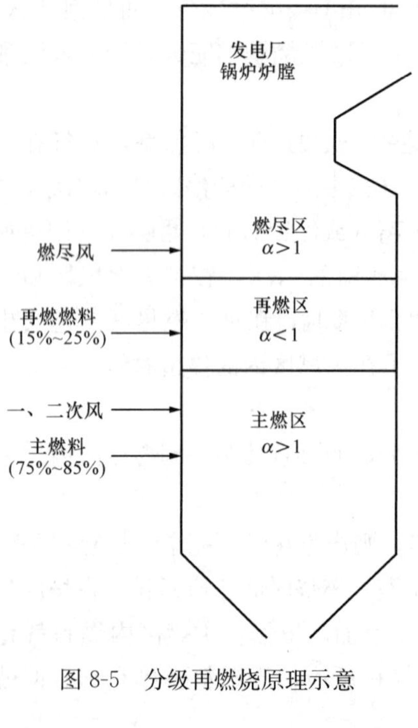

图 8-5　分级再燃烧原理示意

为了解决结渣与腐蚀的问题，通常设法改进燃烧器，或在炉壁上形成氧化性气氛，避免还原性气氛直接与炉壁相接触，其中一项有效的技术是采用边界风系统。其具体措施是在煤粉炉底冷灰斗和侧墙上布置许多空气槽口，以很低的流速通过这些槽口向炉内内送入一层称为“边界风”的空气流，“边界风”的总量约占燃烧所需空气总量的5%。“边界风”进入炉膛后沿着炉墙四壁上升，使水冷壁表面保持氧化性气氛，所以可以有效地防止炉膛水冷壁的腐蚀或结渣。

二、燃料分级燃烧

1. 燃料分级燃烧技术原理

燃料分级燃烧技术又称为燃料再燃烧技术，如图 8-5 所示，将燃烧分成主燃烧区、再燃烧区和燃尽区三个区域。主燃烧区是氧化后弱还原性气氛，该区域内主燃料在欠氧或弱还原性环境下燃烧，产生了 NO_x；在燃烧区，将二次燃料送入炉内，使其呈还原性气氛（$\alpha<1$），在高温和还原气氛下生成碳氢原子团，该原子团与一次燃烧区生成的 NO_x 反映，将 NO_x 还原成 N_2，该区域通常也称为还原区域，二次燃烧通常称为再燃燃料；在还原区的上方，送入少量空气使再燃燃料燃烧完全，该区域称为燃尽区，这部分二次风也称为燃尽风。

以甲烷（CH_4）作为再燃燃料为例，在还原区内，二次燃料分解生成的碳氧化合物基团与 NO_x 发生如下反应

$$4HO+CH_4 \longrightarrow 2N_2+CO_2+2H_2O \tag{8-6}$$

$$2NO+2C_nH_m+(2n+m/2-1)O_2 \longrightarrow N_2+2nCO_2+mH_2O \tag{8-7}$$

$$2NO+2CO \longrightarrow N_2+2CO_2 \tag{8-8}$$

$$2NO+2C \longrightarrow N_2+2CO \tag{8-9}$$

$$2NO+2H_2 \longrightarrow N_2+2H_2O \tag{8-10}$$

再燃燃烧技术就是利用 NO 破坏原理来降低 NO_x 排放的。具体来说就是：燃料分级送入炉膛，在燃烧区火焰的上方喷入另外的碳氢燃料，以建立一个富燃料区使生成的 NO_x 转化为 CHN，并最终得到无害的 N_2。比较典型的就是，将 80%～85%的燃料(称为一次燃料)送入主燃区，在 $\alpha>1$ 的条件下燃烧生成 NO_x；其余 15%～200%的燃料(称为二次燃料、再燃燃料)则在主燃烧器的上部送入二级燃烧区(再燃区)，在 $\alpha<1$ 的条件下形成很强的还原性气氛，在主燃区生成 NO_x 就会通过以上反应被还原成氮分子。再燃区中不仅能使已生成的 NO_x 得到还原，同时还抑制了新的 NO_x 生成，可使 NO_x 的排放浓度进一步降低。此外，再燃区的上面还需布置“火上风”喷口以形成燃尽区，以保证在再燃区中生成的未完全燃烧产物的燃尽。所以这种再燃法又叫三级燃烧技术。

2. 再燃烧技术降低 NO_x 的影响因素

(1)再燃燃料的种类和性质对再燃烧的影响。燃料分级燃烧时在再燃烧区喷入的二次燃料可以用同一煤种，也可以采用其他煤种、油或气体燃料，目前煤粉炉采用更多的二次燃料是碳氢类气体或液体燃料。因为再燃燃料是从锅炉上方引入，一般停留时间比较短，所以宜燃用易着火的气体或液体燃料，此外，还要求燃料含 N 量低，以减少 NO_x 再生成量。虽然天然气、油和煤都可以作为二次燃料，但从提高炉内再燃烧还原 NO_x 的效果来说，天然气最好，主要是因为天然气中不含燃料氮，二次燃料含有燃料氮将降低还原效率。天然气和油的反应能力强，其生成 XN(NO、HCN、NH_3 等)基团的反应时间极短暂，有利于还原过程速率的提高和 NO 还原反应的进行深度。与天然气相比，油在欠氧燃烧时易析出碳，难以燃尽。煤也可以作为二次燃料，但煤中的焦炭氮会使 NO 的还原效果降低，因此应尽量使用高挥发煤种。另外，使用烟气作为二次燃料的传送介质可以保证燃料混合物中氧量较低，减缓二次燃料煤中氮的氧化反应速率，有利于 NO 的分解。同时，还原反应使用超细煤粉，以加快挥发分完全燃烧和生产活性基团的速率，也有利于在该段极其短暂停留时间内维持高燃尽度。再燃烧料的选择受制于资源条件、经济性比较和产业及环保政策等条件。

(2)再燃燃料的份额。再燃燃料太少，则达不到理想地降低 NO_x 的效果；再燃烧料太多，一方面对燃料燃尽不利，另一方面也不能进一步降低 NO_x 的排放量。因此，再燃燃料的份额一般占锅炉总输入热量的 15%～20%。

（3）还原区的温度和停留时间。再燃燃料在还原区的温度越高，停留时间越长，则还原反应越充分，NO_x 降低效果越显著。因此，主燃烧取燃烧一结束就应立即喷入再燃燃料，但再燃燃料的送入位置不能太靠近主燃烧区，否则，不仅会降低燃料燃尽率，而且会有较多的过剩氧进入还原区，使还原区内过量空气系数增加，对还原不利。对不同的燃煤设备，最佳的停留时间要由实验确定，再燃区内烟气和燃料的停留时间应该为 0.4～1.5s，但实际应用中，由于条件限制，不可能给出太长的停留时间，因此，需进行合理的选择。

（4）主燃区 NO_x 生成水平和燃尽度。主燃区 NO_x 生成量越低越好，尽管当主燃区 NO 下降时，再燃区 NO 还原为 N_2 的还原率在下降，但总的 NO_x 排放量下降；次区煤分燃尽度越高越好，这样可使进入再燃区的残余氧量尽可能低，以抑制 NO_x 的生成。

（5）配风的化学计量比。在一定的条件下（如一定的温度和停留时间），各级燃烧区有一个最佳过量空气系数 α，此时主燃区生成的 NO_x 浓度值最低。一般主燃烧区过量空气系数（煤粉炉，包括液态排渣炉、旋风炉前室）取为 1.1；上部燃尽区为 1.15～1.2；还原区取为 0.7～0.9。对于不同的燃煤设备，由于具体条件不同，如煤种、再燃燃料、温度和停留时间等，最佳的过量空气系数 α 值要通过实验确定。

（6）再燃燃料与主烟气的混合。再燃燃料在烟气中的混合和扩散具有降低 NO_x 的效果。为了保证再燃燃料在还原区内的停留时间最大限度地排放 NO_x，就必须使再燃燃料能快速、充分地与从主燃烧区上来的主烟气混合。为此，在再燃燃料的送入方式上要精心设计，如送入位置、布置方式、送入速度等。

（7）燃尽风与主烟气的混合。为了保证再燃烧料在还原区内的停留时间，同时保证燃料的燃尽，燃尽风与主烟气的混合也必须快速、充分。无二次燃尽风的送入方式也同样需要精心设计。

（8）再燃燃料的输送介质。如果用超细煤粉作为再燃燃料，则需要相应的传送介质，它可以是空气或者惰性气体，如烟气。传送管道内的过量空气系数（即传送介质的氧量与二次燃料完全燃烧需要的氧量比）对于 NO_x 的排放值有一定影响。如果氧量高，则再燃燃料中的氮和碳氢原子团的氧化反应会加快，从而组织对一次 NO_x 的分解并增加二次燃料煤中氮含量向 NO_x 的转换。

再燃燃料首先由德国在 20 世纪 80 年代末期提出，成为 IF-NR 技术。后来这一技术很快引起欧美和日本的普遍关注，各大公司和科研机构纷纷投入资金展开研究，并获得政府的资助，发展到今天，该项技术已逐步实现了产业化。

三、烟气再循环

烟气再循环（见图 8-6）是在锅炉的空气预热器前抽取一部分低温烟气直接送入炉内，或者是与一次风或二次风混合后送入炉内，这样不但可以降低燃烧温度，而且也降低了氧气浓度，因而可以降低 NO_x 的排放浓度。

烟气再循环技术的核心在于利用烟气所具有的低氧以及温度较低的特点，将部分烟气再循环喷入炉膛合适的位置，降低局部温度并形成局部还原性氧气，从而抑制 NO_x 的生成。

烟气再循环技术在很多情况下被用来防止锅炉运行中的结焦问题。对于燃烧无烟煤等难燃煤种以及煤质不是很稳定的电厂锅炉，则不宜采用烟气再循环技术。

烟气再循环法降低 NO_x 排放的效果与燃料种类及烟气再循环率有关。烟气再循环率是再循环烟气量与不采用烟气再循环时的烟气量的比值。经验表明，当烟气再循环率为 15%～20%时，煤粉炉的 NO_x 浓度可下降 25%左右。NO_x 的降低率随着烟气再循环率的增加而增加，并且与燃料种类和炉内燃烧温度有关，燃烧温度越高，烟气再循环率对 NO_x 降低率的影响越大。

但是，在采用烟气再循环法时，烟气再循环率的增加是有限的。当采用更高的再循环率时，由于循环烟气量的增加，燃烧会趋于不稳定，而且未完全燃烧热损失会增加。因此，电厂锅炉的烟气再循环率一般控制为 10%～20%。

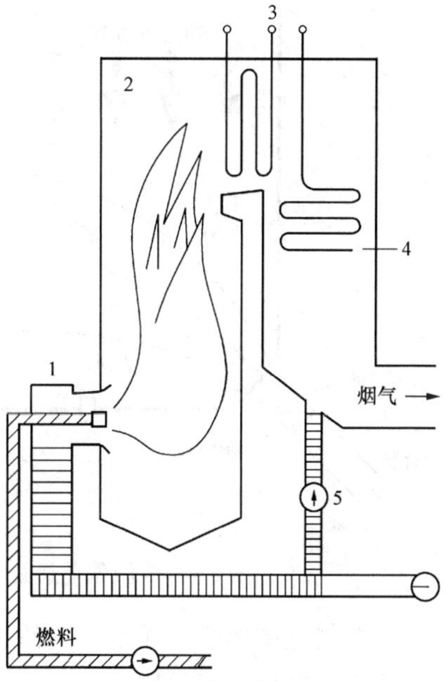

图 8-6　烟气再循环工艺示意

1—燃烧器；2—锅炉；3—过热器；4—省煤器；5—烟气循环风机

四、低过剩空气燃烧

低过剩空气燃烧也叫低氧燃烧，就是控制空气量，保持风粉比平衡，使燃烧过程尽可能地在接近理论空气量的条件下进行。在低过剩空气范围条件下运行，可使用较少的燃料，并且随着烟气中过剩氧的减少，可以抑制 NO_x 的生成，是一种既可减少 NO_x 形成又可减少燃料消耗量的基本改进燃烧方法。

当过量空气系数 $\alpha=1.2\sim1.3$ 时，热力型 NO_x 的排放量最大；而燃料型 NO_x 则随着 α 的增大而增大。但是当 α 由 1.1～1.2 降到 1.05～1.02 时，燃料型 NO_x 和热力型 NO_x 都会降低。一般来说，采用低氧燃烧可以降低 NO_x 排放 15%～20%。

对于每台锅炉，由于某种原因燃烧条件不一样，因此过量空气系数 α 对 NO_x 的影响程度不一样；因而在采用低氧燃烧后，NO_x 降低的程度也不可能相同。例如，燃用同一燃料，由于燃烧器的布置方式不同，其过量空气系数 α 对 NO_x 的影响不同。燃烧器四角布置时，由于炉内气流旋转，燃料与空气混合均匀，避免了局部过剩空气过多（特别是在燃烧前期过剩空气过多），因而过量空气系数对 NO_x 的影响较小；而当燃烧器前墙布置时，情况正相反。

实际上，锅炉采用低氧燃烧时，不仅降低 NO_x，而且锅炉排烟热损失减少，对提高锅炉热功当量效率有利；但是，如果炉内氧的浓度过低，如低于 3%时，会造成 CO 的含量急剧增加，导致化学未完成燃烧损失的增加，同时也会引起飞灰含碳量的增加，导致机械未完全燃烧损失增加，因而使燃烧效率降低。因此在确定低 α 范围时，必须兼顾燃烧效率、锅炉效率较高和 NO_x 等有害物质最少的要求。

对于煤粉炉，要实现低氧燃烧，必须准确控制各燃烧器的燃料与空气，使其均匀分配，并使炉内燃料和空气平衡；必须减少漏风，监测和控制炉内含氧量与 CO 含量。

低过剩空气燃烧用来降低 NO_x 的排放是一种经过充分证明的、有效的基本方法，但采

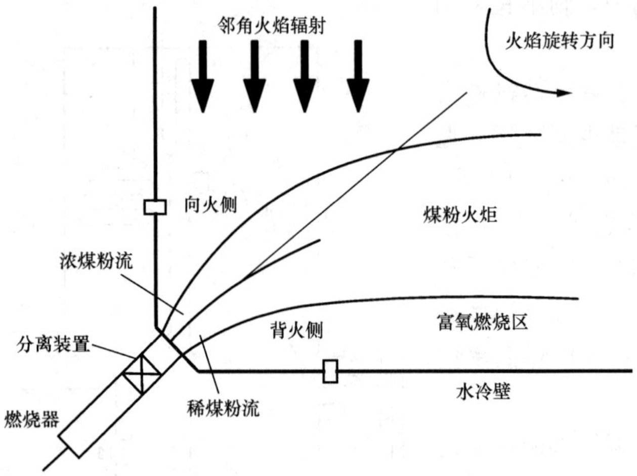

图 8-7 浓淡偏差燃烧示意

用低过量空气燃烧来降低 NO_x 排放有一定的限制，在锅炉设计和运行时，必须全面考虑，选取最合理的过量空气系数，避免出现为降低 NO_x 的排放而产生的降低燃烧效率、引起炉膛结渣与腐蚀等其他问题。

五、浓淡偏差燃烧

浓淡偏差燃烧（见图 8-7）是对装有两个以上燃烧器的锅炉，使部分燃烧器供应较多的空气（呈贫燃料区），即燃料过淡燃烧；部分燃烧器供应较少的空气（呈富燃料区），即燃料过浓燃烧。无论是过浓或者过淡燃烧，燃烧时 α 都不等于 1，前者 $\alpha>1$，后者 $\alpha<1$，故又称非化学当量比燃烧或偏差燃烧。

对 NO_x 生成特性的研究表明，NO_x 的生成量和一次空气—煤比有关。由图 8-8 可见，一次风—煤比在 3～4kg/kg 煤时，NO_x 的生成量最高；偏离该数值，不论煤粉浓度高还是低，NO_x 的排放量均下降。因此，如果把煤粉流分离成两股含煤粉量不同的气流，即含煤粉量多的浓气流 C_1 和含煤粉量少的淡气流 C_2 分别送入炉内燃烧，对于整个燃烧器，其 NO_x 生成量即 $(NO_x)C_1$ 与 $(NO_x)C_2$ 的加权平均值 $(NO_x)PM$ 与燃用单股 C_0 浓度煤粉流相比，生成的 NO_x 要低。

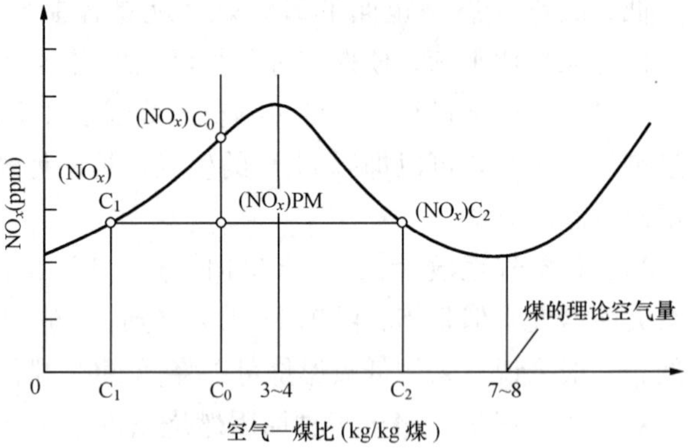

图 8-8 空燃比与 NO_x 浓度的关系

实现煤粉浓淡燃烧的关键是，如何将一次风煤气流由常规浓度 0.3～0.5kg 煤粉/kg 空气浓缩至 0.6～1.0kg 煤粉/kg 空气。

值得一提的是，为了实现浓淡燃烧，国内外的研究者开发了各种各样的浓淡转换装置和浓淡燃烧器。

六、低 NO_x 燃烧器

燃烧器是锅炉设备的重要部件，它保证燃料稳定着火、燃烧和燃料的燃尽等过程；另外，从 NO_x 的生成机理看，占 NO_x 绝大部分的燃料型 NO_x 是在煤粉的着火阶段完成的。因此，通过特殊设计的燃烧器结构，以及改变燃烧器的风煤比例，可以将其他降低 NO_x 的原理用于燃烧器，以尽可能地降低着火区氧的浓度，适当降低着火区的温度，达到最大限度抑制 NO_x 生成的目的，具有这种功能的燃烧器就是低 NO_x 燃烧器。低 NO_x 燃烧器的特点是在燃烧器出口实现分级送风并与燃料合理配比，达到抑制 NO_x 生成的目的。低 NO_x 燃烧器的设计用于控制燃烧器附近燃料与空气的混合及理论空气量，以阻止燃料氮向 NO_x 的转化和生成热力 NO_x，同时还要保持较高的燃烧效率。由于低 NO_x 燃烧器在煤粉的着火阶段就能抑制 NO_x 的生成，因此可以达到更低的 NO_x 排放量。

低 NO_x 燃烧器主要是通过控制燃烧器喉部燃料和空气的动量及流动方向来实现的。低 NO_x 燃烧器主要有阶段燃烧型低 NO_x 燃烧器、浓淡偏差型低 NO_x 燃烧器、烟气再循环型低 NO_x 燃烧器、多次分级混合型燃料分级低 NO_x 燃烧器、大速差射流型双通道自稳式燃烧器。

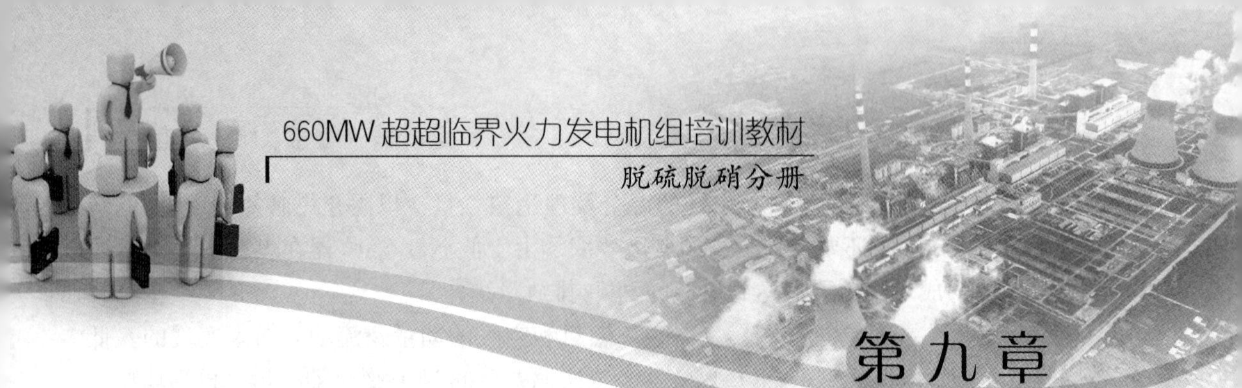

第九章　选择性催化还原烟气脱硝技术

选择性催化还原（Selective Catalytic Reduction，SCR）烟气脱硝技术，是指在催化剂的作用下，以 NH_3 作为还原剂，“有选择性”地与烟气中的 NO_x 反应并生成无毒无污染的 N_2 和 H_2O，而不是被 O_2 所氧化。理想状态下，可使 NO_x 的脱除率达 90%以上，但实际上由于氨量的控制误差而造成的污染等原因，通常只能达到 65%～80%的净化效果。SCR 目前已成为世界上应用最多、最为成熟且最有成效的一种烟气脱硝技术。

第一节　选择性催化还原烟气脱硝的原理

选择性催化还原法（SCR）是利用还原剂在催化剂作用下有选择性地与烟气中的氮氧化物（主要是一氧化氮和二氧化氮）发生化学反应，生成氮气和水。

其主要反应方程式为

$$6NO+4NH_3 = 5N_2+6H_2O \tag{9-1}$$

$$6NO_2+8NH_3 = 7N_2+12H_2O \tag{9-2}$$

在有空气条件下，则发生下列反应

$$4NO+4NH_3+O_2 = 4N_2+6H_2O \tag{9-3}$$

$$2NO_2+4NH_3+O_2 = 6N_2+12H_2O \tag{9-4}$$

SCR 烟气脱硝工艺为气固催化反应，其主要反应见式（9-3）和式（9-4）。该过程主要由以下步骤组成：①NO、NH_3、O_2 自烟气扩散至催化剂的外表面；②NO、NH_3、O_2 进一步向催化剂中的微孔表面扩散；③NO、NH_3、O_2 在催化剂的微孔表面上被吸附；④被吸附的 NO、NH_3、O_2 转化成 N_2 和 H_2O；⑤N_2 和 H_2O 从催化剂表面上脱附下来；⑥脱附下来的 H_2O 和 N_2 从微孔内向外扩散到催化剂外表面；⑦H_2O 和 N_2 从催化剂外表面扩散到主流气体中被带走。

选择性反应意味着不应发生氨和二氧化硫的氧化反应过程。然而在催化剂的作用下，烟气中的一小部分 SO_2 会被氧化为 SO_3，其氧化程度通常用 SO_2/SO_3 转化率表示。在有水的条件下，SCR 中未参与反应的氨会与烟气中的 SO_3 反应生成硫酸铵 NH_4HSO_4 与硫酸铵 $(NH_4)_2SO_4$ 等一些不希望产生的副产物。其副反应过程为

$$2SO_2+1/2O_2 = 2SO_3 \tag{9-5}$$

$$2NH_3+SO_3+H_2O = (NH_4)_2SO_4 \tag{9-6}$$

$$NH_3+SO_3+H_2O = NH_4HSO_4 \tag{9-7}$$

NO_x 的脱除效率主要取决于反应温度、NH_3 与 NO_x 的化学计量比、烟气中氧气的浓度、催化剂的性质和数量等。选择适当的催化剂可以使式（9-3）及式（9-4）在200～400℃的温度范围内进行，并能有效地抑制副反应的发生，在 NH_3 与NO化学计量比为1∶1的情况下，可以得到高达80%～90%的 NO_x 脱除率，NO_x 排放浓度可降到200mg/m^3（标准状态）以下。

第二节　选择性催化还原烟气脱硝的工艺

理论上选择性催化还原烟气脱硝装置可以在水平烟道或垂直烟道中，但对于燃煤锅炉一般布置在垂直烟道中，烟气自SCR反应器中顶部垂直向下平行于催化剂表面流动，这是因为烟气中含有大量粉尘，布置在水平烟道中易引起SCR脱硝装置的堵塞。

根据反应器布置位置的不同有三类SCR脱硝工艺，即高温高含尘工艺、高温低尘工艺和低温低含尘工艺。烟气脱硝工艺在SCR系统中的还原剂是氨，通常有液氨、尿素或氨水三个来源。根据还原剂（氨）的不同制取方法的选择可分为液氨法、氨水法和尿素法。

一、SCR反应器的布置

SCR主要由催化剂反应器、催化剂和氨储存及喷射系统组成，催化剂反应器在锅炉尾部烟道中一般有三种不同的安装位置，即高含尘烟气段布置、低含尘烟气段布置和尾部布置。

1. 高温侧高含尘烟气段布置

如图9-1所示，反应器布置在省煤器出口与空气预热器入口之间，烟气经过省煤器进入SCR反应器时的温度为350℃左右，此时烟气中所含有的全部飞灰和 SO_2 均通过催化剂反应器，反应器的工作条件是在高尘烟气中。由于这种布置方案的烟气温度在300～400℃的范围内，适合于多数催化剂的反应温度，投资费用与运行费用较低，因而被广泛采用。目前已成为新建与现役燃煤电厂锅炉安装SCR烟气脱硝装置时普遍采用的标准化布置方式。

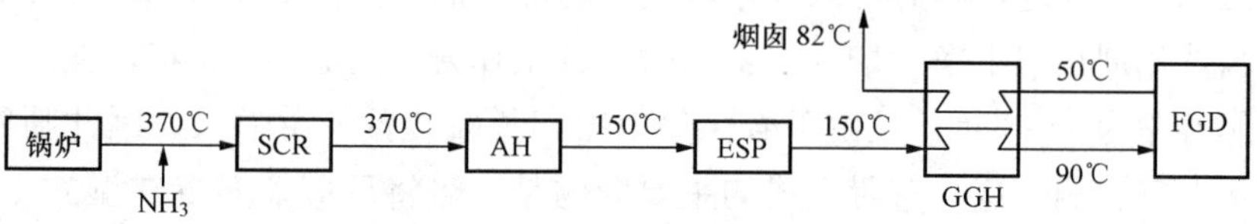

图9-1　SCR高温高尘布置示意

但是由于离开锅炉省煤器的烟气中的全部飞灰和 SO_2 等要全部流过催化剂，SCR入口烟气中飞灰浓度较高（20～30g/m^3），飞灰颗粒粗大（15～25μm），且 SO_2 含量较高。因此催化剂的寿命会受下列因素的影响：

（1）烟气所携带的飞灰中含有Na、Ca、Si、As等成分时，会使催化剂“中毒”或受污染，从而降低催化剂的效能。

（2）催化剂表面受粗大飞灰颗粒的冲刷而易磨损。

（3）催化剂表面微孔易被飞灰颗粒及副反应产物硫酸氢铵堵塞。

（4）如烟气温度升高，会将催化剂烧结或使之再结晶而失效，从而使催化剂反应活性逐渐降低，导致脱硝效率下降。

（5）氨的逃逸会影响SCR装置下游设备（如空气预热器、除尘器）运行性能，同时也影响飞灰质量与FGD脱硫废水的氨含量。

（6）高活性催化剂会促使烟气中的SO_2氧化成SO_3，SO_3浓度将增加2～4倍，从而引起预热器的腐蚀，因此应避免采用高活性的催化剂。

为了尽可能地延长催化剂的使用寿命，SCR采用调温侧高含尘烟气段布置时，需选择具有较高抗飞灰腐蚀与堵塞性能的催化剂，通常采用较低的烟气流速（4～6m/s），必要时需要对催化剂进行硬化处理，并采用较大孔径（7～6mm）的催化剂。

2. 高温侧低含尘烟气段布置

如图9-2所示，反应器布置在电除尘器和空气预热器入口之间，这时，温度为300～400℃的烟气先经过电除尘器以后再进入催化剂反应器，其粉尘含量低（0.05～0.10g/m^3），飞灰颗粒较细（5～10μm），这样可以防止烟气中的飞灰对催化剂的污染及对反应器的磨损或堵塞，细灰颗粒易黏结，并且无粗大飞灰颗粒的自清扫作用，因此还是会导致催化剂堵塞，需采用较高的烟气速度以清扫催化剂表面。而且，烟气中的SO_3始终存在，因此烟气中的NH_3和SO_3反应生成硫酸铵而发生堵塞的可能性仍然存在。采用这一方案的最大问题是，电除尘器无法在300～400℃的温度下正常运行，因此很少采用。

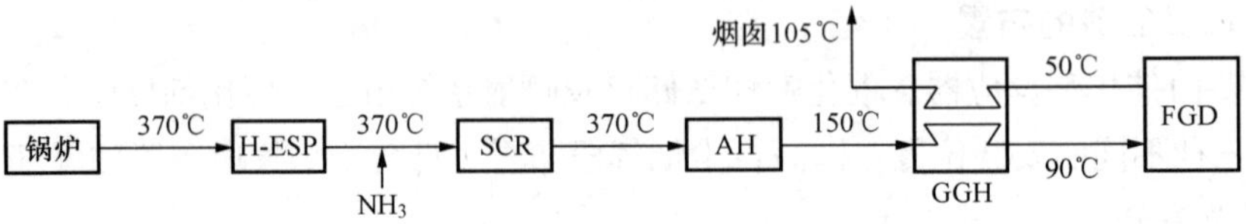

图9-2　SCR高温低尘布置示意

3. 低温侧低含尘烟气段布置

如图9-3所示，反应器布置在湿法烟气脱硫装置（FGD）之后，这样经过除尘器和脱硫装置后，SCR反应器入口飞灰浓度与SO_2含量极低，很少发生磨损与堵塞问题，也不存在催化剂的污染和中毒问题，因此可以采用高活性的催化剂，减少了反应器的体积并使反应器布置紧凑。当催化剂在“干净”烟气中工作时，其工作寿命可达3～5年，在“不干净”的烟气中的工作寿命为1～3年，且由于氨在除尘器和脱硫装置下游喷入，因此喷氨对飞灰质量和脱硫废水没有影响。这一布置方式的主要问题是，当将反应器布置在湿式FGD脱硫装置后时，其排烟温度仅为50～60℃，因此，为使烟气在进入催化剂反应器之前达到所需要的反应温度，需要在烟道内加装燃油或燃烧天然气的燃烧器，或蒸汽加热的换热器以加热烟气，从而增加了能源消耗和运行费用。

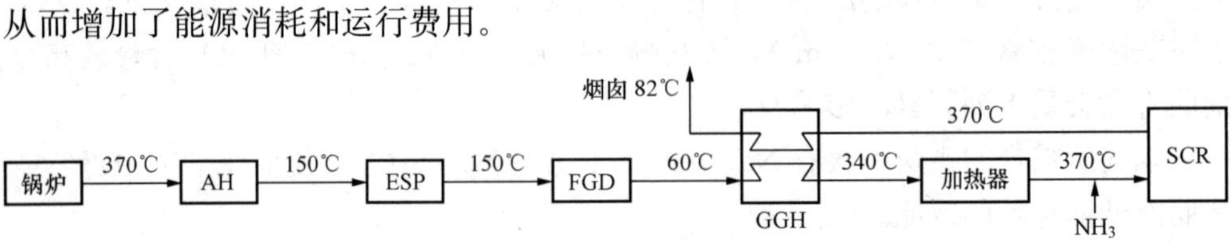

图9-3　SCR低温低尘布置示意

二、还原剂的制备

1. 液氨法

通过液氨卸料压缩机将液氨由槽车送入储氨罐内，储氨罐内的液氨在压差和重力作用下被送至液氨蒸发器内蒸发为氨气，氨气送到氨气缓冲槽备用。缓冲槽的氨气经调压阀减压后，送入氨/空气混合器中与来自稀释风机的空气充分混合，通过喷氨混合系统将稀释好的氨气喷入 SCR 反应器入口烟道与烟气充分混合，再进入 SCR 反应器。氨气系统紧急排放的氨气则引入氨气稀释槽中，经水的吸收排入废水池，再由废水泵送至废水处理厂处理。

2. 氨水法

将 20%～30%的氨水溶液，通过加热装置使其蒸发，形成氨气和水蒸气。一般可采用接触式蒸发器法和喷淋式蒸发器法。

3. 尿素法

一般有水解法和热解法两种。

(1) 水解法。将储料仓中的干尿素（NH_2CONH_2）送入混合罐中，通过混合罐中搅拌器的搅拌，使尿素完全溶解，然后用循环泵将尿素溶液抽出来，这个过程不断重复，以维持尿素溶液存储罐的液位。从储罐里出来的溶液在进入水解槽之前要过滤，把尿素溶液送入热交换器吸收热量。在水解槽中，尿素溶液首先通过蒸汽预热器加热到反应温度，然后尿素溶液与水反应成氨和二氧化碳。

(2) 热解法。将气体燃料或柴油与热烟气或预热的助燃空气一起送入热解室（又称混合燃烧室），再将配好的高浓度（40%～50%）尿素溶液喷进热解室转化成氨气，实现氧化还原反应。

三种方法大致比较如表 9-1 所列。

表 9-1　　常见的三种制氨方法比较

SCR 还原剂	液　氨	氨　水	尿　素
成本	便宜（100%）	贵（约 150%）	最贵（180%）
生产 1kg 氨气所需要的原料量	1.01kg（99%氨）	4kg（25%氨）	1.76kg
运输成本	便宜	贵	便宜
安全性	有毒	有害	无害
储存条件	高压	高压	常压、干态
储存方式	储罐（液态）	储罐（液态）	料仓（颗粒状）
初始投资费用	便宜	贵	贵
运行费用	便宜，需要热量蒸发液氨	贵，需要高热量蒸发、蒸馏水和氨	贵，需要高热量水解尿素和蒸发氨
设备安全要求	有相关法律规定	需要	基本不需要

三、典型的选择性催化还原（SCR）烟气脱硝装置

典型的选择性催化还原（SCR）烟气脱硝装置采用氨（NH_3）作为还原介质，主要由氨气储存和供应系统、脱硝反应系统以及吹灰和灰输送系统等组成与控制系统等组成。如图 9-4 所示，SCR 反应器通常布置在锅炉省煤器出口与空气预热器入口之间，离开锅炉省煤器的热烟气在进入 SCR 反应器前，在远离 SCR 反应器的上游烟道中喷入氨（NH_3），使氨与烟气充分均匀混合后进入反应塔。氨在反应塔中催化剂的作用下，在有氧气的条件下选择性地与烟气中的 NO_x（主要为 NO 和少量的 NO_2）发生化学反应，将 NO_x 转换成无害的氮气

（N_2）和水蒸气（H_2O）。烟气经过烟气脱硝过程后经空气预热器回收余热后进入电除尘器，再经 FGD 系统后排入大气。

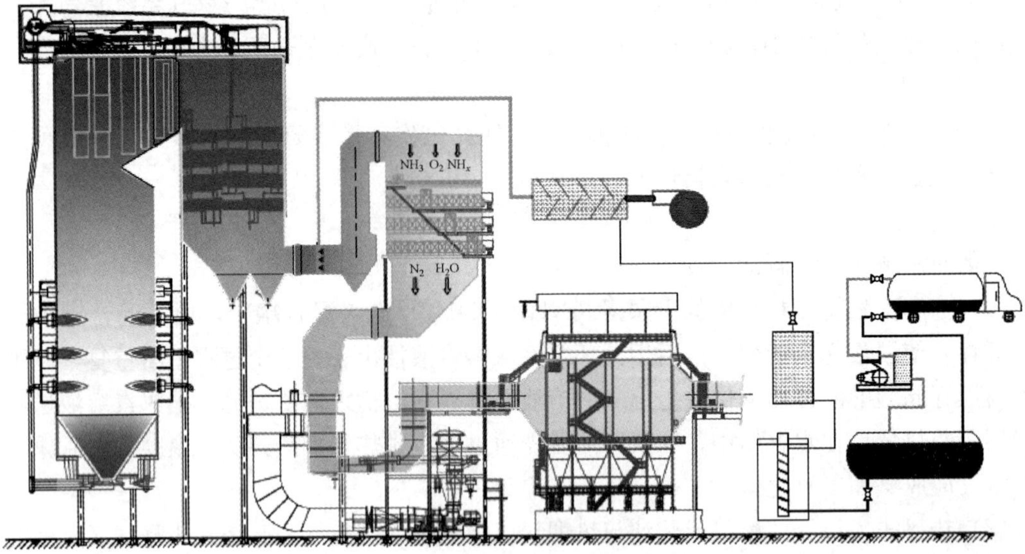

图 9-4　SCR 法脱硝装置布置示意

第十章 选择性催化还原烟气脱硝的主要系统与设备

对于一般燃油或燃煤锅炉，其 SCR 反应器多选择安装于锅炉省煤器与空气预热器之间，因为该区间的烟气温度刚好适合 SCR 脱硝还原反应，氨则被喷射于省煤器与 SCR 反应器间烟道内的适当位置，使其与烟气充分混合后在反应器内与氮氧化物反应，SCR 系统商业运行业绩的脱硝效率约为 80%～90%。

以液氨作为还原剂，其主要工艺系统主要包括液氨储存、供应及废气排放系统、氨与空气混合系统、氨气喷入系统、脱硝反应系统、检测控制系统等，其主要工艺流程见图 10-1。

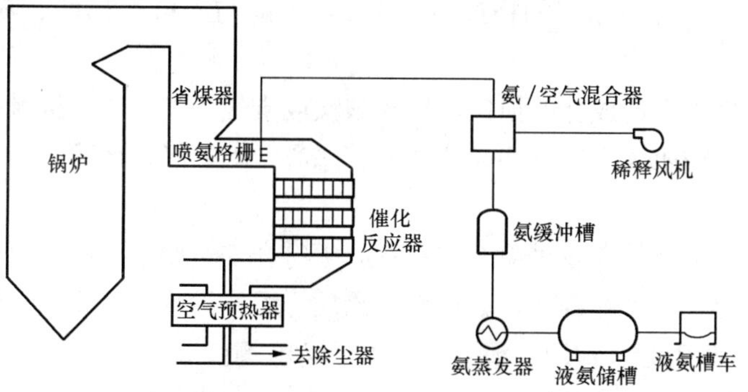

图 10-1 典型火电厂烟气脱硝工艺流程图（采用液氨作为还原剂）

第一节 液氨储存、供应及废气排放系统

在 SCR 系统中，是靠氨和 NO_x 反应来达到脱硝的目的的。制氨一般有尿素法、液氨法和氨水法。

制氨的三种方法中，尿素法最安全，但其投资和运行总费用最高；液氨法的运行、投资费用最低，但是液氨的储存需要较高的压力，安全性高；氨水法介于两者之间。其中液氨法应用广泛，储运量小，有利于布置。

液氨储存和供应系统包括液氨卸料压缩机、液氨储罐、液氨蒸发器、氨气缓冲槽及氨气稀释槽、废水泵、废水池等，该系统提供氨气供脱硝反应使用。

液氨的供应由液氨槽车运送，利用液氨卸料压缩机将液氨由槽车输入液氨储罐内，当脱硝系统启用时，液氨储罐中的液氨靠储罐中的压力和液氨的自重将液氨输送到液氨蒸发器内蒸发为氨气，氨气的流量通过调节阀来调节，然后与稀释空气在氨/空气混合器中混合均匀后，通过喷氨格栅注入SCR反应室入口烟道中。系统紧急排放的氨气则排放至氨气稀释槽中，经水的吸收排入废水池，再经由废水泵送至废水处理厂处理。

加氨方式有两类，一类是无水加氨，另一类是有水加氨。对于无水加氨系统，氨从液氨储罐依次进入蒸发器和缓冲罐，经减压后与空气混合，再喷入烟道中；对于有水加氨系统，氨从液氨储罐经雾化喷嘴进入高温蒸发器，蒸发后的氨喷入烟道中。

一、还原剂的安全性

液氨又名无水氨，是无色、有刺激性臭味的有危险品，分子式NH_3，分子量17.03，相对密度0.7714g/L，熔点－77.7℃，沸点33.35℃，自燃点651.11℃，水溶液呈强碱性，蒸气密度0.6，蒸气压1013.08kPa（25.7℃）。

液氨变为气态时会膨胀850倍，通常加压液化储存，当液氨泄入空气中时会与空气中的水形成云状物，在地面滞留，并不自然向空中扩散，从而会给现场人员造成伤害。

气体无水氨和空气的比例达到16%～25%（$V:V$）时，会形成爆炸性混合物，其最易引燃浓度为17%，因此应在这一浓度基础上设定注入的氨气浓度。氨与空气混合物达爆炸极限时遇明火会燃烧和爆炸，如有油类或其他可燃物质存在则危险性更高。一般氨气浓度（体积百分比）不大于5%。

液氨会侵蚀某些塑料制品（如橡胶和涂层），不能与乙醛、硝酸、双氧水等多种物质共存。

长期暴露在氨气中会造成肺的损伤，导致咳嗽或支气管炎。直接接触氨会刺激皮肤，灼伤眼睛，使眼睛暂时或永久失明，并导致头痛、恶心、呕吐等，严重时会导致肺部积水，甚至会导致死亡。

烟气脱硝系统中液氨储存及供应系统布置必须符合安全要求。在必要场合必须设置警告招牌，指出危险的存在或可能存在，如可燃性物质、爆炸性物质、腐蚀和有毒物质、悬吊负荷、一般危险、宽/高限制、被困、滑动、落下的危险等。

在警告招牌之外，在需要的地方也应采用适当的红白带标志。

氨气防爆的报警系统设计成具有可独立完成监测与控制功能，并与主厂房报警系统通信连接在一起。

液氨储存及供应系统保持系统的严密性，防止氨气的泄漏和氨气与空气的混合造成爆炸是最关键的安全问题。基于该方面的考虑，该系统的卸料压缩机、液氨储罐、氨气温水槽、氨气缓冲槽等都备有氮气吹扫管线。在液氨卸料之前，通过氮气吹扫管线对以上设备分别进行严格的系统严密性检查和氮气吹扫，防止氨气泄漏和与系统中残余的空气混合造成危险。

液氨储存和供应控制由机组的DCS上实现。所有设备的启停、顺序控制、连锁保护等都可从机组DCS上软实现，设备及有关阀门启停开关还可通过MCC盘柜硬手操作。对液氨储存和供应系统，故障信号实现中控室报警光字牌显示。该系统所有的监测数据都可以在CRT上监视，系统连续采集和处理反映液氨储存和供应系统运行工况的重要测点信号，如储罐、温水槽、缓冲槽的温度、压力、液位显示、报警和控制，氨气检测器的检测和报警等。

在事故发生时，所有有关人员应立即得到所有需要的信息。现场应安放足够数量、适当尺寸的警示牌，列出出逃线路（包括标明楼层）、事故出口、火警、灭火器、对特殊灭火人员的指示、对灭火人员的警告、急救设备、急救点、事故报告点、电话等。

具体消防及防爆措施如下：

（1）防火措施。在氨储罐区、氨蒸发区和卸氨区设置自动喷淋设施，喷淋系统符合《水喷雾灭火系统设计规范》（GB 50219—1995）的有关规定。当液氨大量外泄或周围有明火时，可用大量雾状水吸收氨，防止人员中毒和发生火灾。操作室配有防毒面具、四氯化碳灭火器和专用的冲洗装置。

（2）防爆。氨区为独立设置，并采用敞开式布置，主要设备都设有泄压设施；电气和自控设计都满足相关规定。

（3）消防给水系统。氨区消防系统纳入电厂消防系统，供氨和储存系统按其保护半径及被保护对象的消防用水量，根据管道内的水压及消防栓出口要求的水压计算后确定。

二、应急处理安全防范设施

脱硝技术装备系统内应就地设有事故应急处理喷淋系统、氮气吹扫装置和防雷防静电等安全防范设施，同时还应设有氨气泄漏检测报警系统，以实时监测空气中氨的浓度，若氨气泄漏，则可立即发现并做出相应处理措施，可喷水吸收氨气。一般情况下氨区周围环境温度过高时也可设置水喷淋系统，喷水降低氨区各设备的温度。

三、氨储存、供应及废气排放系统主要设备

1. 卸氨压缩机

卸氨压缩机的作用是把液态的氨从运输的罐车中转移到液氨储罐中，卸氨压缩机一般为往复式压缩机，用压缩机抽取槽车的液氨，经压缩后将液氨槽车的液氨推挤入液氨储罐中。卸氨机是储氨区重要的辅机设备，卸氨操作对于储氨区来说是最重要的日常运行操作。

图 10-2 为蚌埠液化气压缩机厂的 ZW-2.0/16-24 型立式往复活塞式氨气压缩机。压缩机主要是由主机、电动机、底架、气管路系统、气液分离器、罩壳等部件构成。

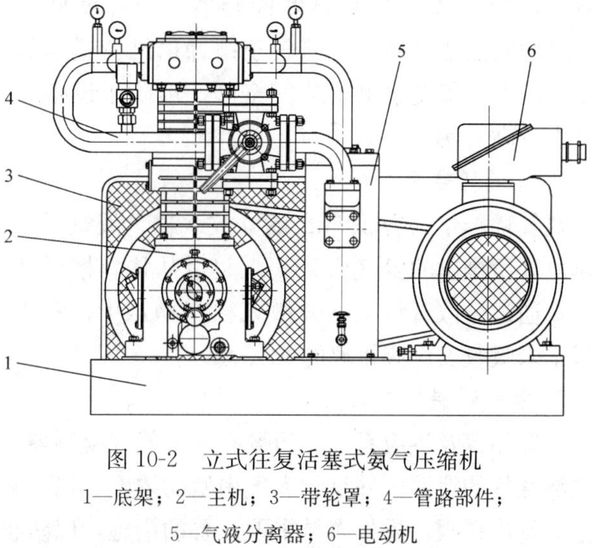

图 10-2 立式往复活塞式氨气压缩机

1—底架；2—主机；3—带轮罩；4—管路部件；5—气液分离器；6—电动机

其运行工作原理：压缩机运转时，通过曲轴、连杆及十字头，将回转运动变为活塞在气缸内的往复运动，并由此使工作容积作周期性变化，完成吸气、压缩、排气和膨胀 4 个工作过程。当活塞由外止点向内止点运动时进气阀开启，液化氨气进入气缸，吸气开始；当到达内止点时，吸气结束；当活塞由内止点向外止点运动时，氨气被压缩，当气缸内压力超过其排气管中背压时，排气阀开启，即排气开始，活塞到外止点时，排气结束。活塞再从外止点向内止点运动，气缸余隙中的高压气体膨胀，当吸入管中压力大于正在缸中膨胀的气体压力，并能克服进气阀弹簧力时，进气阀开启，在此瞬时，膨胀结束。

压缩机就完成了一个工作循环。

2. 液氨储罐

液氨储罐是电厂脱硝系统液氨储存的设备，一般为能够承受一定压力载荷的罐体，其结构如图 10-3 所示。储罐上安装有超流阀、止回阀、紧急关断阀和安全阀作为储罐液氨泄漏保护。储罐四周安装有工业水喷淋管线及喷嘴，当储罐罐体温度过高时自动淋水装置开启，对罐体喷淋降温。同时，液氨储罐还必须有必要的接地装置。

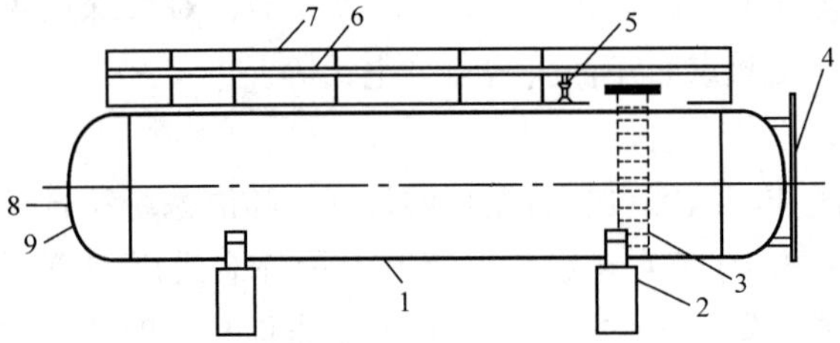

图 10-3 液氨储罐结构示意

1—罐体；2—支架；3—内部梯子；4—液位计；5—安全阀；6—喷淋管线；7—作业台；8—温度计；9—压力计

3. 储罐稳压器

通过氨气化器气化的氨气，被送入氨稳压器。在气化器的上游设置有压力控制阀，通过压力控制阀的流量控制，使氨的消耗量和稳压器内的压力均保持恒定。

4. 液氨蒸发器

液氨蒸发器一般为螺旋管式，其结构如图 10-4 所示。管内为液氨，管外为温水浴，以蒸汽直接喷入水中加热至 40℃，再以温水将液氨汽化，并加热至常温。蒸汽流量受蒸发槽本身水浴温度控制调节。在氨气出口管线上装有温度检测器。当温度低于 10℃时切断液氨进料，使氨气至缓冲槽维持适当的温度及压力。蒸发槽也安装安全阀，可防止设备压力异常过高。

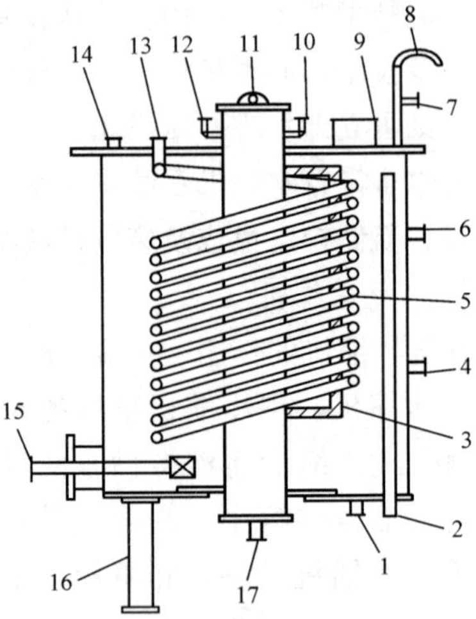

图 10-4 液氨蒸发器结构示意

1—工业水入口；2—溢流口；3—支架；4—TLA；5—管道；6、7—水平指示；8—通风口；9、11—观察口（带盖板）；10—NH_3 出口；12—预留口（带盖板）；13—液氨入口；14—电平开关（水位）；15—蒸汽入口（两个）；16—支柱（4 个）；17—排污口（带观察口）

5. 氨气稀释槽

氨气稀释槽为容积 $6m^3$ 的立式水槽。液氨系统各排放处所排出的氨气由管线汇集后从稀释槽低部进入，通过分散管将氨气分散入稀释槽水中，利用大量水来吸收安全阀排放的氨气。

6. 氨气泄漏检测器

液氨储存及供应系统周边设有 6 个氨气检测器，以检测氨气的泄漏，并显示大气中氨的浓度。当检测器测得大气中氨浓度过高时，在机组控制室会发出警报，操作人员采取必要的措施，以防止氨气泄漏的异常情况发生。

7. 氮气吹扫

液氨储存及供应系统保持系统的严密性防止氨气的泄漏和氨气与空气的混合造成爆炸是最关键的安全问题。基于该方面的考虑，系统的卸料压缩机、液氨储槽、氨气温水槽、氨气缓冲槽等都备有氮气吹扫管线。在液氨卸料之前通过氮气吹扫管线分别对以上设备进行严格的系统严密性检查和氮气吹扫，防止氨气泄漏和与系统中残余的空气混合造成危险。

8. 废气排放系统

液氨供应系统（包括液氨储罐、氨气缓冲罐等）紧急排放的氨气通过收集管道排入到氨气稀释槽中，用水吸收后排入废水池，再经废水泵送至废水处理系统处理。

第二节 喷氨混合系统

喷氨混合系统有喷氨格栅与烟气混合器两种技术。

一、氨与空气的混合

氨/空气混合器内氨与空气的混合比例应符合《液体无水氨》（GB 536—1988）的防爆规定，一般氨气浓度（体积百分比）不大于5%。GB 536表明气体无水氨和空气的比例达到16%～25%（$V:V$）时，会形成爆炸性混合物，因此应在这一浓度基础上设定注入的氨气浓度。

稀释氨气时，可将电厂原有的鼓风机的出口空气分流到一个支管，用该支管的空气进行稀释；当电厂鼓风机没有风机余量能供给多余的空气时，则需另外设置一个氨气稀释风机。

二、喷氨混合系统主要设备

1. 稀释风机

稀释风机（见图10-5）的作用是将稀释风引入氨水系统，稀释风的作用：一是用于控制作为NH_3的载体，通过喷氨格栅（AIG）将NH_3送入烟道，有助于加强NH_3在烟道中的均匀分布；二是稀释风通常是在加热后才混入氨水中，这有助于氨水中水分的气化。因此在引入稀释风后需要增加一稀释风的加热器，通常采用蒸汽或电加热器加热的方法，个别的工艺流程采用蒸汽加热为主、电加热为辅的方式。稀释风一般为常压且无腐蚀性，因而稀释风机可按普通风机标准选取。

2. 氨/空气混合器

烟气混合器的作用是使烟气流经混合器时产生两个转向相反的湍流漩涡，通过氨喷嘴将氨喷射在两个湍流漩涡的中央位置，使烟气和氨气均匀混合进入SCR反应器。

氨气在进入喷氨格栅前需要在氨/空气混合器中充分混合，氨/空气混合器有助于调节氨的浓度，同时氨和空气在这里充分混合有助于喷氨格栅中喷氨分布的均匀。

3. 喷氨格栅

喷氨格栅（见图10-6）的作用是将氨气/空气混合气体均匀喷入烟道中，以达到和烟气

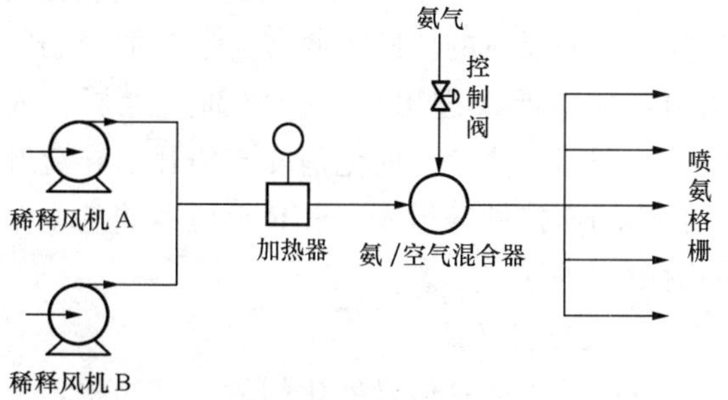

图10-5 稀释风机流程图

图10-6 喷氨格栅

尽可能均匀混合的目的。为尽可能使得烟道截面上个点浓度分布均匀，可根据烟气速度分布与 NO_x 的分布，采用覆盖整个烟道截面的网格型多组喷嘴设计，用多组阀门单独控制各喷嘴的喷氨量。为使氨与烟气在SCR反应器前有较长的混合区段以保证充分混合，应尽可能使氨在SCR反应器入口处喷入。

烟气脱硝装置中，氨的扩散及其中氨与氮氧化物的混合和分布效果是影响烟气脱硝效率的关键因素之一，也是各个工程公司的核心技术所在。目前普遍采用的是喷氨格栅（AIG）的方法，即将烟道截面分成20～50个大小不同的控制区域，每个区域有若干个喷射孔，每个分区的流量单独可调，以匹配烟气中 NO_x 的浓度分布。喷氨格栅包括喷氨管道、支撑、配件和氨气分布装置等。设计时，喷氨格栅的位置及喷嘴形式是根据锅炉尾部烟道的布置情况，通过模拟试验来选择的。同时，应通过烟道设计的优化及加设烟气导流挡板，使进入SCR催化反应器内的烟气气流保持均匀。喷氨格栅的位置及喷嘴形式选择不当或烟气气流分布不均匀时，容易造成 NO_x 与 NH_3 的混合及反应不充分，不但影响脱硝效果及经济性，而且极易造成局部喷氨过量。此外，脱硝装置投入运行前，应根据烟气气流的分布情况，调整各氨气喷嘴阀门的开度，使各氨气喷嘴流量与烟气中需还原的 NO_x 含量相匹配，以免造成局部喷氨过量。

喷氨格栅分若干个支管，每根管子上开一定数量及尺寸的孔，氨稀释空气由此处喷入烟道与烟气混合；同时，整个烟道截面被分成若干个控制区域，每个控制区域由一定数量的喷氨管组成，并设有阀门控制对应区域的流量，以匹配烟道截面各处 NO_x 分布的不均衡。

第三节　SCR脱硝反应系统

烟气从锅炉省煤器出来后通过SCR反应室入口烟道进入SCR反应器，在SCR反应器入口烟道上设置有喷氨格栅（AIG），将氨/空气混合气体均匀地喷射到SCR反应器入口烟道中，使喷入的氨气能与烟气中的 NO_x 充分混合，为了保证烟气能垂直地通过SCR反应室床层，在烟道转弯处均设置有烟气导流板，烟气通过导流板后均匀分布并流过催化剂床层，在催化剂的作用下，NH_3 与 NO_x 发生还原反应，生成无二次污染的 N_2 和 H_2O，随烟气流经锅炉空气预热器、除尘器、脱硫装置后，进入烟囱排放。

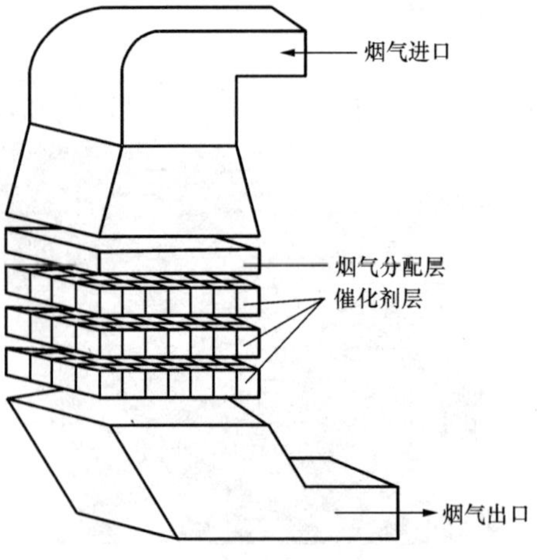

图10-7　SCR反应器的基本结构

一、SCR反应器

SCR反应器是还原物和烟气中的氮氧化物发生催化还原反应的场所，通常由带有加固筋的碳钢制壳体、烟气进出口、催化剂放置层、人孔门、检查门、法兰、催化剂安装门孔、导流叶片及必要的连接件等组成。SCR反应器的基本结构如图10-7所示。

1. 反应器壳体和钢结构

反应器壳体是包含催化剂的外部结构，主要由框架钢结构、钢板焊接而形成密闭的空间。为了防止烟气的散热，在反应器内外护板之间布置保温材料。

为支撑催化剂，在每层催化剂的下面布置有支撑钢结构梁，将催化剂模块成排布置在支撑梁上。

在反应器的入口设置气流均布装置，反应器内部易于磨损的部位设有防磨措施。内部各种加强板及支架均设计成不易积灰的形式，同时将考虑热膨胀的补偿措施。在反应器壳体上设置更换催化剂的门、人孔门和安装声波吹灰器的孔。

2. 反应器进出口烟道

入口烟道从锅炉尾部省煤器出口膨胀节至反应器入口为止，在入口烟道上布置有氨喷射装置、管式混合器、烟气导流板和灰斗等。

出口烟道从反应器出口至锅炉尾部空气预热器入口为止，在出口烟道上布置有烟气导流板等。

3. 导流板

当进入 SCR 反应器前烟气分布不均匀时，会导致脱硝效率的降低，这时就需要在 SCR 反应器的入口加装导流板，从而使得烟气和氨的混合更充分，烟气进入反应器的分布也更加均匀。

4. 催化剂

在选择性催化还原烟气脱硝中，催化剂的投资占了整个系统投资的 60%左右，而且催化剂的寿命一般也在 2～3 年，所以催化剂更换频率的高低直接影响到整个脱硝系统的运行成本，催化剂的选择也是整个 SCR 系统中的重点。

（1）催化剂的种类。SCR 催化剂可以根据原材料、结构、工作温度、用途等标准进行不同的分类。

1）按原材料催化剂分为铂系列、钛系列、钒系列及混合型系列。最初的催化剂为铂系列催化剂，由于铂系列催化剂价格昂贵，对灰分要求高，在电厂烟气 SCR 脱硝技术中已停用。目前的 SCR 催化剂一般为使用 TiO_2 载体的 V_2O_5/WO_3 及 MoO_3 等金属氧化物。催化剂的这些主要成分占 99%以上，其余微量组分对催化剂性能也起到重要作用。

2）按结构催化剂分为板式、波纹式和蜂窝式（见图 10-8）。板式催化剂为非均质催化剂，以玻璃纤维和 TiO_2 为载体，涂敷 V_2O_5 和 WO_3 等活性物质，其表面遭到灰分等的破坏磨损后，不能维持原有的催化性能，催化剂几乎不可能再生。波纹式催化剂为非均质催化剂，以柔软纤维为载体，涂敷 V_2O_5 和 WO_3 等活性物质，催化剂表面遭到灰分等的破坏磨损后，不能维持原有的催化性能，催化剂再生不可能。蜂窝式催化剂属于均质催化剂，以 TiO_2、V_2O_5、WO_3 为主要成分，催化剂本体全部是催化剂材料，因此其表面遭到灰分等的破坏磨损

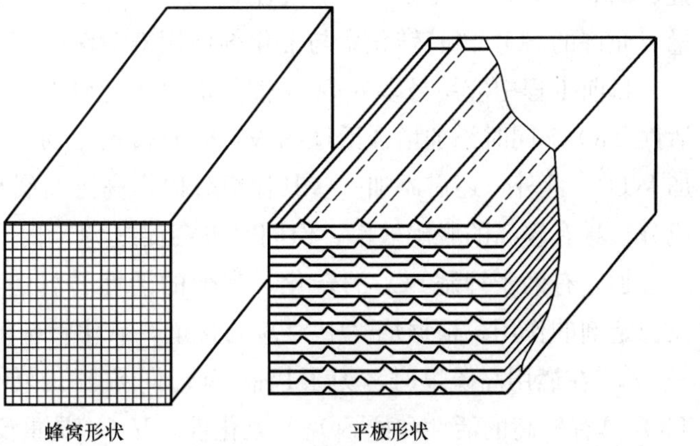

图 10-8 典型的催化剂形状

后，仍然能维持原有的催化性能，催化剂可以再生。全世界大部分燃煤发电厂（95%）使用蜂窝式和板式催化剂（特点比较见表 10-1），其中蜂窝式催化剂由于其强耐久性、高耐腐性、高可靠性、高反复利用率、低压降等特性，得到广泛应用。从目前已投入运行的 SCR 看，75%采用蜂窝式催化剂，新建机组采用蜂窝的比例也基本相当。

表 10-1　　蜂窝式和板式的特点比较

项目	蜂窝式	板式	项目	蜂窝式	板式
压降	大	小	催化剂体积（同等条件下）	小	大
活性	相当	相当			
阻塞问题	易阻塞	不易阻塞	价格	高	低
催化剂组成	基材全是 TiO_2	TiO_2 里有不锈钢骨架	可靠性	可靠	很可靠
			反应器体积	大	小

3）按载体材料催化剂分为金属载体催化剂和陶瓷载体催化剂；陶瓷载体催化剂耐久性强、密度轻，是采用最多的催化剂载体材料。此外，陶瓷载体的主要成分为董青石，高岭土中蕴藏着丰富的董青石原料，在我国有丰富的资源，价格相对较低。

4）按工作温度催化剂分为高温型、中温型和低温型。高温型催化剂以 TiO_2、V_2O_5 为主要成分，适用工作温度为 280～400℃，适用于燃煤电厂、燃重油电厂和燃气电厂。低温型催化剂以 TiO_2、V_2O_5、MnO 为主要成分，适用工作温度为大于 180℃，已用于燃油、燃气电厂。催化剂使用温度见表 10-2。

表 10-2　　催化剂使用温度

催化剂	使用温度（℃）	催化剂	使用温度（℃）
沸石催化剂	345～430	氧化铁基催化剂	380～430
氧化钛基催化剂	300～400	活性炭・焦催化剂	100～150

5）按用途催化剂分为燃煤型和燃油、燃气型。燃煤和燃油、燃气型催化剂的主要区别是蜂窝内孔尺寸，一般燃煤大于 5mm，燃油、燃气小于 4mm。

（2）催化剂的选择。SCR 催化剂的选取是根据锅炉设计与燃用煤种、SCR 反应器的布置、SCR 入口的烟气温度、烟气流速与 NO_x 浓度分布以及设计脱硝效率、允许的氨逃逸量、允许的 SO_2/SO_3 转化率与催化剂使用寿命保证值等因素确定的。

目前工程中应用最多的 SCR 催化剂是氧化钛基催化剂。氧化钛基催化剂的基体成分为活性 TiO_2，同时添加增强活性的 V_2O_5 金属氧化物，在需要进一步增加活性时通常还要添加 WO_3。此外，还需添加一些其他组分以提高抗断裂和抗磨损性能。V_2O_5 是最重要的活性成分，具有较高的脱硝效率，但同时也会促进 SO_2 向 SO_3 的转化；而另一种活性材料 WO_3 的添加，有助于抑制 SO_2 的转化。其他的活性材料还有 Mo、Cr 等，它们可起到助催化剂及稳定剂的作用。根据烟气中 SO_2 的含量，氧化钛基催化剂中 V_2O_5 组分的含量通常为 1%～5%，在燃用高硫煤时，为了控制 SO_2 向 SO_3 的转化率，V_2O_5 的含量通常不超过 2%。TiO_2 具有较高的活性和抗 SO_2 的氧化性。V_2O_5 是重要的活性成分，催化剂的 V_2O_5 含量较高时其活性也高，因此脱硝效率较高，但 V_2O_5 含量较高时 SO_2 向 SO_3 的转化率也较高。

添加 WO_3 则有助于抑制 SO_2 的转化，可将 SO_2 的转化率控制在 1%以下。目前，广泛应用的 SCR 催化剂大多是以 TiO_2 为载体，以 V_2O_5 或 V_2O_5-WO_3、V_2O_5-MoO_3 为活性成分。

试验研究和实际应用表明，催化剂因烟气特性的不同而异。对于煤粉炉，由于排出的烟气中携带大量飞灰和 SO_2，因此，选择的催化剂除应具有足够的活性外，还应具有隔热、抗尘、耐腐、耐磨以及低 SO_3 转化率等特性。总之，SCR 烟气脱硝装置使用活性催化剂应具有以下特点：①宽的温度范围，高的催化活性；②低氨流失量；③具有低 SO_2、卤素氢化物（HCl、HF）、碱金属（Na_2O、K_2O）、重金属（As）等性能；④低失活速度；⑤良好的热稳定性；⑥无烟尘积累；⑦机械强度高，抗磨损性强；⑧催化剂床层压力降小；⑨使用寿命长；⑩废物易于回收利用；⑪成本较低。

催化剂的结构、形状随它的用途而变化，为避免被颗粒堵塞，蜂窝状、管状和板式都是常用的结构，而最常用的则是蜂窝状，因为它不仅强度好，而且易清理。

5. 吹灰器

因燃煤机组的烟气中飞灰含量较高，通常在 SCR 反应器中安装吹灰器，以除去可能遮盖催化剂活性表面及堵塞气流通道的颗粒物，从而使反应器的压降保持在较低的水平。吹灰器还能够保持空气预热器通道畅通，从而降低系统的压降。这在对现有锅炉进行 SCR 改造中尤为重要，因为空气预热器的板间距一般都较小，更易造成硫酸铵的沉积和阻塞。吹灰器通常为可伸缩的耙形结构，采用蒸汽或空气进行吹扫，且每层催化剂的上面都设置吹灰器。一般各层吹灰器的吹扫时间错开，即每次只吹扫一层催化剂层或一层中的部分催化剂。在欧洲的 SCR 装置中，吹灰器大约每周启动 1～2 次。

第十一章 SCR对锅炉及其尾部设备的影响

第一节 SCR运行对锅炉的影响

氨气与空气的混合气喷入锅炉省煤器后的出口烟气中，从以下几方面影响烟气的传热及热效率：①影响烟气的辐射特性；②影响烟气的热物理性质；③增加烟气的流量；④吸收烟气的热量。

喷入烟气中的还原剂会吸收一部分烟气的热量。氨气的加入量与烟气中的氮氧化物（NO_2）的流量成正比，在采用低NO_2燃烧技术后，烟气中NO_2的体积浓度一般为200ppm左右，即0.2%左右，而氨气在烟气中的体积浓度与此相当，由于浓度很低，不会显著影响烟气的辐射传热，不会显著改变烟气的热物理性质和增加烟气的流量，因此也不会显著影响对流传热。

烟气脱硝装置的安装使锅炉尾部烟道增加，因此会使烟气的散热损失增加。锅炉烟气散热损失的增加，导致锅炉煤耗增加。由于氨气的引入而导致的蒸发会吸收一些烟气热量，从而增加热损失，使锅炉效率有小量降低。但相对于整个锅炉烟气而言其影响甚微。

第二节 SCR对空气预热器的影响

SCR运行时，部分NH_3和烟气中SO_3和H_2O形成的硫酸氢铵（NH_4HSO_4）会对空气预热器中温段和冷段形成强腐蚀。硫酸氢铵具有很强的黏结性，通常迅速黏在传热元件表面进而吸附大量灰分，造成空气预热器堵灰。同时，烟气中有部分SO_2被SCR催化剂转化为SO_3，加剧了空气预热器冷端腐蚀和堵塞的可能。

一、加剧空气预热器冷端腐蚀和堵塞的原因

（1）由于烟气中约有1%的SO_2转化为SO_3，SO_3和烟气中的H_2O和从SCR反应器后烟气中残存的还原剂氨（NH_3）发生反应生成硫酸氢氨。而硫酸氢氨在230℃时开始从气态凝结为液态，空气预热器的中温段和低温段的温度区间约为130～250℃，正是硫酸氢氨的相变区为液态向固态转变阶段，具有极强的吸附性，它极易黏附于换热元件表面，进而吸附飞灰，导致大量灰分沉降在金属表面或卡在层间，引起堵塞，危及空气预热器的正常运行。同时，由于传统吹灰器不能有效地清理中间层，会迫使锅炉机组停运次数增加。通常在氨气浓度1ppm以下时，硫酸氢铵生成量很少，空气预热器堵塞现象不明显；如NH_3逃逸增加到2ppm，空气预热器运行6个月后，阻力约增加30%；如NH_3逃逸增加到3ppm，空气预

热器运行6个月后，阻力约增加50%，将迫使停炉停机清理空气预热器的堵灰。

(2) 由于烟气中SO_3浓度增大，使得烟气的硫酸露点温度提高、空气预热器低温腐蚀加剧。除此之外，硫酸氢氨本身具有腐蚀性，会对空气预热器中的低碳钢及低合金钢部分产生腐蚀作用。

(3) 换热元件表面积灰，将使元件的换热能力大为降低，降低了空气预热器的功能。

二、防止硫酸氢铵对空气预热器造成的影响措施

(1) 限制通过SCR催化剂的烟气SO_2/SO_3的转换率。烟气中的SO_2在通过SCR的催化剂时少部分将反应生成SO_3，限制SO_2/SO_3的转换率在一定比例下，可降低SCR出口的SO_3浓度，以减少其与NH_3反应量，也可降低硫酸氢铵的产生，SCR的SO_2/SO_3转换率一般应限制在1%以下。

(2) 控制SCR出口的NH_3泄漏量。一般而言，控制SCR出口的NH_3泄漏量（燃煤机组应控制5ppm以下），可减轻下游空气预热器发生硫酸氢铵堵塞的机会。而依据SCR催化剂厂家提供的技术资料，因其经过催化剂SO_2/SO_3的转换率较低，催化剂出口可容许的NH_3泄漏量可相对较高。

综合上述两点，空气预热器运行周期与SCR出口NH_3泄漏量息息相关，操作上应维持NH_3泄漏量在规范限值以内，泄漏量越低则空气预热器运转周期越长。实际操作时，在试运转期间调整氨的喷射流量，以获得设计的脱硝效率及NH_3逃逸，在运转期间定期检测烟气中的NH_3残余量，以调整氨的注入量。

三、对于老机组的SCR工程改造过程中预热器的改造方案

为了适应锅炉加装SCR的需要，避免空气预热器冷端传热元件的腐蚀和堵塞，有SCR脱硝设备情况下的空气预热器在防止堵塞和冷段清洗方面需作特殊设计，主要包括：①传热元件采用高吹灰通透性的波形替代原有空气预热器波形，以保证吹灰和清洗效果；②冷段层采用搪瓷表面传热元件［搪瓷层稳定性好，耐磨损，使用寿命长（一般不低于50 000h）］，可以隔断腐蚀物和金属接触，而且表面光洁，易于清洗干净；③增加转子清洗措施，提高空气预热器的可靠性和经济性，必须对空气预热器进行改造，其主要内容分为空气预热器受传热元件和吹灰系统改造两部分。

1. 更换冷段传热元件

一般来说，回转式空气预热器的传热元件分为高、中温段和低温段。高、中温段一般选用低碳钢；低温段的腐蚀性较强，一般选用搪瓷传热元件或考登钢等低合金钢传热元件。

因为空气预热器的绝大部分中温段和部分低温冷段处于产生硫酸氢氨堵塞的温度区间内，所以为了避免两段的连接间隙内的硫酸氢氨堵塞搭桥，可以考虑将传统的低温冷段和中温段合并为一段。同时，为了有效清灰，该段内的传热元件采用高吹灰通透性的波形，如NF替代原来的DU等波形。这种波形的内部气流通道为局部封闭型，可以保证吹灰介质动量在元件层内不迅速衰减，从而提高吹灰有效深度。NF波形的吹灰穿透性远远优于传统中间层用的DU波形。

NF波形虽然能保证吹灰和清洗效果，但换热性能（单位容积中受热面面积）不如原空气预热器用的DU等波形，因此要维持空气预热器排烟温度不上升，需视情况增加换热面积。

2. 转子部分改动

转子内部取消栅架（用以减少对传热元件的阻挡面积，提高吹灰和清洗效果），将横向隔板延伸到冷端，直接安放加高后的冷段传热元件，封闭不再使用的转子侧面传热元件更换门。

3. 空气预热器吹灰系统改造

在锅炉加装 SCR 系统以后，空气预热器的腐蚀和积灰都大大增强，原有的吹灰系统不能满足要求。为了及时清洗空气预热器内部沉积的硫酸氢铵腐蚀物和冷端积灰，需要对空气预热器吹灰器系统进行改造如下：

（1）将吹灰器更换为双介质吹灰器，在正常运行阶段用蒸汽在线吹灰，当空气预热器烟气侧阻力上升到最初运行阻力的 150%（或 1.5kPa）左右时，将锅炉负荷降低到 50%BMCR 运行，对空气预热器进行单台高压水离线冲洗。

（2）锅炉增设高压水泵，用来向吹灰器提供高压水。

（3）为避免高压水损坏空气预热器传热元件，高压水喷嘴需使用清洗型，并且喷嘴口径不宜超过 2mm。

第三节　SCR 对吸风机的影响

采用 SCR 后，由于脱硝剂的喷入量相对烟气量极微，因而吸风机风量可考虑不变，但因 SCR 部分和进口烟道的阻力增加较大，约为 1000Pa，因此应选择合理的风机型号与参数。安装 SCR 后使吸风机的电耗增加。如果氨的逃逸量控制不当，可能造成空气预热器的结构堵灰，额外增加系统阻力。

但只要氨的逃逸率得到合理的控制（氨逃逸率一般控制在 3ppm 以下），炉后其他设备，主要是除尘器，不会产生足以影响其性能的积灰。氨的喷入有利于提高粉尘的带电性能，对除尘产生有利的影响。总体来说，实施脱硝工程对除尘器性能和运行影响可以不予考虑。

第十二章 选择性催化还原烟气脱硝的调试

SCR系统调试与机组调试应提前且应同时进行。SCR烟气脱硝系统的调试主要包括单体调试、冷态调试和热态调试，对制氨区和脱硝区分别进行调试。

第一节 SCR的冷态调试

1. 制氨区冷态调试

制氨区的冷态调试内容包括：

（1）制氨区系统跟踪检查，确保系统中的所有设备安装无误。

（2）阀门及测点调试，确保所有测点显示准确，阀门就地（远方）操作正常，反馈正确。

（3）氨区转机设备试运，氨区排污泵试运（由于卸料压缩机不允许空转，只进行了卸料压缩机电动机的试运）。

（4）氨区设备吹扫，用压缩空气吹扫至脱硝区氨气管道与混合器的接口。

（5）氨区承压设备的水压试验，水压试验压力为设计压力的1.2～1.3倍。在水压试验时发现的漏点要及时进行处理，处理完后再次进行水压试验，直至系统严密不漏，能够保压30min以上；水压试验后，再对系统进行气密性试验。

（6）气密性试验压力为系统的设计压力。试验时要用肥皂水对系统内所有法兰、阀门的盘根和门杆、仪表接口等处进行全面检查，并对泄漏处进行处理，直至系统能够保压30min以上。

（7）对氨区的喷淋水系统进行喷淋试验，确保各喷淋阀动作准确，喷淋正常。

2. 脱硝区的冷态调试

脱硝区的冷态调试内容包括：

（1）脱硝区设备的跟踪检查。

（2）阀门及测点调试，确保所有测点显示准确，阀门就地（远方）操作正常，反馈正确。

（3）稀释风机试运，试运时要把注氨格栅分支的手动门关闭，拆开1～2个注氨格栅手动门前的法兰作为排放口，在管道吹扫干净后回装。

（4）检查注氨格栅喷嘴，打开注氨格栅手动门，启动稀释风机，检查每一个注氨格栅喷嘴是否畅通，对不出气的喷嘴要进行处理。

（5）烟气分析仪的调试。

（6）脱硝吹灰蒸汽管道吹扫及吹灰器试运。

（7）脱硝干除灰系统调试。

第二节 SCR 热态调试

1. 制氨区的热态调试

制氨区的热态调试过程主要包括液氨罐首次利用卸料压缩机装载液氨，以及氨气的首次制备。重点要对液氨蒸发器的温度自动控制及氨缓冲罐的压力自动控制进行参数调整，确保上述参数控制准确。

2. 脱硝区的热态调试

（1）机组负荷稳定在90%以上，测量注氨格栅前烟气的温度、氧量、流量及NO浓度，根据测量结果初步计算出每个注氨格栅需要的氨流量。

（2）调整完注氨格栅每个分支的流量之后，在烟气温度满足要求的情况下，往烟气中注氨，进行脱硝。脱硝效率达到设计值后，在SCR出口用网格法测量NO_x的分布；根据测量结果对注氨格栅相应的分支流量进行进一步的调整。

（3）投入注氨流量“自动”控制，对控制参数作进一步调整，确保注氨流量自动控制准确、灵敏。

（4）脱硝吹灰器的热态投运。

在上述工作完成后，需要对整个脱硝系统的运行参数进行全面的检查和进一步的调整，使脱硝系统各运行参数正常，符合设计要求。

3. SCR调试中应注意的问题

（1）由于注氨格栅的喷嘴比较小，在注氨格栅通入空气前，必须确保注氨格栅各分支手动门前的管道已经吹扫干净，并且要在通风的情况下进入内部，检查每个喷嘴是否畅通无堵塞。

（2）由于氨是一种亲水化合物，因此，在进行氨区设备管道水压试验时，要确保系统中的水能够彻底排净。对于不能排净水的设备，不得参与水压试验。为了保证将水彻底排干净，在排水结束后，应再用压缩空气把系统中残留的水吹扫干净。

（3）根据我国《压力容器安全技术监察规程》的要求，在水压试验结束后，氨区设备管道必须进行气密性试验，气密性试验合格后才可以向系统注氨。因为气密性试验压力为设计压力（2.2MPa），而电厂的压缩空气压力只有0.7～0.8MPa，所以要提前准备好高压氮气或排气压力能满足气密性试验的空气压缩机。为了节省气密性试验的时间，可以先利用压缩空气升压至0.7～0.8MPa，然后再利用其他方法继续升压。气密性试验要分段进行，每一个阶段都要用肥皂水对系统进行全面检查，对有泄漏的地方立即处理，然后再进行升压。

（4）因为氨气和空气混合易引燃爆炸，所以，首次进氨前必须按照要求把系统中的空气用氮气置换至氧的体积分数为1%～2%；进氨时先通入气态氨，检查系统无泄漏后再启动卸料压缩机通入液氨，卸氨结束后应用氮气把卸氨管道吹扫干净。

（5）首次往烟气中通入氨气前，要先完成注氨格栅各分支流量的预调整；另外，首次通入氨气的量不宜多，只要达到通入氨气后 SCR 反应器出口的烟气分析仪表有变化，再缓慢增加注入的氨气量，直至脱硝效率达到设计值。

（6）氨与烟气中的 SO_3 反应可生成硫酸铵盐，该化合物易黏结在空气预热器的换热面上，造成空气预热器堵塞及换热性能下降。因此，在调试过程中，要注意氨逃逸率，在氨逃逸率较高时，必须降低脱硝效率，以使氨逃逸率恢复至正常水平。

（7）氨是一种危险的化学品，在调试过程中要熟悉相关事故的处置方法。另外，现场调试必须配备必要的防护用品及便携式氨气泄漏检测仪。

（8）稀释风机产生的稀释风不但起稀释氨气的作用，同时还可防止 AIG 喷嘴堵塞。因此，无论是否喷氨，在锅炉引风机投运前，先投运稀释风机；当锅炉引风机停运后，方可停运稀释风机。

（9）要实现 SCR 系统优化运行，则要求 SCR 反应塔顶部入口截面上的烟气速度分布最大允许偏差为 10%～15%，烟气温度分布最大允许偏差为 10～15℃，NH_3/NO_x 摩尔比分布的最大允许偏差为 5%～10%。

第十三章 选择性催化还原烟气脱硝的运行

第一节 SCR 系统的启动

一、启动前的检查

启动前，应对液氨储存与稀释排放系统、液氨蒸发系统、稀释风机系统、循环取样风机系统、吹灰器、SCR 烟气系统进行全面检查，保证各系统符合启动相关要求。主要检查内容有：

1. 液氨卸料、储存与稀释排放系统检查

（1）制氨区系统电气系统投入应正常。

（2）仪表电源应正常，特别是双电源切换。

（3）所有仪表已投入且校准，联锁保护试验正常。

（4）仪用空气压力应达到系统运行要求。

（5）吹扫用氮气应准备到位，质量符合要求。

（6）消防水系统、消防报警应投入正常。

（7）氨区液氨存储和氨气制备区域的氨气泄漏检测装置报警值设定完毕，工作应正常。

（8）氨稀释槽、氨灌内部应清洁，废水池宜清洁。

（9）确认氨稀释系统正常。

（10）确认制氨区废液吸收系统应具备投入条件。

（11）确认废液排放泵系统应具备投入条件。

（12）确认液氨罐降温喷淋应具备投入条件。

（13）确认压缩机应具备投启动条件。

（14）压力、温度、液位、流量等测量装置应完好，并投入。

（15）在上位机上检查确认系统联锁保护应 100%投入。

（16）检查确认防护用品、急救用品应准备到位。

（17）紧急措施、应急预案稳妥，并经过演练。

（18）安全阀一次门及其他阀门应在正确位置。

（19）氨系统应用氮气置换或抽真空应处理完毕，氧含量达到要求。

2. 液氨蒸发系统及其气氨缓冲系统检查

（1）液氨蒸发器、氨缓冲罐内部应清洁，人孔封闭完好。

（2）确认系统内所有管道及设备都已进行清洗及吹扫并已经置换合格。

（3）确认液氨蒸发系统各部分控制系统已通电，并切换到“手动”挡。

(4) 压力、温度、液位等测量装置应完好，并投入。

(5) 加热蒸汽应具备投入条件。

(6) 氨罐应具备供氨条件。

(7) 安全阀、一次阀门及其他阀门应处于正确位置。

(8) 设备周围应清洁，无积水及其他杂物。

(9) 确认供水管道内有除盐水供应，除盐水压力为0.2～0.3MPa。

(10) 检查液氨储罐的液氨储量，并确定使用哪一个储罐。

(11) 检查确认液氨蒸发器的水位，是否已补水完毕，确认液位均满足要求。

3. 稀释风机系统检查

(1) 稀释管道、加热器内部应清洁。

(2) 喷氨格栅完好，喷嘴齐全、无堵塞。

(3) 压力、压差、温度、流量等测量装置应完好，并投入。

(4) 设备周围清洁，无积水、积油及其他杂物。

(5) 加热蒸汽及其输水系统应具备投入条件。

(6) 稀释风机润滑油应正常，且具备启动条件。

(7) 系统阀门应处于工作位置。

4. 循环取样风机系统检查

(1) 循环取样风机进出口管道内部应清洁。

(2) 压力测量装置应完好，并投入。

(3) 烟气在线分析仪、氨逃逸检测仪应完好，并具备投入条件。

(4) 设备周围清洁，无积水、积油及其他杂物。

(5) 循环取样风机润滑油应正常，且具备启动条件。

(6) 系统阀门应处于正确位置。

5. 蒸汽吹灰系统检查

(1) 蒸汽管道吹扫应干净，符合规范要求。

(2) 压力、温度、流量等测量装置应完好，并投入。

(3) 吹灰器进、退应无卡涩，限位开关调整完毕。

(4) 设备周围清洁，无积水、积油及其他杂物。

(5) 吹灰器固定支架与平台距离应合理，无碰撞。

(6) 吹灰器控制系统应完好，且具备投入条件。

(7) 系统阀门应处于正确位置。

6. SCR反应器系统检查

(1) 烟气挡板、循环取样风机、稀释风机、烟道膨胀节、吹灰器应完好，具备投入条件。

(2) 喷氨格栅喷嘴应齐全、完好、无堵塞。

(3) 催化剂及密封系统安装检查应合格。

(4) 导流板、整流器、混合器应完好。

(5) 吹灰器动作灵活、无卡涩。

（6）导流板、整流器应完好。

（7）烟道内部、催化剂应清洁，无杂物。

（8）烟道应无腐蚀泄漏，膨胀节连接牢固、无破损；人孔门、检查孔关闭严密。

（9）差压、压力、温度等热工仪表应完好，投入正常。

（10）氨泄漏报警系统应投入正常。

（11）吹灰蒸汽系统、仪用空气系统应具备投入条件。

（12）锅炉运行正常，温度应符合脱硝要求。

二、转动设备的试转

1. 试转条件

新安装和经过检修后的转动设备，在试转前，应进行各项检查，且具备下述条件：

（1）现场清洁，照明充足。

（2）联轴器、皮带连接应良好，保护罩完整，地脚螺栓无松动。

（3）轴承油位应正常，油质合格；采用强制润滑时，润滑油系统油压、油温应符合制造厂规定。

（4）电动机接地线良好，绝缘合格，事故按钮应完整。

（5）挡板、阀门传动试验应合格。

（6）仪表、联锁、保护、控制和报警装置应正常投入。

2. 转动设备试转

（1）就地点动转动设备检查电动机转向正确。

（2）机械无异声、摩擦和撞击。

（3）连续试转1h以上，以验证其运行可靠性。

（4）检查轴承温度应符合制造厂规定。若无规定时，滚动轴承温度应不超过80℃，滑动轴承温度不超过70℃。

（5）检查轴承振动符合制造厂规定。

（6）无漏油、积灰、漏浆、漏风、漏水等现象，冷却水温度应符合要求，润滑油系统的油温、油压不超标。

三、稀释槽、液氨蒸发器的冲洗和上水

1. 稀释槽的冲洗

（1）打开稀释槽底部排水阀，打开稀释槽补水阀，向稀释槽进水。

（2）冲洗干净后，关闭底部排水阀，将稀释槽补水阀投入自动。

2. 液氨蒸发器的冲洗和进水

（1）打开液氨蒸发器底部排水阀，打开蒸发器补水阀，向蒸发器内进水（需要注明采用除盐水冲洗）。

（2）冲洗干净后，关闭底部排水阀，打开蒸发器补水阀加水或热载体规定位置。

四、氨系统置换

（1）被置换的设备、管道等应与系统进行可靠隔绝。

（2）置换前应制订置换方案，绘制置换流程图，根据置换和被置换介质密度不同，合理选择置换介质入口、被置换介质排出口及取样部位，防止出现死角。

(3) 置换要求用水作为置换介质时，应要保证设备内注满水，且在设备顶部最高处溢流口有水溢出，并持续一段时间，严禁注水未满。用惰性气体作置换介质时，置换是否彻底、置换作业是否符合安全要求，不能只根据置换时间的长短或置换介质的用量判断，而应根据取样分析是否合格为准。

(4) 按置换流程图规定的取样点取样分析应达到合格。

五、SCR 系统的启动

SCR 系统启动步骤：①氨区系统吸收设备（氨吸收）及管线充水应完成，氮气瓶备用到位；②启动废液吸收系统；③液氨输入氨气储存罐；④开启液氨蒸发器的加热系统；⑤手动开启氨罐的液氨排出阀门；⑥开启液氨蒸发器入口的气动阀，然后再慢慢打开氨蒸发器的液氨入口手动阀门，使气氨缓冲罐内达到预定的压力；⑦先开启稀释风机，再开启氨混合器的气氨入口阀门；⑧根据分析仪检测的浓度，调整相应参数。

1. 卸氨操作

(1) 确认液氨系统置换合格，氨罐具备进氨条件。

(2) 确认氨区氨稀释系统自动投入。

(3) 确认氨区废水排放系统自动投入。

(4) 确认氨罐降温喷淋系统自动投入。

(5) 确认氨区氨泄漏报警系统自动投入。

(6) 按照操作票对系统阀门状态进行应确认，阀门处于正确位置。

(7) 检查液氨槽车，允许合格槽车进入现场，并接地。

(8) 把气、液相金属软管与液氨槽车气、液相接口进行可靠连接。

(9) 打开氨系统气相管路上阀门。

(10) 打开氨系统液相管路上阀门。

(11) 微开液氨槽车液相阀门，检查无泄漏后，缓慢打开至设计卸氨流量。

(12) 当槽车压力与液氨储罐压力相差 0.1～0.2MPa 时，微开液氨槽车上气相管路阀，检查确认金属软管与法兰连接处无液氨泄漏后，缓慢全开此阀门。

(13) 按照卸料压缩机正常启动步骤，启动氨卸料压缩机，并调整压缩机出口压力。

(14) 当液氨槽车液位指示为 0 或氨罐液位达到设计规定的装填液位，应关断氨罐上液相阀门和气相阀门，同时停止氨卸料压缩机，并关闭氨卸料压缩机进出口阀门。

(15) 关闭液氨槽车上气相截止阀。

(16) 关闭液氨槽车上液相截止阀。

(17) 吹扫卸氨气相、液相管路。

(18) 取下连接液氨槽车与液氨储罐的气、液相金属软管，确认分离完全后，启动槽车。

(19) 卸车过程中，注意保持卸车压力差，不断检查作业情况，发现异常情况要及时处理。在卸车过程中，应有专门安全人员现场督导，卸车操作人员、槽车司机、押运员不得擅自离开岗位。

2. 液氨蒸发系统启动

(1) 如用热水加热，氨蒸发器投运前应检查筒内的加热水液位在高位，并应加入防锈剂，防锈剂浓度不得低于 300mg/L。

（2）向液氨蒸发器加蒸汽或热水。

（3）加热蒸发器的蒸汽或水温应至设计温度，将温度控制投入自动。

（4）液氨蒸发器进氨。

（5）缓冲罐压力调节应投入自动，压力设定为设计值。

3. 稀释风机启动

（1）系统阀门应置于正确位置。

（2）启动稀释风机。

（3）投入稀释风加热系统，稀释风温度应控制在设计值。

4. 吹灰器启动

（1）将系统阀门应置于正确位置。

（2）吹灰蒸汽压力投入自动。

（3）投入吹灰控制系统（PLC），启动吹灰。

5. SCR反应器投入

（1）打开SCR出口挡板和SCR入口挡板，慢关SCR旁路挡板（若有），应保证催化剂温升要求。

（2）核实烟气分析仪已投入运行。

（3）启动循环取样风机系统。

（4）启动吹灰系统。

（5）启动液氨蒸发系统。

（6）核实氨切断阀是关闭的，将氨流量控制器切换到“手动”模式，关闭氨流量控制阀。

（7）启动锅炉，观察烟气温度和燃烧工况。

（8）启动稀释风机，开始供应足够的稀释空气。

（9）核实氨气压力为设计值。

（10）如果以下条件满足，打开氨切断阀：

1）进口烟气温度大于设定值；

2）氨设备和所有仪表都准备好投入运行。

（11）达到喷氨温度后，启动喷氨系统，逐渐提高喷氨量和脱硝效率，防止氨逃逸率超标。

（12）通过手动调节流量控制阀，为氨/空气混合器供应氨气，并将氨/空气混合气通向喷氨格栅（在氨喷入烟气前，氨/空气分配支管上的节流阀应处于全开状态）。

（13）增加氨流量以达到设定的脱硝率，然后将氨流量控制器切换到“自动”模式。

（14）确认SCR系统运行稳定。

第二节 SCR系统的停运

一、SCR系统的停运

1. 制氨区停运

（1）关闭液氨储罐出口截止门和液氨蒸发器入口压力调节阀，停止液氨供应。

(2) 继续加热氨蒸发器数分钟，然后手动逐渐关小温度调节阀，减少蒸汽进入量，直至完全关闭，停用氨蒸发器（在温度低于0℃的环境条件下，停气后为防止气化器冻裂，应在气化器水中加防冻液或将水全部放掉）。

(3) 关闭缓冲罐出口截止门，使氨系统完全停止输出。

(4) 将氨流量控制器从“自动”切换到“手动”，并关闭氨流量控制阀、关闭氨切断阀。

2. 反应器停运

(1) 最后停机阶段，反应器用空气进行吹扫。

(2) 保持稀释风机一直运行，供应空气对混合器进行吹扫，防止发生爆炸；停机后，用稀释空气吹扫反应器。如果稀释风机出现故障不能运行，则用自然通风吹扫反应器。之后，停用稀释风机。

(3) 关闭所有氨储存及供应系统的切断阀和隔离阀。

(4) 停止为脱硝系统提供仪用空气。

如果脱硝系统长期停运，应将各箱罐、地坑内的氨液排空。

二、停运后检查维护及注意事项

(1) 对停运设备及输氨管道进行吹扫、冲洗。

(2) 定时检查脱硝系统中各箱罐、地坑氨介质液位。

(3) 按要求进行转动设备的换油和维护工作。

(4) 对催化剂进行检查，对催化剂试块进行测试。

(5) 对反应器内和烟道内的积灰进行清扫，特别是催化剂入口的积灰应清理干净。

(6) 停运期间应进行必要的消缺工作。

(7) 冬季停运应采取防冻措施。

第三节　影响SCR性能的主要因数

1. SV值

SV值是指烟气量/催化剂量，NO_x 的脱除效率随着SV值的增大而降低。

2. 烟气温度

烟气温度是影响 NO_x 脱除效率的重要因素。一方面，当烟气温度低时，不仅会因催化剂的活性降低而降低 NO_x 的脱除效率，而且喷入的 NH_3 还会与烟气中的 SO_x 反应生成硫酸铵附着在催化剂的表面；另一方面，当烟气温度高时，NH_3 会与 O_2 发生反应，导致烟气中的 NO_x 增加。因此，在锅炉设计和运行时，选择和控制好烟温尤为重要。

3. 氨消耗量

SCR烟气脱硝控制系统依据确定的 NH_3/NO_x 摩尔比来提供所需要的氨气流量，进口 NO_x 浓度和烟气流量的乘积产生 NO_x 流量信号，此信号乘上所需 NH_3/NO_x 摩尔比就是基本氨气流量信号，根据烟气脱硝反应的化学反应式，1mol氨和1mol NO_x 进行反应。摩尔比的决定是在现场测试操作期间来决定并记录在氨气流控制系统的程序上。所计算出的氨气流需求信号送到控制器并和真实氨气流的信号相比较，所产生的误差信号经比例加积分动作处理去定位氨气流控制阀，若氨气因为某些联锁失效造成喷雾动作跳闸，届时氨气流控制阀关断。

根据设计脱硝 90%的效率，依据入口 NO_x 浓度和设计中要求的最大 3ppm 的氨逃逸率计算出修正的摩尔率并输入在氨气流控制系统的程序上。SCR 控制系统根据计算出的氨气流需求信号去定位氨气流控制阀，实现对脱硝的自动控制。通过在不同负荷下的对氨气流的调整，找到最佳的喷氨量。

氨气流量可依温度和压力修正系数进行修正。从烟气侧所获得的 NO_x 信号馈入，计算所需氨气流量。控制器利用氨气流量控制所需氨气，使摩尔比维持固定。

4. 氨逃逸率

在高尘 SCR 工艺中，氨逃逸率的控制至关重要。若控制不好，不仅将使成本增加，还会导致以下几个问题：①空气预热器换热面的腐蚀；②飞灰污染；③催化剂的腐蚀；④环境污染。其中，最主要的是对空气预热器换热面的腐蚀和对飞灰品质的影响。多余的氨与烟气中的 SO_3 反应生成 NH_4HSO_4，当后续烟道烟温降低时，NH_4HSO_4 就会附着在空气预热器表面和飞灰颗粒物表面。NH_4HSO_4 在烟温低于 150℃时，会以液态形式存在。它会腐蚀空气预热器传热元件，和通过与飞灰表面物反应而改变飞灰颗粒物的表面形状，最终形成一种大团状黏性的腐蚀性物质。这种飞灰颗粒物和在传热元件表面形成的 NH_4HSO_4 会导致空气预热器的压损急剧增大。同时，由于氨过剩导致飞灰化学性质发生改变，使得飞灰变得不可能作为建材原料而利用，这就意味着电厂必须为飞灰的处置付出额外的高昂费用。

从某种意义上来说，SCR 反应器就是氨反应器。由于许多因素的存在，不可避免地将出现氨逃逸的情况。一般来说，氨逃逸的影响因素为喷氨的不均匀性和催化剂层的活性下降。在实际运行中，这两者均无法及时发现，而通过脱硝效率又不能很好地反映氨逃逸率。这时利用分析飞灰中的含氨量能及时、准确地获知氨逃逸率，根据国外火电厂运行经验，SCR 正常运行下，飞灰中含氨量控制在 50mg/kg 以下时，可有效控制氨逃逸率在安全运行范围之内。

5. NH_3/NO_x 摩尔比

理论上，1mol 的 NO_x 需要 1mol 的 NH_3 去脱除，NH_3 量不足会导致 NO_x 的脱除效率降低，但 NH_3 过量又会带来 NH_3 对环境的二次污染，通常喷入的 NH_3 量随着机组负荷的变化而变化。对 NH_3 输入量的调节必须既保证 NO_x 的脱除效率，又保证较低的氨逃逸率脱硝效率、氨逃逸率与 NH_3/NO_x 摩尔比的关系见图 13-1。由于烟气通过空气预热器后温度迅速下降，多余的 NH_3 会与烟气中的 SO_2、SO_3 等反应形成铵盐，导致烟道积灰与腐蚀。另外，NH_3 吸附在飞灰上，会影响电除尘器所捕获粉煤灰的再利用价值，氨泄漏到大气中又会对大气造成新的污染。而且，如果 NH_3 与烟气混合不均，即使氨的输入量不大，氨与 NO_x 也不能充分反应，不仅达不到脱硝的目的，还会增加氨逃逸率。还原剂 NH_3 的用量一般根据期望达到的脱硝效率，通过设定 NO_x 与 NH_3 的摩尔比来控

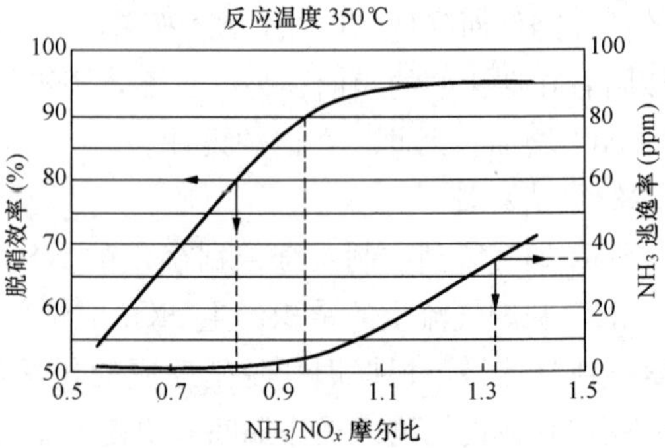

图 13-1 脱硝效率、氨逃逸率与 NH_3/NO_x 摩尔比的关系

制。催化剂的活性不同，达到相同转化率时，所需要的 NH_3/NO_x 摩尔比不同。各种催化剂都有一定的 NH_3/NO_x 摩尔比范围，当其摩尔比较小时，NO_x 与 NH_3 的反应不完全，NO_x 转化率低；当摩尔比超过一定范围时，NO_x 转化率不再增加，造成还原剂 NH_3 的浪费，甚至液氨泄漏量增大。

6. SO_2/SO_3 转化率

SO_2 是燃煤锅炉排放烟气中的主要污染物之一，是 SCR 烟气脱硝设计中必须考虑的气体物质。如果 SCR 脱硝反应发生在含有 SO_2 的烟气中，SO_2 会在催化剂的作用下被氧化成 SO_3，烟气中的 SO_2 含量越高 SO_2/SO_3 的转化率越高。这一反应对于 SCR 脱硝反应而言是非常不利的。因为 SO_3 可以与烟气中的水及 NH_3 反应，从而生成硫酸铵和硫酸氢铵。SO_2 转化率过高，不仅容易导致空气预热器的堵灰和后续设备的腐蚀，而且会造成催化剂引起催化剂的失活，同时对脱硝反应器的催化剂载体产生腐蚀，影响催化剂单元的寿命。因此，在 SCR 运行时，一般要求 SO_2/SO_3 的转化率小于 1%。SO_2 的低氧化率可以遏制形成空气预热器换热元件堵塞原因的副反应生成物（如硫酸铵、硫酸氢铵）的生成，从而延长空气预热器的清扫周期。

为防止这一现象的发生，可以从以下两个方面考虑降低 SO_2/SO_3 的转化率：

（1）严格控制 SCR 的反应温度。

（2）合理调整催化剂成分，减少作为 SO_2 氧化的主要催化剂 V_2O_5 在催化剂中的含量。

7. 烟气流速

烟气流速直接影响 NH_3 与 NO_x 的混合程度。流速过大，烟气在反应器内停留时间短，氮氧化物与氨反应不充分，氨逃逸量大，烟气对催化剂冲刷大；流速过小，飞灰容易在催化剂上附着，降低活性，需要的 SCR 反应器空间将增大，催化剂和设备得不到充分利用，不经济。

8. 氧气浓度

反应过程中需要氧气的参与。试验表明，进气中不含 O_2 时，NO_x 脱除率非常低，只有 8%左右；当进气中含有少量 O_2 时，NO_x 的脱除效率迅速提高，但 O_2 浓度不能太高，O_2 浓度太高，烟气中的 SO_2 通过催化剂的作用氧化成 SO_3，使 SO_2/SO_3 转化率增大。

9. 锅炉负荷对 SCR 系统的影响

锅炉负荷的变化对 SCR 系统的影响：一方面体现在喷氨量上，当锅炉负荷升高时，SCR 入口 NO_x 量也随之增加，为了维持一定的 NH_3 与 NO_x 之比以保证脱硝效率，必须适当增加喷氨量；另一方面，锅炉负荷变化时，烟气温度也随之变化，对反应速度和催化剂的活性也将有所影响。烟气温度越高，反应速度和催化剂活性越高，这样单位反应所需的反应空间小，反应器体积变小，也能提高氨的利用率和脱硝效率，而当烟气温度过高时，NH_3 会与 O_2 发生反应，导致烟气中的 NO_x 增加，所以锅炉负荷的波动也会对 SCR 脱硝效率产生影响。

第四节 SCR 系统运行监视与调整

一、运行监视与调整的主要任务

在机组正常运行的情况下，保证 SCR 系统的安全、经济、高效运行；密切监视与控制

SCR 的运行工况，精心调整，保证设备安全，保证各参数在最佳工况下运行，降低各种消耗，保证脱硝效率在规定范围内，保证 NO_x 排放浓度能满足国家和当地环保部门的要求。

二、脱硝装置运行监视与调整应遵循的主要原则

（1）脱硝装置相关的所有设备与管路系统正常稳定投入运行，所有监测参数准确可靠。

（2）脱硝装置投运所需的条件满足工艺设计范围。

（3）脱硝装置的运行调整服从于机组负荷的变化，且宜在机组负荷稳定运行的条件下进行调整。

（4）脱硝装置的运行调整宜采取顺序渐进方式，避免出现较大的波动。

三、液氨蒸发系统主要运行监视与调整

（1）液氨蒸发器的运行调整目的是产生合适压力和流量的氨气，运行中应监视并调整液位、加热蒸汽流量、蒸发气氨压力等在设计范围内。

（2）当液氨蒸发器采用蒸汽盘管式加热时，蒸汽盘管与液氨盘管外的加热媒介常采用除盐水或乙二醇，需要监测媒介液位，并根据需要经常补充媒介。对于蒸汽采用喷射式直接加热液氨盘管外的媒介时，可通过溢流阀门控制媒介液位。

（3）液氨蒸发器正常运行过程中，通过调节加热蒸汽的流量来控制加热媒介的温度，媒介温度通常控制为 30～60℃，且维持稳定。当加热媒介温度过低时，应关小或切断蒸发器的液氨供应阀门；当加热媒介温度过高时，应关小蒸汽流量阀门。

（4）从液氨蒸发器出来的气态氨减压进入氨气缓冲槽，在缓冲槽内维持设定压力（通常为 0.2MPa）

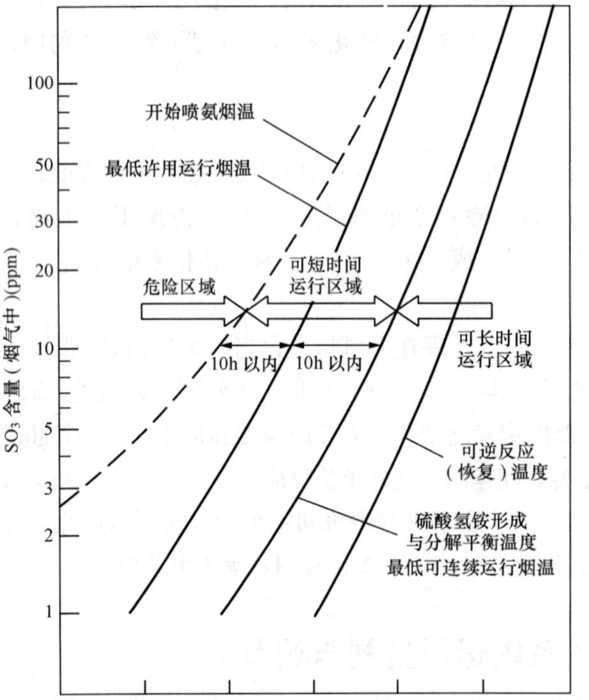

图 13-2 烟气中 SO_3 含量与脱硝运行最低温度的关系

四、脱硝装置主要运行监视与调整

SCR 装置运行过程中需进行调整的内容主要包括运行烟气温度、氨喷射流量、稀释风流量、AIG 喷氨平衡优化、吹灰器吹灰频率等。

1. 烟气温度

煤质中的硫含量对催化剂的影响较大，也影响到脱硝运行的最低温度，图 13-2 为烟气中 SO_3 含量与脱硝运行最低温度的关系。

SCR 喷氨最低连续运行温度通常为 300℃，受锅炉燃煤硫含量及 SCR 入口 NO_x 浓度影响而变化。在最低设计运行烟气温度下，喷入烟道内的 NH_3 易与 NO_x 反应生成硫酸铵盐，氨盐沉积在催化剂中会引起催化剂失活，且大量没反应的氨气会造成空气预热器低温段严重积灰堵塞。

在机组低负荷下，当 SCR 入口烟气温度低于最低设计烟气温度时，如果设计了省煤器烟气旁路，可通过调整省煤器烟气旁路与省煤器出口烟道挡板的开度，使 SCR 入口烟气温度高于最低连续喷氨温度，保障 SCR 正常运行；如果没有设计省煤器烟气旁路，则需要停止氨喷射。否则，在低温下喷氨短暂运行一段时间后，应根据催化剂供货商的要求，尽快提高机组负荷，通过高温烟气来消除硫酸铵盐的影响。

SCR 入口烟气温度大于 450℃时，容易引起催化剂烧结，降低脱硝性能。通常，锅炉满负荷运行时的省煤器出口烟气温度小于 400℃，SCR 设计连续运行的最高温度在此基础上增加 20℃。在脱硝系统运行中，还应注意烟气温度过高的问题。

2. 氨喷射流量

注氨流量是通过锅炉负荷、燃料量、炉膛出口 NO_x 浓度及设定的 NO_x 去除率的函数值作为前馈，并通过脱硝效率或出口 NO_x 浓度作为反馈来修正。

当氨逃逸浓度超过设定值，而 SCR 出口 NO_x 浓度没有达到设定要求时，不要继续增大氨气的注入量，而应先减少氨气注入量，把氨逃逸浓度降低至允许的范围后，再查找氨逃逸高的原因，把氨逃逸率高的问题解决后，才能继续增大氨气注入量，以保持 SCR 出口 NO_x 在期望的范围内。

喷氨流量的调节的前提是 SCR 反应器进出口的氮氧化物分析仪、氨气分析仪、氧量分析仪工作正常，测量准确。如有问题，需及时处理。

3. 稀释风流量

稀释风流量通常是根据设计脱硝效率对应的最大喷氨量设定，以使氨空气混合物中的氨体积浓度小于 5%。

在氨/空气混合器内，氨与空气应混合均匀，并维持一定的压力。

对于喷嘴型氨喷射系统，当停止氨喷射时，为避免氨喷嘴飞灰堵塞，应一直伴随锅炉运行而投运稀释风机。

4. 系统压降

系统压降的增大不但威胁着 SCR 系统的安全，在未设置 SCR 旁路的脱硝装置时，还会影响机组的安全运行，当系统压降过大时使机组烟气通流量减小，使烟气无法通过，迫使机组停运。而且系统压降的增大，使引风机的工作负荷和能耗增加，容易使引风机在不稳定区域工作。因此，监视系统压降的变化，并及时分析调整，不仅可以延长催化剂的使用寿命，还能保证机组的安全经济运行。

系统压降的增加主要来自催化剂和预热器的堵塞，因此，能防止催化剂和预热器堵塞的措施均可以用来控制系统压降。

5. 保持及优化 AIG 喷氨平衡

氨从 AIG 分配总管进入连接的分支管道内，氨气的流量需要平衡分布，这通过调节支管出口流量控制阀门来实现。每一根支管上装有一个流量孔板，通过测量孔板前后的压力差可知每根支管的氨气流量是否大致相等。一般来说，这些支管上的流量控制阀门一般处于全开位置。如果出口烟道 NO_x 分布不均匀，则说明 NH_3/NO_x 摩尔比是不平衡的。这样就需要手动调整支管上的流量控制阀门，使出口烟道的 NO_x 分布尽可能地平衡。

机组负荷的变化对 SCR 入口烟气 NO_x 浓度有一定影响，AIG 的优化调节应在机组习惯运行负荷下进行。优化调整易采取循序渐进的方式进行：首先，将脱硝效率调整到设计值的60%左右，根据 SCR 出口截面的 NO_x 浓度分布调节 AIG 阀门；然后，在 SCR 出口 NO_x 浓度分布均匀性改善后，逐渐增加脱硝效率到设计值，并继续调节喷氨支管手动阀，最终使 SCR 出口 NO_x 浓度分布比较均匀。

AIG 孔如果发生堵塞，也一样会造成 NH_3 分布不均衡。在这种情况下，就需要对 AIG 管道进行吹扫，以保证在正常运行状态。

6. 吹灰器吹灰频率

在 SCR 注氨投运后，要注意监视反应器进出口压损的变化。若反应器的压损增加较快，与注氨前比较增加较多，要加强催化剂的吹灰。

对于声波式吹灰器，通常每个吹灰器运行 10s 后，间隔 30s 后运行下一个吹灰器，所有吹灰器采取不间断循环运行。

对于耙式蒸汽吹灰器，为大幅度改善 SCR 系统阻力，需要检查耙的前进位移是否能够到达指定位置，并适当增加吹灰频率。

对于采用耙式蒸汽吹灰器的脱硝装置，在检修期间应注意检查催化剂表面的磨损状况并评估磨损起因。如果磨损是由于吹灰所造成，应调整吹灰器减压阀后的吹灰压力或者加大吹灰器喷嘴与催化剂表面的距离。

7. 脱硝干出灰系统的管理

飞灰中所含的碱性物质堆积在催化剂表面上，会削弱催化剂的活性，导致出口烟道的 NO_x 和 NH_3 的含量增加。尤其在高温高尘布置方式下，通过催化剂的飞灰浓度高，所以在加强脱硝干出灰系统的管理，保证干出灰系统的正常运行，这样，可以减少此类有毒物质进入 SCR 反应器，并防止催化剂堵塞与腐蚀，节约能耗，并延长催化剂使用寿命。

第五节　SCR 装置的运行与维护

1. 运行中检查通则

（1）转机各部、地脚螺栓、联轴器螺栓、保护罩等连接状态应满足负荷正常运行要求，测量及保护装置、工业电视监控装置齐全并投入运行。

（2）设备外观完整，部件和保温齐全，设备及周围应清洁，无积油、积水及其他杂物，照明充足，栏杆平台完整。

（3）各箱、罐的人孔、检查孔和排液阀应严密关闭，各备用管法兰严密封闭。

（4）所有阀门、挡板开关灵活，无卡涩现象，位置指示正确。

（5）转机运行时，无撞击、摩擦等异声，电流表指示不超过额定值，电动机旋转方向正确。

（6）电动机电缆头及接线、接地线完好，连接牢固，轴承及电动机测温装置完好并正确投入。

（7）事故按钮完好并加盖。

（8）所有管道无泄漏、堵塞，振动正常。

（9）所有烟道无泄漏、腐蚀，振动正常。

2. 运行中泵的检查

(1) 检查泵的密封应严密，无漏浆及漏水现象。

(2) 检查泵冲洗水阀、排放阀关闭严密，无漏水及漏浆现象。

(3) 监视泵的出口压力正常，无压力剧烈波动现象，否则进口堵塞或汽化。

(4) 泵的进口压力过大时，应及时调整箱罐的液位正常，以免泵过负荷，如果泵的进口压力低，应切换为备用泵运行，并对停运泵的入口进行冲洗，必要时通知检修处理。

3. 液氨储存与制备系统

(1) 检查氨系统的周围，查看“严禁烟火”的牌子是否完好，各管路有无裂缝及连接部有否泄漏，有无异常振动，有无漏氨，集控氨检漏器是否报警，就地有无刺鼻的氨味。

(2) 检查液氨卸氨机的曲轴箱油压、曲轴箱油位、压缩机进出口压力、温度、气液分离器排液等是否正常，检查并清洁过滤器。

(3) 检查液氨储罐液位正常、罐内压力、温度正常。

(4) 检查液氨蒸发器、氨气缓冲罐、氨气吸收罐完整无泄漏，蒸发器与稀释槽液位正常。工业水自动喷淋装置的压力正常，处于“自动”状态。

(5) 检查废水池液位正常，废水泵投自动，否则手动启泵排水。氨吸收罐液位正常，氨水泵投自动，否则手动启泵排水。

(6) 检查氨流量控制阀的动作是否正常，填料压盖处是否有泄漏，氨流量控制阀前的压力表指示是否正常。

(7) 检查调节阀的状态是否正常，压力温度设定是否正确，有无泄漏情况。

(8) 检查氨截止阀的状态是否正常，填料压盖处是否有泄漏。

(9) 检查氨流量计的状态是否正常，安装填料的部位等有无泄漏，指示是否正常。

(10) 检查稀释空气配管的状态是否正常，指示是否正常，管路有无异常。

(11) 检查注氨分配管的显示节流孔板压差的流体压力计指示是否正常，管路有无异常，有无氨的泄漏。

4. 反应器系统

(1) 检查反应器本体严密无漏烟，膨胀指示正常。

(2) 检查氨/空气混合器无烟气泄漏。

(3) 检查确认各分配管是否匀流（通过压降判断）。

(4) 检查声波吹灰器运行正常，压缩空气管道无漏气或堵塞现象。

(5) 检查蒸汽吹灰器连接完好，无漏气、过压现象。

(6) 检查高压水冲洗系统无泄漏。

(7) 检查喷氨格栅处氨气系统无泄漏。

(8) 监视在线监测（分析）仪表运行正常。

第六节　SCR 系统主要故障与处理

1. 故障处理的一般原则

(1) 故障发生时迅速按规程规定正确处理，应保证人身、设备安全，保证不影响机组安全运行。

(2) 应正确判断和处理故障，防止故障扩大，限制故障范围或消除故障原因，恢复装置运行。在装置确已不具备运行条件或危害人身、设备安全时，应按临时停运处理。

(3) 在电源故障情况下，应确认挡板门、阀门状态，查明原因及时恢复电源。若短时间内不能恢复供电，应按临时停运处理。

(4) 故障处理完毕，运行人员应实事求是地把事故发生的时间、现象、所采取的措施等做好记录。并组织有关人员对事故进行分析、讨论、总结经验，从中吸取教训。

2. 脱硝系统紧急停跳闸

发生下列情况之一时，脱硝系统自动中断喷氨，脱硝系统跳闸：

(1) 反应器烟气温度小于最低极限值。

(2) 反应器烟气温度大于最高极限值。

(3) 反应器入口挡板未开（如有）。

(4) 反应器出口挡板未开（如有）。

(5) 稀释风机全停。

(6) 稀释风量低于规定值。

(7) 锅炉 MFT。

(8) 反应器出口氨含量大于极限值。

自动关闭氨切断阀，停止供氨，从而达到脱硝系统系统的紧急停运。

保持稀释风机继续运行，对氨喷射管道进行吹扫。如锅炉仍在运行，一旦 SCR 系统跳闸原因查明并恢复，按正常启动步骤启动脱硝系统系统；如果锅炉难以恢复正常运行，应使稀释风机一直运行，将残留在混合器和管道中的氨气吹扫干净，然后继续正常停机步骤。

3. 脱硝系统异常停运

发生下列情况之一时，应停运脱硫硝系统：

(1) 氨逃逸率超过设计值，经过调整无好转。

(2) 氨供应系统出现外部泄漏时，必须中断处理。

(3) 催化剂堵塞严重，经过正常吹灰后无法维持正常差压。

(4) 仪用气源故障。

(5) 电源故障中断。

(6) 发生危及设备及人身安全的故障时。

手动或自动关闭氨切断阀，停止供氨，从而达到脱硝系统系统的紧急停运。停运后按正常停运进行操作。

4. 液氨蒸发系统故障处理

(1) 液氨蒸发系统出现故障，应首先确认喷氨系统联锁保护动作是否正常，排除其故障后，再停止液氨蒸发系统，隔离故障蒸发槽，切断液氨供应系统。

(2) 查明故障原因，处理后恢复脱硝系统运行。

(3) 若短时间内不能恢复运行，按短时停机的有关规定处理。

5. 稀释风机故障处理

(1) 确认喷氨系统联锁保护动作正常，中断喷氨系统，停止液氨蒸发系统。

（2）查明稀释风机跳闸原因，处理后恢复脱硝系统运行。

（3）若短时间内不能恢复运行，按短时停机的有关规定处理。

6. 吹灰器故障处理

（1）隔离故障吹灰器，检查故障原因。

（2）若短时间内不能恢复运行，按短时停机的有关规定处理。

7. 催化剂运行故障处理

（1）催化剂压损过大，引起系统阻力增加，应启动吹灰器及时吹扫、疏通，降低压损。吹灰无效果，压损仍然超过设计值，应停运脱硝系统。

（2）催化剂失活。加备用层、更换或催化剂再生。

（3）催化剂效率降低、氨逃逸率高。减少喷氨，降低脱硝效率运行。

（4）催化剂烧结。停运脱硝系统，更换催化剂。

（5）催化剂中进入油雾或易燃物油雾等可燃物可能会因为不完全燃烧或是锅炉故障而产生，主要发生在启动、主燃料跳闸、更换燃料、大的负荷变动、停机时产生。如果油雾、可燃物或烟灰落到催化剂上，进而黏附在催化剂上，则进行下列操作：

1）在启动时，使脱硝系统反应器冷却至50℃；检查反应器内部，尤其是脱硝系统催化剂。

2）在常规运行，保持脱硝系统运行，采取正确措施防止油雾等可燃物的产生或进入反应器；如果所采取的措施没有效果，尽快停止锅炉运行。

3）停机时，脱硝系统系统重新启动时，反应器进出口烟气温度应冷却到50℃，然后对烟气进行升温；烟气升温时，需对升温速度进行控制。

8. 催化剂受潮

在运行、安装和维护过程中，如果由于锅炉烟道故障导致雨水进入而使催化剂受到水及湿气的潮湿，需要进行如下处理：

（1）停止喷氨。

（2）在锅炉停止运行的时候，对锅炉烟道进行检查。

（3）排除烟道中积水，以防浸湿脱硝系统催化剂。

（4）应对锅炉进行自然通风冷却。

（5）充分冷却到50℃以下后，检查催化剂外观。

（6）如果在脱硝系统系统运行、维护和储存期间，有雨水从裂开的管子或打开的检查孔进入，应立即对催化剂进行干燥。

9. 发生火警时的处理

（1）发现设备或其他物品着火时，应立即报警。火势过大时，应停运脱硝装置。

（2）按照安全规程、消防规程的规定，根据火灾的地点及性质，正确使用灭火器材，应及时扑灭氨设备周围的所有的明火和火花，必要时停止设备电源或母线的工作电源和控制电源。

（3）灭火结束后，应对设备进行检查，确认受损情况：

10. 脱硝装置运行故障与处理

脱硝装置运行故障处理见表13-1。

表 13-1 脱硝装置运行故障处理

项目	原因	措施
脱硝效率低	即使氨流量控制阀开度很大，氨量供应也还是不充足	(1) 检查氨逃逸率； (2) 检查氨气供应压力； (3) 检查管道堵塞情况和手动阀门的开度； (4) 检查氨流量计及相关控制器
	出口 NO_x 设定值过高	(1) 检查氨逃逸率； (2) 调整出口 NO_x 设定值为正确值
	催化剂失效	(1) 增加喷氨量； (2) 取出一些催化剂测试片，寄给厂家，并附带历史运行数据，以便检验失效情况
	氨分布不均匀	(1) 重新调整氨喷射格栅节流阀以便使氨与烟气中 NO_x 均匀混合； (2) 检查氨喷射管道和喷嘴的堵塞情况
	NO_x/O_2 分析仪给出信号不正确	(1) 检查 NO_x/O_2 分析仪是否校准过； (2) 检查烟气采样管是否堵塞或泄漏； (3) 检查仪用气
氨供应切断阀门不断跳闸	仪用气压低	检查仪用气压
	氨/空气稀释比高	(1) 降低稀释空气流量； (2) 检查氨气流量
	烟气流量低和烟气温度低	(1) 检查锅炉的负荷和性能； (2) 检查温度监视器
压损高	积灰	(1) 用真空吸尘装置清理催化剂表面； (2) 检查烟气流量
	取样管道的堵塞	吹扫取样管，清除管内杂质

11. 卸氨机的故障与处理

卸氨机常见故障处理见表 13-2。

表 13-2 卸氨机常见故障处理

故障现象	原因分析	排除方法
气缸内发出敲击声	活塞到外止点时与排气阀座间隙过小直接碰击	调整止点间隙
	缸中有异物	检查取出异物
	活塞杆与活塞连接螺母松动脱扣	拆检拧紧螺母
机身内发出撞击声	连杆大头瓦与曲拐颈间隙过大	调整或更换大头瓦
	连杆瓦断油或过紧而发热致烧坏	检查润滑油供给情况，调整间隙
	连杆瓦、连杆螺栓、十字头螺栓松动或脱扣	检查调整或更换
	十字头滑块与中体内径间隙过大	检查调整

续表

故障现象	原因分析	排除方法
润滑油压力降低	压力表损坏，不起指示作用	更换
	油泵故障	检查修复或更换
	机身油池中油面过低，或油滤网脏堵造成吸油不足	加油或清洗油滤网
	油不合格，黏度过小	更换
	油泵内漏	更换内外转子
	轴瓦间隙过大，流油过多	调整间隙
润滑油压力增高	压力表损坏，不起指示作用	更换
	轴瓦、连杆瓦间隙小	调整间隙
	油孔堵塞	疏通油孔
	油压调节螺钉拧入过紧	调整
排气压力降低	进气、排气阀气密封性差	清洗或更换
	活塞环漏气	调整活塞环开口或更换活塞环
排气温度过高	进气压力降低，压力比增大	调整压力比
	排气阀损坏	检查更换
	进气温度过高	调整进气温度
机身呼吸器窜油或窜气	活塞杆磨损或挫伤，以及填料与活塞杆间隙大造成填料漏气	修复或更换活塞杆及填料
主轴承过热烧坏	间隙过小	调整间隙
	润滑油不足	调整供油量
进、排气阀损坏或气密性不好	阀片翘曲、弹簧损坏	更换
	长期运动污物淤积在阀片或阀座上	清洗
排气量不足	阀片断裂或磨损严重	更换或修理
	活塞环磨损严重	更换
	进气过滤器堵塞	清洗
	管路泄漏	修复紧固
	压比过大	调整
	皮带松	调整皮带松紧
	四通阀没转到位	转动到位

12. 氨蒸发器常见故障排除方法

氨蒸发器常见故障排除方法见表13-3。

表 13-3　　氨蒸发器常见故障排除方法

故　障	原　因	处　理
水温低报警	氨气用量过大	启动备用机
	电加热器故障	更换电加热器
	筒内水量不足	加注水至正常水位
	水位开关故障	更换水位开关
	水温低限设定参数有误	更正参数
	铂热电阻断线	更换铂热电阻
水温高报警	筒内水量过多	排水至正常水位
	水位开关故障	更换水位开关
	水温高限设定参数有误	更正参数
	铂热电阻断线	更换铂热电阻
加热时电流表不动作	电加热器缺相	更换电加热器
	电流表损坏	更换电流表

第十四章

660MW 超超临界机组 SCR 系统工程实例

第一节　660MW 超超临界机组 SCR 系统概述

望亭电厂改建工程 2×660MW 超超临界机组锅炉采用单炉膛四角切向燃烧，燃烧方式采用低 NO_x 同轴燃烧器 LNCFS-Ⅲ及分级配风方式。

该工程脱硝装置采用“高含尘布置方式”的选择性催化还原法（SCR）脱硝装置，用液氨作为还原剂。在设计煤种、锅炉最大工况（BMCR）、处理 100%烟气量条件下，脱硝装置结构及相关系统按脱硝效率不小于 75%的完整的设计方案，催化剂层数按“2+1”布置方式，即初期运行 2 层、1 层备用。

整个工程分为氨站和脱硝区两个区域。氨站主要有液氨卸料、储存、供应系统，主要设备包括液氨卸料压缩机（冷冻压缩机）、氨储罐、液氨蒸发器、氨气缓冲罐、稀释风机、混合器、氨气吸收罐、废水泵、循环冷却水泵、废水池、回用水池等设备，此套系统提供氨气为脱硝反应使用，液氨气化输送量 3400t/a（按年利用 5500h 计）。

如图 14-1 所示，液氨由液氨槽车运送，利用液氨卸料压缩机将液氨由槽车输入氨储罐

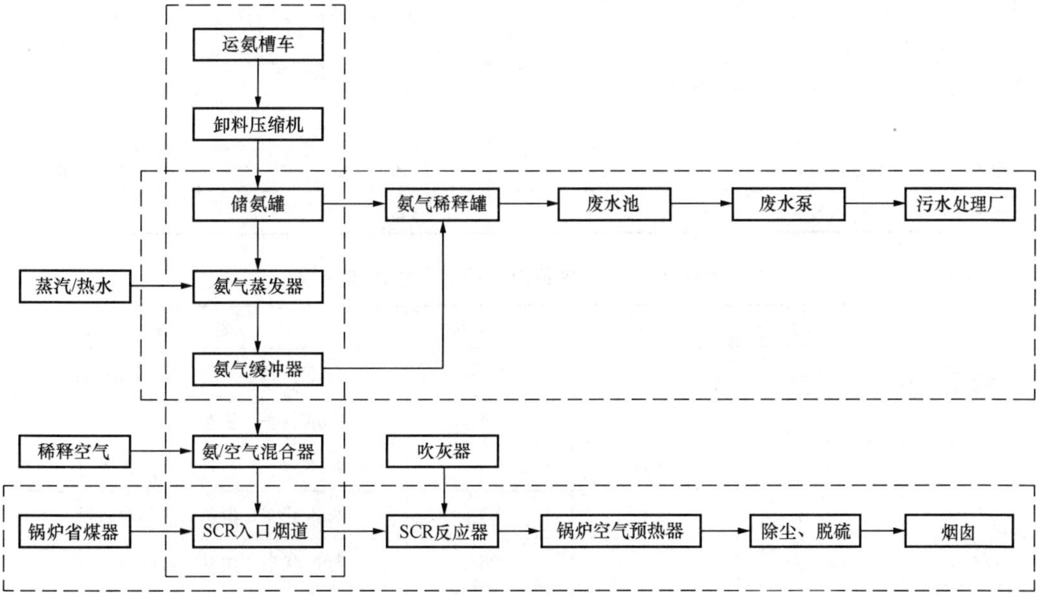

图 14-1　SCR 流程图

内，储罐中的液氨输送到液氨蒸发器内连续加热蒸发为氨气，由氨气缓冲罐来控制一定的压力和流量，然后与稀释空气在混合器中混合均匀，再送至脱硝系统。氨气系统紧急排放的氨气则排入氨气稀释槽中，用水吸收后排入废水池，再经废水泵送至废水处理系统处理。

氨站装置安全阀泄放出的氨（气体）、罐清理时释放出的废氨（气体），全部进入气氨吸收罐用水进行吸收，产生的污水进入全厂污水处理系统进行集中处理，无废渣排放。

1. 脱硝系统入口烟气参数

省煤器出口烟气成分见表14-1，锅炉不同负荷时的省煤器出口烟气量和温度见表14-2，锅炉BMCR工况脱硝系统入口烟气中污染物成分见表14-3。

表14-1　省煤器出口烟气成分（过量空气系数为1.20）

项　目	单　位	BMCR（设计煤种，湿基）	BMCR（设计煤种，干基）	BMCR（校核煤种，湿基）	BMCR（校核煤种，干基）
CO_2	%（体积）	14.15	15.456	14.25	15.575
SO_2	%（体积）	0.036	0.039	0.021	0.023
N_2	%（体积）	74.094	80.925	73.953	80.827
O_2	%（体积）	3.278	3.58	3.272	3.576
H_2O	%（体积）	8.442	—	8.505	—

表14-2　锅炉不同负荷时的省煤器出口烟气量和温度

项　目	BMCR	BRL	75%BMCR	50%BMCR
省煤器出口湿烟气量（设计煤种，标准状态m^3/s）	524.9	506.1	375	279.7
省煤器出口干烟气量（设计煤种，标准状态m^3/s）	480.6	463.4	343.4	256.1
省煤器出口湿烟气量（校核煤种，标准状态m^3/s）	521.8	503.2	372.9	278.1
省煤器出口干烟气量（校核煤种，标准状态m^3/s）	477.4	460.4	341.2	254.4
省煤器出口烟气温度（设计煤种,℃）	364	359	329	303
省煤器出口烟气温度（校核煤种,℃）	364	359	329	303

表14-3　锅炉BMCR工况脱硝系统入口烟气中污染物成分

项　目	单　位	设计煤种	校核煤种	备　注
烟尘浓度	g/m^3	31.9	41.4	标准状态，湿基，实际含氧量
NO_x	mg/m^3	450	450	标准状态，干基，6%含氧量
Cl（HCl）	mg/m^3	50	50	标准状态，湿基，实际含氧量
F（HF）	mg/m^3	20	20	标准状态，湿基，实际含氧量
SO_2	mg/m^3	1926	2996.5	标准状态，湿基，实际含氧量
SO_3	mg/m^3	28.9	44.9	标准状态，湿基，实际含氧量

2. 脱硝性能保证

脱硝性能保证值见表 14-4。

表 14-4 脱硝性能保证值

项目	单位	值	项目	单位	值
脱硝效率	%	≥75%	SO_2/SO_3 转化率	%	≤1.0
NH_3 逃逸率	ppm	≤3			
SCR 系统压损	Pa	≤1000×3	催化剂化学寿命	h	24 000×3

脱硝系统装置设计性能参数如下（以下 NO_x 含量均为标准状态，6%含氧量，干基状态下的数值）：

（1）NO_x 脱除率、氨的逃逸率、SO_2/SO_3 转化率。

1）脱硝装置在性能考核试验时设计 NO_x 脱除率不小于 83%，氨的逃逸率不大于 3ppm，SO_2/SO_3 转化率小于 1%。

2）在催化剂质量保证期期满之前，NO_x 脱除率不小于 75%（含 75%）。

3）脱硝装置在附加层催化剂投运前，NO_x 脱除率不小于 75%（含 75%），氨的逃逸率不大于 3ppm，SO_2/SO_3 转化率小于 1%。

（2）压力损失。

1）从脱硝系统入口到出口之间的系统压力损失在性能考核试验时不大于 790Pa（设计煤种，100%BMCR 工况，不考虑附加催化剂层投运后增加的阻力）。

2）从脱硝系统入口到出口之间的系统压力损失不大于 1000Pa（设计煤种，100%BMCR 工况，并考虑附加催化剂层投运后增加的阻力）。

（3）脱硝装置可用率。从首次注氨开始直到质保期为止，脱硝整套装置的可用率不低于 98%。

（4）催化剂寿命。从首次通烟气开始到更换或加装新的催化剂之前，催化剂化学寿命（NO_x 脱除率不低于 75%，氨的逃逸率不高于 3ppm）不低于 24 000h。催化剂的机械寿命不少于 50 000h。

（5）系统连续运行温度。在满足 NO_x 脱除率、氨的逃逸率及 SO_2/SO_3 转化率的条件下，SCR 系统运行温度要求如下：

1）最低连续运行烟温 320℃；

2）最高连续运行烟温 420℃。

（6）温降。SCR 进出口温降≤5℃。

（7）氨耗量（一台机组）。在设计煤种 BMCR 工况，烟气中 NO_x 含量为 $450mg/m^3$（标准状态）时，系统氨耗量为 309kg/h。

（8）其他消耗（一台机组）。在设计煤种 BMCR 工况，烟气中 NO_x 含量为 $450mg/m^3$（标准状态），含尘量 $41.4g/m^3$（标准状态）时，消耗品消耗值如下（48h 的平均值）：

1）催化剂吹扫用空气 $0.815m^3/min$（标准状态）；

2）吹扫的单位时间内的空气量（两个同时运行）$4.56m^3/min$（标准状态）；

3）每次吹扫期间的空气量 1.23m^3（标准状态）；

4）吹扫频率 144 次/天；

5）催化剂吹扫用空气（仪用空气、两台机组）9.12m^3/min（标准状态）；

6）主厂房区域仪用空气用量 0.4m^3/min（标准状态）；

7）储氨区域仪用空气用量 0.6m^3/min（标准状态）。

第二节　SCR 工艺系统及主要设备选型

该工程采用选择性催化还原（SCR）法烟气脱硝工艺，每台锅炉设置两个反应器，两台锅炉共设置 4 个反应器；液氨卸料、储存、蒸发等为公用系统。

一、烟气脱硝系统

烟气从锅炉省煤器出来后通过 SCR 反应室入口烟道进入 SCR 反应室，在 SCR 反应室入口烟道上设置有喷氨格栅（AIG），将氨/空气混合气体均匀地喷射到 SCR 反应室入口烟道中，使喷入的氨气能与烟气中的 NO_x 充分混合，为了保证烟气能垂直地通过 SCR 反应室床层，在烟道转弯处均设置有烟气导流板，烟气通过导流板后均匀分布并流过催化剂床层，在催化剂的作用下，NH_3 与 NO_x 发生还原反应，生成无二次污染的 N_2 和 H_2O，随烟气流经锅炉空气预热器、除尘器、脱硫装置后，进入烟囱排放。烟气脱硝系统主要包括烟气系统，催化剂、催化剂吹灰系统，吸收剂存储、制备、供应系统。

烟气系统包括省煤器出口烟道到 SCR 反应器入口、SCR 反应器以及 SCR 出口到空气预热器进口烟道包含的支吊架、膨胀节、保温、外护板等部件。

（1）烟道。脱硝系统不设置烟气旁路系统，烟道包括省煤器出口烟道（锅炉最后一排钢柱外 1m）到 SCR 反应器入口以及 SCR 出口到空气预热器进口烟道（锅炉最后一排钢柱外 1m）包含的支吊架、膨胀节、保温、外护板等部件。

SCR 入口烟道（从省煤器出口烟道到 SCR 反应器入口）截面为 3200mm×13 480mm，SCR 入口烟道（从 SCR 反应器出口到空气预热器入口烟道）截面为 3600mm×13 790mm。烟道壁厚按 6mm 设计，烟道内烟气流速不超过 15m/s。

在 SCR 入口烟道和出口烟道的水平段上应各设 1 个 600mm×600mm 的人孔门（在锅炉厂的设计范围），以便于维修和检查以及清除积灰。人孔门与烟道壁分开保温，以便于开启。

在烟道变截面收缩及转弯处，设置导流板或整流板。

省煤器出口、空气预热器进口水平烟道系统的热膨胀通过布置在省煤器出口水平烟道、SCR 入口水平烟道和空预器入口水平烟道上的膨胀节进行补偿。

（2）SCR 反应器。SCR 反应器布置在锅炉炉后送风机、一次风机构架上方。反应器设计成烟气竖直向下流动，反应器入口设气流均布装置，反应器入口及出口段设防磨导流板，对于反应器内部易于磨损的部位设计必要的防磨措施。

反应器的容积和尺寸适应板式和蜂窝式催化剂互换的要求，尺寸为 $L \times W \times H=$ 12 010mm×13 480mm×16 050mm。催化剂区域内流速为 4～6m/s。

在每层催化剂层外均设置有催化剂维修及更换所必需的起吊装置和平台。在每层催化剂层外设置有截面为 2300mm×1510mm 的催化剂安装门，以便于催化剂的安装与更换，同时在催化剂安装门内设置有截面为 600mm×600mm 的人孔门以便于催化剂及反应室的检查与检修。在催化剂层上方的整流层设置有 1510mm×1250mm 的清灰口和 600mm×600mm 的人孔门以便于整流层的清灰和检修。

反应器配有可拆卸的催化剂测试元件。每层催化剂设置测试块，每 8 个模块设置一个测试块。

SCR 反应器能承受运行温度 420℃（每次不小于 5h，一年不超过 3 次）的考验，而不产生任何损坏。

SCR 的设计压力为±5800Pa，瞬时不变形承载能力不低于±9800Pa。

在反应室每层催化剂层上都设置有 1 个压力测点以监视催化剂层的阻力。

（3）脱硝装置灰斗。在每个 SCR 反应器进口设置 4 个灰斗，每台炉 2 个反应器设置 8 个灰斗，出口处设清灰孔。

（4）稀释风机。喷入反应器烟道的氨气为空气稀释后的含 5%左右氨气的混合气体。所选择的稀释风机能满足脱除烟气中 NO_x 最大值的要求，并留有一定的余量。稀释风机按照单台炉 BMCR 工况下 2×100%容量进行设置，为确保混合后氨含量，氨气与空气应进行比值调节。

（5）氨喷射系统。氨的喷射系统采用格栅。为保证氨气和烟气混合均匀，氨喷射系统设置有流量调节阀，能根据烟气不同的工况进行调节。喷射系统具有良好的热膨胀性、抗热变形性和抗振性。

（6）催化剂。催化剂按“2+1”配置，初期安装 2 层、备用 1 层。催化剂采用蜂窝式。

蜂窝式催化剂整体成型，节距大于 8.0mm，壁厚不小于 0.8mm。

催化剂模块设计有效防止烟气短路的密封系统，密封装置的寿命不低于催化剂的寿命。催化剂各层模块规格统一、具有互换性。

催化剂模块采用钢结构框架，同时考虑钢结构框架的腐蚀。

催化剂能满足烟气温度不高于 400℃的情况下长期运行，同时催化剂能承受运行温度 420℃不少于 5h 的考验。

催化剂区允许的烟气流速范围为 4～6m/s。

（7）催化剂吹灰系统。催化剂采用声波吹灰器清灰，吹灰介质采用主机提供的仪用空气。吹灰器的布置方案如下：SCR 反应器截面为 13 490mm×12 010mm，声波吹灰器设计安装在 13 490mm 侧，每层安装 5 台声波吹灰器，每个 SCR 反应器安装 3 层（2 层催化剂+预留 1 层），4 台 SCR 反应器，共安装 60 台声波吹灰器。

声波吹灰器运行方式如下：声波吹灰器每 10min 喷吹 10s，每层两台同时喷吹（在 DCS 控制下 2 台同时喷吹），每两台一组，喷吹 10s 后，间隔 50s，下一组开始喷吹。

二、氨站

望亭发电厂改建工程烟气脱硝工程液氨由液氨槽车运送，利用液氨卸料压缩机将液氨由槽车输入氨储罐内储存，当脱硝系统启用时，液氨储罐中的液氨靠储罐中的压力和液氨的自重将液氨输送到液氨蒸发器内蒸发为氨气，然后输送到氨气缓冲罐进行稳压并控制一定的压力，氨气的流量通过调节阀来调节，然后与稀释空气在氨/空气混合器中混合均匀后，通过喷氨格栅注入 SCR 反应室入口烟道中。液氨蒸发总量为 618kg/h，蒸发器两开一备，每台蒸发器每小时额定供给 309kg 液氨蒸发所需热量；由液氨进入液氨蒸发器的流量、液氨蒸发器的温度共同调节气氨供给压力，使其稳定在 0.2MPa（g）。

氨站装置由液氨储存、供应系统、废气排放系统、氮气吹扫系统、喷淋降温系统、废水收集排出系统、水消防喷雾系统组成。液氨气化输送量 3400t/a（按年利用 5500h 计）。

1. 液氨储存、供应系统

液氨由液氨槽车运送，利用液氨卸料压缩机将液氨由槽车输入氨储罐内储存，当脱硝系统启用时，液氨储罐中的液氨靠储罐中的压力和液氨的自重将液氨输送到液氨蒸发器内蒸发为氨气，然后输送到氨气缓冲罐进行稳压并控制一定的压力，氨气的流量通过调节阀来调节，然后与稀释空气在氨/空气混合器中混合均匀后，通过喷氨格栅注入 SCR 反应室入口烟道中。

（1）卸料压缩机。设置有 2 台卸料冷冻式压缩机（带电流表），卸料压缩机应能满足各种条件下的要求。卸料压缩机抽取氨储罐中的氨气，经压缩后将槽车中的液氨压入氨储罐中。在选择压缩机排气量时，要考虑氨储罐内液氨的饱和蒸汽压力、液氨卸车流量、液氨管道阻力及卸氨时环境温度等。压缩机的冷却采用空冷。

液氨卸车的时间为 0.5h 左右。

（2）氨储罐（至少两个氨储罐）。液氨的储罐容量，应按照锅炉 BMCR 工况，在设计条件下，考虑两台炉的脱硝装置运行，每天运行 24h，连续运行 7 天的消耗量考虑。储罐上应安装有超流阀、止回阀、紧急关断阀和安全阀，为储罐液氨泄漏保护所用。储罐还装有温度计、压力表、液位计、高液位报警仪和相应的变送器，将信号送到储氨区 DCS 控制柜，当储罐内温度或压力高时报警。储罐应有防太阳辐射措施（顶棚的外延超过下部的收集围堰 2m 以上），还应防台风、暴雨。四周安装有工业水喷淋管线及喷嘴，当储罐罐体温度过高时自动淋水装置启动，对罐体自动喷淋降温；当有微量氨气泄漏时也可启动自动淋水装置，对氨气进行吸收，控制氨气污染。为了保证喷淋水源的连续性，应设计备用水源可与其切换。

两个液氨储罐互为备用，当其中一罐发生泄漏事故时，可将泄漏罐内液氨倒至另一罐，以保证连续不间断生产。

（3）液氨蒸发器。液氨蒸发器采用 2 运 1 备，在保证连续生产的同时可定期对气氨蒸发及输送系统进行检修维护。液氨蒸发所需要的热量采用晶闸管无级自动调节方式的电加热器（电源 380V，加热管应充分考虑防腐及结垢问题，带电流表）来提供热量。蒸发器上装有压力控制阀将氨气压力控制在一定范围，当出口压力达到过高时，则切断液氨进料。在氨气出口管线上应装有温度检测器，当温度过低时切断或降低液氨的供应，使氨气至稳压罐维持适当温度及压力，蒸发器也应装有安全阀，可防止设备压力异常过高。2 台机组设置 3 台蒸发器（2 运 1 备）；每台蒸发器按照单台锅炉 BMCR 工况下 100％容量配置。

蒸发器及气氨管线上分别设置压力和温度检测点，系统气氨压力与电加热系统加热量联锁，以稳定系统压力。

（4）氨气缓冲罐。从蒸发器蒸发的氨气流进入氨气缓冲罐，缓冲罐采用 3 个（母管制，2 运 1 备），通过调压阀减压成一定压力，再通过氨气输送管线送到锅炉侧的脱硝系统。氨气缓冲罐应能满足为 SCR 系统供应压力稳定的氨气，避免受蒸发器操作不稳定所影响。缓冲罐上也应设置有安全阀保护设备。

(5) 氨气吸收罐。氨气吸收罐为一定容积水槽，水槽的液位应由溢流管线维持，稀释槽设计由槽顶淋水和槽侧进水。液氨系统各排放处所排出的氨气由管线汇集后从吸收罐底部进入，通过分散管将氨气分散入吸收罐中，利用大量的水来吸收安全阀等排放的氨气。

(6) 氨气泄漏检测器。液氨储存及供应系统周边将设有氨气检测器，以检测氨气的泄漏，并显示大气中氨的浓度。当检测器测得大气中氨浓度过高时，在机组控制室会发出警报，就地发出声响、闪光警报，操作人员采取必要的措施，以防止氨气泄漏的异常情况发生。电厂液氨储存及供应系统设在炉后，采取措施与周围系统作适当隔离，并设安全警告装置。

2. 废气排放系统

液氨供应系统（包括液氨储罐、氨气缓冲罐等）紧急排放的氨气通过收集管道排入到氨气稀释槽中，用水吸收后排入废水池，再经废水泵送至废水处理系统处理。

3. 氮气吹扫系统

液氨储存及供应系统保持系统的严密性，防止氨气的泄漏和氨气与空气的混合造成爆炸是最关键的安全问题。基于此方面的考虑，承包商在系统的卸料压缩机、氨储罐、液氨蒸发器、氨气缓冲罐及管道等都备有氮气吹扫管线。在液氨卸料之前通过氮气吹扫管线对以上设备分别要进行严格的系统严密性检查和氮气吹扫，防止氨气泄漏和氨气与系统中残余的空气混合造成危险，并提供氮气吹扫所需要的量。

4. 喷淋降温系统

氨区储罐上方各设置 1 条喷淋降温管道，当氨罐表面温度大于 38℃时，喷淋管道上的气动快关阀会自动打开，循环水会流到罐子表面，用于降低罐表温度。

循环水引自厂区工艺水，进水管道上有气动快关阀，此阀与循环水池液位联锁，当液位高时关闭，液位低时开启。循环水池的水通过循环水泵排入氨罐上方喷淋降温管道，以备氨罐喷淋降温用。

循环水泵是 1 运 1 备，当 1 台泵故障时，会自动切换至另 1 台工作。

5. 废水收集排出系统

压缩机、液氨储罐、氨气缓冲罐上均有气氨排放管路，当管路压力超过设定值时，安全阀就会自动跳起，以泄放超压的气氨，泄放的气氨通过管道收集，一并排入氨气吸收罐中，通过水吸收，排入废水池，通过废水泵排到废水处理站处理。

三、SCR 控制系统

脱硝系统采用集中监控方式，锅炉区域脱硝系统纳入单元机组 DCS 控制，锅炉区域脱硝系统信号直接送入位于机组集控楼电子设备间内的单元机组 DCS 机柜，公用制氨系统将采用与机组 DCS 一体化配置的远程 I/O 控制站完成数据采集、顺序控制和调节控制功能。脱硝控制系统建成后，就地公用制氨系统自动化水平将满足“无人值守、定期巡检”的能力，而在主机组控制室内，通过机组 DCS 操作员站可完成对整个脱硝系统（包括 SCR 装置和就地公用制氨系统）的启/停控制、正常运行的监视和调整，以及异常与事故工况的处理和故障诊断，而无需现场人员的操作配合。

脱硝DCS采用与主机组DCS完全一致的控制硬件和软件，控制功能包括数据采集系统（DAS）、模拟量控制系统（MCS）、顺序控制系统（SCS）等。整个脱硝DCS将按照如下方案系统配置：

（1）DCS数据采集系统（DAS）。数据采集和处理系统（DAS）的基本功能包括数据采集、数据处理、操作显示、成组显示、画面显示、棒状图显示、报警显示、事故顺序（SOE）记录、跳闸一览表、事故追忆、性能与效率计算和经济分析、打印制表、屏幕拷贝、历史数据存储和检索等。

该系统监测的主要参数有：

1）SCR装置工况及工艺系统的运行参数；

2）主、辅机的运行状态；

3）主要阀门的开关状态及调节阀门位置信号；

4）电源及其他需监视的独立设备的运行状态；

5）主要电气参数等。

（2）DCS模拟量控制系统（MCS）。

1）氨喷射流量控制系统。为保证SCR脱硝效率、安全经济运行，NH_3喷射流量闭环控制系统的功能是使得反应器后烟气中NO_x的浓度水平不超过容许值。这个限值水平可以预先选定作为主控制器的设定点。反应器后烟气中NO_x的浓度水平通过烟气分析仪测定并作为实际测量值反馈给主控制器。

需要的NH_3的量决定于反应器之前烟气中NO_x的量，烟气中NO_x的量可以通过脱硝前烟气中NO_x浓度和烟气量流量计算得到。为了在动态的过程中获得更好的调节品质，通常引入锅炉的负荷指令信号作为前馈信号进行修正。

实际喷射NH_3的量由流量测量决定，控制回路发出指令信号传给控制阀来调节NH_3的流量。在SCR出口还设有NH_3逃逸率的测量，为使氨的逃逸率不大于3ppm，其作为控制阀的偏差信号引入PID调节中。

2）液氨蒸发热水温度调节。根据液氨蒸发换热器内热水温度，调节电加热蒸发器。

（3）DCS顺序控制系统（SCS）。脱硝系统顺序控制系统的控制水平按功能组级、子功能组级和驱动级三级控制方式考虑：

1）驱动级控制。包括所有单个的电动机和执行器、电磁阀等被控设备，作为自动控制的最低程度。

2）子组级控制。一个辅机为主及其相应辅助设备的顺序控制，如稀释风机子功能组等。

3）功能组控制。一个工艺系统流程为主及其相关辅助设备的顺序控制，并将对子组级发出控制命令，如烟气系统功能组、SCR吹灰系统功能组、液氨蒸发系统功能组等。

运行人员能通过操作员站对功能组和子功能组中相关的一组设备进行顺序启、停，也可对SCS中的单个设备进行启、停或开、关操作，以便在系统局部故障时，操作员能选择较低的水平控制，而不致丧失对整个过程的控制。同时SCS中还考虑系统及单个设备的联锁和保护。

（4）DCS联锁保护。SCR装置的保护动作条件有SCR进口温度异常、催化剂层压力损失异常、氨气稀释空气流量异常、氨气泄漏报警等。

来自单元机组的联锁保护条件为锅炉MFT、引风机跳闸等。

对于关系到安全或调节品质的重要过程参数，为提高保护信号的可靠性，重要的保护信号采用三取二测量方式，如SCR入口温度信号、蒸发器出口氨气压力信号。

设计完善的联锁功能，如设备启停联锁、箱、罐液位与相关的阀门、泵电动机的联锁等，使控制系统能对运行工况变化自动作出反应，保证系统安全稳定运行。

参 考 文 献

[1] 郭东明. 脱硫工程技术与设备. 北京：化学工业出版社，2007.
[2] 孔克勤，钟秦. 火电厂烟气脱硫系统设计、建造及运行. 北京：化学工业出版社，2005.
[3] 阎维平，等. 电站燃烧锅炉石灰石湿法烟气脱硫装置运行与控制. 北京：中国电力出版社，2005.